工学结合·基于工作过程导向的项目化创新系列教材

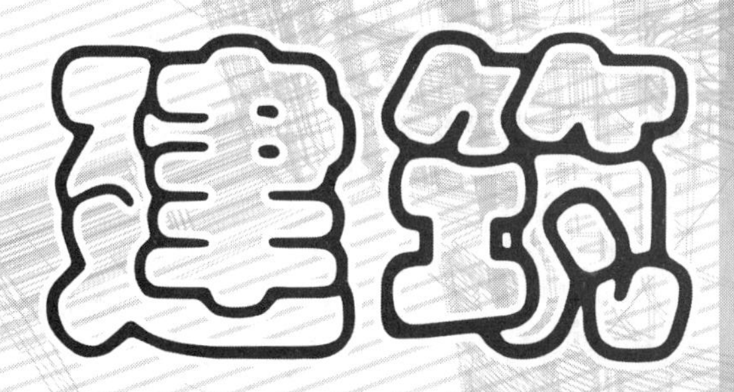


# 构造

JIANZHU GOUZAO

主　编　吴海瑛
副主编　倪霞娟
参　编　李思权　肖　琴
主　审　尤毓慧　肖　烨

華中科技大學出版社
http://www.hustp.com
中国·武汉

## 内容简介

本书主要内容包括民用建筑和工业建筑两大部分。重点放在民用建筑部分，对民用建筑设计与构造进行了全面的阐述，使学生理解民用建筑设计的原理，掌握民用建筑构造的组成与作用。本书内容图文并茂，简明易懂，每个章节都配有学习目标、学习要求、本章小结，以便于学生学习和应用。本书在内容上充分体现了完整性、科学性和先进性。

本书适用于高等职业技术院校工程造价、建筑经济管理、房地产经营管理、物业管理等土建类相关专业的学生使用，也可作为岗位培训教材或供土建工程技术人员学习参考。

为了方便教学，本书还配有电子课件等教学资源包，可以登录“我们爱读书”网（www.ibook4us.com）浏览，任课教师还可以发邮件至 husttujian@163.com 索取。

**图书在版编目(CIP)数据**

建筑构造/吴海瑛主编.—武汉：华中科技大学出版社，2018.12(2022.1 重印)
ISBN 978-7-5680-4187-4

Ⅰ.①建… Ⅱ.①吴… Ⅲ.①建筑构造-高等职业教育-教材 Ⅳ.①TU22

中国版本图书馆 CIP 数据核字(2018)第 278969 号

**建筑构造**
Jianzhu Gouzao

吴海瑛 主编

策划编辑：康 序
责任编辑：康 序
责任监印：朱 玢
出版发行：华中科技大学出版社(中国·武汉) 电话：(027)81321913
武汉市东湖新技术开发区华工科技园 邮编：430223
录 排：武汉三月禾文化传播有限公司
印 刷：武汉市首壹印务有限公司
开 本：787mm×1092mm 1/16
印 张：10.75
字 数：271 千字
版 次：2022 年 1 月第 1 版第 2 次印刷
定 价：35.00 元

# 前言

本书是在总结高等职业技术教育经验的基础上，结合高等职业教育的教学特点和专业需要，按照国家颁布的现行有关建筑设计标准、规范和规程的要求以及本课程的教学规律进行设计和编写的。“建筑构造”是高职高专建筑管理类专业的专业基础课程之一，也是一门实践性和综合性较强的课程。课后习题和实训作业是实践性教学环节的重要内容，是帮助学生理解、巩固基础理论和基本知识，训练基本技能，了解和掌握建筑构造设计原理的最好途径。本书在编写过程中本着以“学”为中心、以“培养职业技能和提高综合素质为目的”的指导思想，做到基础理论以应用为目的，以实用为方向，以讲解概念、强化应用为重点，将基础理论知识与工程实践应用紧密联系起来。

本书主要内容包括民用建筑和工业建筑两大部分。重点放在民用建筑部分，对民用建筑设计与构造进行了全面的阐述，使学生理解民用建筑设计的原理，掌握民用建筑构造的组成与作用。本书内容图文并茂，简明易懂，每个章节都配有学习目标、学习要求、本章小结，以便于学生学习和应用。本书在内容上充分体现了完整性、科学性和先进性。

本书适用于高等职业技术院校工程造价、建筑经济管理、房地产经营管理、物业管理等土建类相关专业的学生使用，也可作为岗位培训教材或供土建工程技术人员学习参考。

本书由上海城建职业学院吴海瑛任主编，吴海瑛完成了本书的统稿、修改与定稿工作。上海城建职业学院倪霞娟任副主编。参加编写的还有上海城建职业学院李思权、湖南有色金属职业技术学院夏琴。具体编写分工为：吴海瑛编写了学习情境 1、学习情境 2、学习情境 5 和学习情境 9 中任务 1 和任务 2；倪霞娟编写了学习情境 3、学习情境 4；李思权编写了学习情境 6、学习情境 7 和学习情境 8；夏琴编写了学习情境 9 中任务 3。本书还邀请了上海高等教育建筑设计研究院一级建筑师、结构工程师尤毓慧和上海林同炎李国豪土建工程咨询有限公司一级建筑师、规划师肖烨参与了审稿工作。

本书在编写过程中，参考了有关书籍、标准、图片及其他资料等文献，在此谨向这些文献的作者表示深深的谢意。同时，也得到了出版社和编者所在单位领导及同事的指导与大力支持，在此一并致谢。

为了方便教学，本书还配有电子课件等教学资源包，任课教师和学生可以登录“我们爱读书”网(www.ibook4us.com)免费注册并浏览，任课教师还可以发邮件至 husttujian@163.com 索取。

由于编者水平所限，本书中难免存在疏漏和不妥之处，恳请使用本教材的广大师生批评指正。

编　者

2018 年 9 月

# 目录

# 学习情境 1

# 建筑构造概述

**教学目标**

(1) 了解课程内容以及作用。

(2) 掌握建筑工程的分类与分级。

(3) 掌握民用建筑的基本组成部分。

(4) 了解建筑节能设计以及建筑工业化的发展。

# 任务 1 绪论

## 一、课程内容和目的

“建筑构造”课程主要内容包括民用建筑构造和工业建筑构造两大部分。凡供人们在其中进行生产、生活或其他活动的房屋或场所都称为“建筑物”，如住宅、学校、影院、厂房等。而人们不在其中进行生产、生活的建筑，则称为“构筑物”，如烟囱、桥梁、堤坝等。

“建筑构造”是系统介绍建筑物各个组成部分的构造原理、构造方法和材料做法的一门课程，是建筑设计的组成部分，是建筑平、立、剖面设计的继续和深入，属于建筑技术科学领域。

学习本课程的目的是掌握建筑构造的基本原理，初步掌握建筑的一般构造做法，充分考虑影响建筑构造的各种因素，正确选择材料和运用材料，以提出合理的构造方案和构造措施，从而最大限度地满足建筑使用功能，提高建筑物抵御自然界各种不利影响的能力，延长建筑物的使用年限。通过学习建筑构造能熟练识读一般工业与民用建筑施工图纸。

建筑构造原理是研究如何使用那些组成建筑的构配件能够最大限度满足使用功能要求，并根据使用要求去进行构造方案设计的理论。

构造方法则是在理论指导下，进一步研究如何运用各种建筑材料去有机的组成各种构配件，并提出各种有效防范措施和解决构配件之间牢固结合的具体方法。

## 二、课程作用与方法

“建筑构造”是建筑工程类专业的一门重要的专业基础课。它以“建筑制图与识图”“建筑材料”等课程为基础，同时又为学习“建筑结构”“建筑施工技”“工程计量与计价”等专业课程提供必要的基础知识。“建筑构造”在专业系列课程中起着承前启后的重要作用。

在学习过程中，应该端正学习态度，善于观察，将理论知识与建筑实际相结合。“建筑构造”是一门实用性很强的专业基础课，要学好该课程应具备以下学习方法。

(1) 要注意理解构造原理，牢记建筑物各组成部分常用的构造方法。

(2) 要注意理解各构造做法的具体内容，掌握常见的典型构造做法。

(3) 学习过程中结合学习内容，多注意观察实际建筑物各部分的构造，对比学习。

(4) 要善于运用各种方法查找相应的构配件图片和视频，加深理解和记忆。

(5) 多参观在建和已完工的建筑物，增强感性认识，充分理解基本知识。

# 任务 2 建筑的构成要素

人类从最早的洞穴、巢居，到后来用土石草木等天然材料来建造简易的房屋，直到当代的各种建筑，历经了千年的变迁。在这个过程中，建筑在形制、结构、施工技术、艺术形象等方面也随着历史、政治、自然条件以及科学技术的发展而发展。总结人类的建筑活动经验，构成建筑的主要因素有三个方面：建筑功能、建筑技术和建筑形象。

## 1. 建筑功能

建筑功能是指建筑物在物质和精神方面必须满足的使用要求。

不同类别的建筑具有不同的使用要求。例如，交通建筑要求人流线路流畅，观演建筑要求有良好的视听环境，工业建筑必须符合生产工艺流程的要求等。同时，建筑必须满足人体尺度和人体活动所需的空间尺度，以及人的生理要求，如良好的朝向、保温、隔热、隔音、防潮、防水、采光、通风条件等。

## 2. 建筑技术

建筑技术是建造房屋的手段，包括建筑材料与制品技术、结构技术、施工技术、设备技术等，建筑不可能脱离技术而存在。其中，材料是物质基础，结构是构成建筑空间的骨架，施工技术是实现建筑生产的过程和方法，设备是改善建筑环境的技术条件。

## 3. 建筑形象

构成建筑形象的因素有建筑的体型、内外部空间的组合、立面构图、细部与重点装饰处理、材料的质感与色彩、光影变化等。建筑形象是功能和技术的综合反映，建筑形象处理得当，就能产生良好的艺术效果与空间氛围，给人以美的享受。

建筑的三要素是辩证的统一体，是不可分割的，但又有主次之分。建筑功能起主导作用；建筑技术是达到目的的手段，技术对功能又有约束和促进作用；建筑形象是功能和技术的反映，但如果充分发挥设计者的主观作用，在一定的功能和技术条件下，可以把建筑设计得更具艺术性。

# 任务 3 建筑的分类与分级

建筑是建筑物和构筑物的总称。

## 一、建筑物的分类

### 1. 按使用功能分类

建筑物按照使用性质的不同,通常可以分为民用建筑、工业建筑和农业建筑等。

1)民用建筑

民用建筑按其使用功能的不同可分为居住建筑和公共建筑两类。

(1)居住建筑:是供人们居住、生活用的房屋,如住宅、宿舍、别墅、公寓等。

(2)公共建筑:是人们从事政治文化活动、行政办公、商业、生活服务等公共事业所需的建筑物,分别介绍如下。

① 行政办公建筑:机关、各类单位的行政办公楼等。

② 文教建筑:大、中、小学的教学楼,图书馆、实验室,少年宫、科技宫等。

③ 观演建筑:会堂、影剧院、音乐厅等。

④ 生活服务建筑:托儿所、幼儿园、菜场、浴场、餐厅等。

⑤ 广播通信建筑:电信局、广播电视台、卫星地面转播站等

⑥ 医疗卫生建筑:综合医院、疗养院、街道社区卫生中心、门诊所等。

⑦ 展览建筑:展览馆、博物馆、美术馆等。

⑧ 旅馆建筑:大型酒店、旅馆、宾馆、招待所等。

⑨ 交通建筑:航空港、火车站、汽车站、地下及轻轨站、船码头等。

⑩ 商业建筑:大型商场、购物中心等。

⑪ 园林建筑:综合性公园、植物园、动物园、古代园林等。

⑫ 体育建筑:体育中心、体育场、体育馆等。

⑬ 纪念建筑:纪念碑、纪念堂等。

2)工业建筑

工业建筑是指各类工业生产用房和为工业生产服务的附属用房,如机械、化工、钢铁、食品等工业企业中的生产车间、运输车间、配电站等。

3)农业建筑

农业建筑主要是指用于农业、牧业生产和加工的建筑,如畜禽养殖场、温室、粮食仓库、农机修理站等。

随着社会的发展,建筑技术的进步,建筑的类型也在发生变化,有的建筑类型正在消失,有的建筑类型在转化,还有很多新型建筑正在产生。

### 2. 按主要承重结构的材料分类

1)钢筋混凝土结构建筑

其建筑物的主要承重构件如梁、板、柱以及楼梯等构件材料均采用钢筋混凝土,由于钢筋混凝土具有坚固耐久、防火和可塑性强等优点,是我国目前房屋建筑中应用最为广泛的一种结构形式。例如,钢筋混凝土的高层、大跨、大空间结构的建筑,以及装配式大板、大模板、滑模等工

业化建筑等。

2）混合结构建筑

其建筑物的主要承重构件由两种或两种以上不同材料组成，如砖墙和钢筋混凝土楼板的砖混结构，砖墙和木楼板的砖木结构等。其中，砖混结构应用得较为广泛，一般常用于多层建筑。

3）钢结构建筑

其建筑物的主要承重构件（如柱、梁等）采用钢材制成，而围护外墙和分隔内墙则采用轻质块材、板材等。钢结构建筑是一种强度高、塑性好、韧性好的结构，同时具有自重轻，便于制作和安装等优点，常用于高层及超高层建筑、大跨度或荷载较大的公共建筑。

4）木结构建筑

其建筑物的主要承重构件均采用木材建造，并通过接榫、螺栓、销、键、胶等方法连接。由于木材易腐，不防火，因此木结构建筑现在适用范围较小，常用于低层、规模较小的建筑物，如别墅、古建筑、仿古建筑等。

5）其他结构建筑

如生土建筑、充气建筑、覆膜建筑、塑料建筑等。

### 3. 按建筑结构承重方式分类

1）墙承重式结构

墙承重结构建筑是用墙体结构承受楼板、屋顶传来的全部荷载（见图 1-1），多用于多层建筑。

2）框架结构

框架结构是用柱与梁组成框架结构承受房屋的全部荷载（见图 1-2），多用于多层和高层建筑中。

横向内墙
纵向内墙
外墙
楼板
首层地面
条形基础
雨棚
台阶
散水

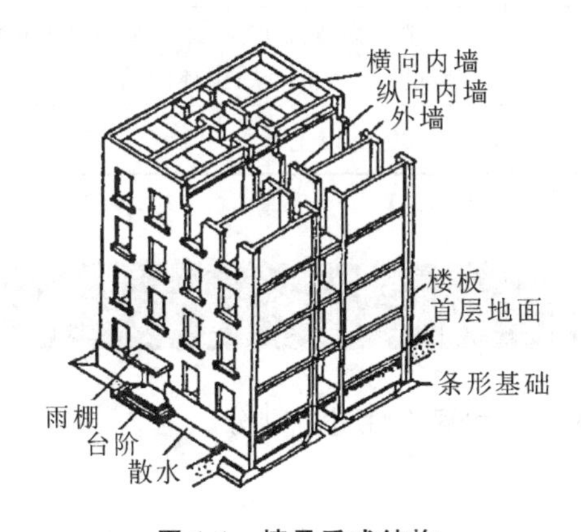

图 1-1　墙承重式结构

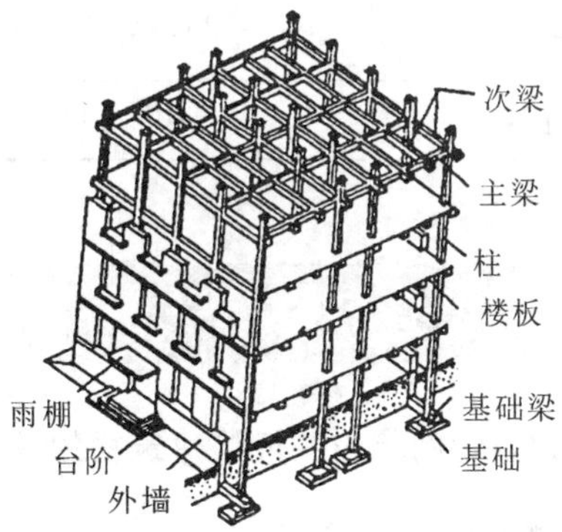

次梁
主梁
柱
楼板
基础梁
基础
雨棚
台阶
外墙

图 1-2　框架结构

3）半框架结构

半框架结构是外部结构采用墙体承重，内部结构用柱、梁等构件承重（见图 1-3）或者底层结构采用框架结构，上部结构采用墙承重式结构。这种结构形式不利于抗震，建筑抗震规范中已禁止采用这种结构形式。

4）空间结构

空间结构是由空间结构承受全部荷载，包括悬索、网架、拱、壳体等结构形式（见图 1-4），常用于大跨度的公共建筑中，如跨度空间结构为 30 米以上跨度的大型空间结构。

此外空间结构还包括现浇剪力墙结构、框架-剪力墙结构、框架-筒体结构、筒中筒及成束筒结构等。

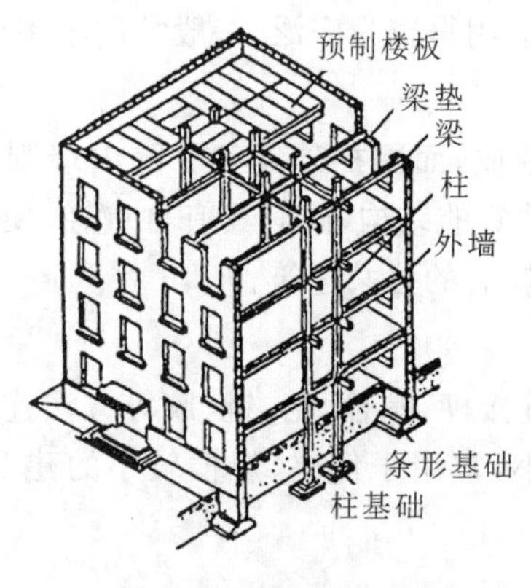


图 1-3　半框架结构

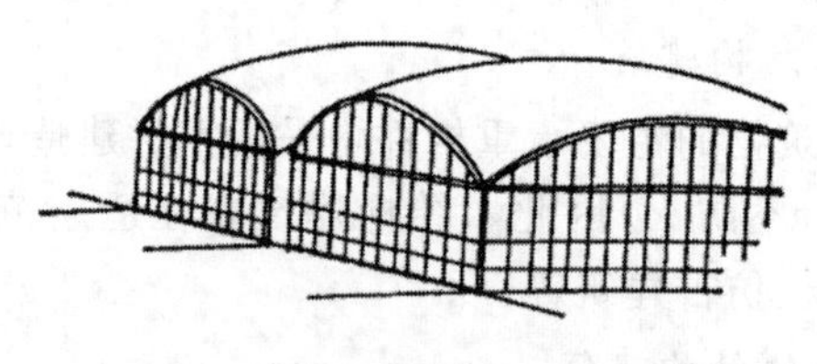

图 1-4　空间结构

**4. 按建筑层数与总高度分类**

按建筑层数与高度分类见表 1-1。

表 1-1　按建筑层数与高度分类

| 类别 | 住宅建筑 | | 公共建筑 |
| --- | --- | --- | --- |
| 非高层建筑 | 低层建筑 | 1～3 层 | 建筑物总高度在 24 m 以下 |
| | 多层建筑 | 4～6 层 | |
| | 中高层建筑 | 7～9 层 | |
| 高层建筑 | 10 层及 10 层以上 | | 建筑物总高度在 24 m 以上(不包括高度超过 24 m 的单层主体建筑) |
| 超高层建筑 | 100 m 以上 | | 100 m 以上 |

## 二、民用建筑的等级划分

民用建筑物的等级一般按建筑物的重要性、耐久性和耐火性进行划分。

**1. 建筑物的耐久等级**

建筑物的耐久等级主要是根据建筑物的重要性和建筑物的规模大小而定，是作为建筑投资、建筑设计和选用材料的重要依据。耐久等级的指标是根据建筑物的设计使用年限来划定的，建筑物的设计使用年限的长短是依据建筑物的性质来确定的。影响建筑的设计使用年限长短的主要因素是结构构件的选材和结构体系。

以主体结构确定的建筑物的耐久等级分为以下四级，见表 1-2。

表 1-2　建筑物的耐久等级划分表

| 耐久等级 | 建筑物的设计使用年限 | 适用范围 |
|---|---|---|
| 一级 | 100 年以上 | 适用于重要的建筑和高层建筑，如纪念馆、博物馆、会堂等 |
| 二级 | 50～100 年 | 适用于一般性建筑，如火车站、宾馆、大型体育馆、大剧院等 |
| 三级 | 25～50 年 | 适用于次要的建筑，如文教、交通、居住建筑及厂房等 |
| 四级 | 25 年以下 | 适用于简易建筑和临时性建筑 |

## 2. 建筑物耐火等级

建筑物的耐火等级是根据建筑物的主要构件的燃烧性能和耐火极限来确定的。其共分为四级，各级建筑物所用主要构件的耐火极限和燃烧性能，不应低于规定的级别和限额见表 1-3。

表 1-3　建筑物的耐火等级　（单位：h）

| 构件名称 | | 耐火等级 | | | |
|---|---|---|---|---|---|
| | | 一级 | 二级 | 三级 | 四级 |
| 墙 | 防火墙 | 不燃性 3.00 | 不燃性 3.00 | 不燃性 3.00 | 不燃性 3.00 |
| | 承重墙 | 不燃性 3.00 | 不燃性 2.50 | 不燃性 2.00 | 难燃性 0.50 |
| | 非承重外墙 | 不燃性 1.00 | 不燃性 1.00 | 不燃性 0.50 | 可燃性 |
| | 楼梯间和前室的墙<br>电梯井的墙<br>住宅建筑单元之间的墙和分户墙 | 不燃性 2.00 | 不燃性 2.00 | 不燃性 1.50 | 难燃性 0.50 |
| | 疏散走道两侧的隔墙 | 不燃性 1.00 | 不燃性 1.00 | 不燃性 0.50 | 难燃性 0.25 |
| | 房间隔墙 | 不燃性 0.75 | 不燃性 0.50 | 难燃性 0.50 | 难燃性 0.25 |
| 柱 | | 不燃性 3.00 | 不燃性 2.50 | 不燃性 2.00 | 难燃性 0.50 |
| 梁 | | 不燃性 2.00 | 不燃性 1.50 | 不燃性 1.00 | 难燃性 0.50 |
| 楼板 | | 不燃性 1.50 | 不燃性 1.00 | 不燃性 0.50 | 可燃性 |
| 屋顶承重构件 | | 不燃性 1.50 | 不燃性 1.00 | 可燃性 0.50 | 可燃性 |
| 疏散楼梯 | | 不燃性 1.50 | 不燃性 1.00 | 不燃性 0.50 | 可燃性 |
| 吊顶（包括吊顶搁栅） | | 不燃性 0.25 | 难燃性 0.25 | 难燃性 0.15 | 可燃性 |

注：① 除本规范另有规定外，以木柱承重且墙体采用不燃材料的建筑，其耐火等级应按四级确定。
② 住宅建筑构件的耐火极限和燃烧性能可按现行国家标准《住宅建筑规范》(GB 50368)的规定执行。

1）构件的耐火极限

对任一建筑构件按时间温度标准曲线进行耐火试验，从受到火的作用时起，到失去支持能力（如木结构），或完整性被破坏（如砖混结构），或失去隔火作用（如钢结构）时为止的这段时间，用小时(h)表示。

- 试件在试验中发生坍塌或变形量超过规定数值，表明试件失去支持能力。
- 当用标准规定的棉垫进行完整性测试时，如棉垫被引燃，表明试件完整性被破坏。
- 当试件背火面的平均温升超过试件表面初始温度 140 ℃或单点最高温升超过试件表面初始温度 180 ℃时，则表明试件失去隔火作用。

2）构件的燃烧性能

构件的燃烧性能是指组成建筑物的主要构件在明火或高温作用下燃烧与否，以及燃烧的难易程度。

建筑构件的燃烧性能可分为三类，即非燃烧体、难燃烧体和燃烧体。

(1) 非燃烧体：用非燃烧材料制成的构件。非燃烧材料是指在空气中受到火烧或高温作用时不起火、不微燃、不炭化的材料，如砖石材料、钢筋混凝土材料、金属材料和无机矿物材料。

(2) 难燃烧体：用难燃烧材料制成的构件，或用燃烧材料制成而用非燃烧材料做保护层的构件。难燃烧材料是指在空气中受到火烧或高温作用时难起火、难微燃、难碳化，当火源移走后燃烧或微燃立即停止的材料。例如，沥青混凝土，经过防火处理过的木材等。

(3) 燃烧体：用燃烧材料制成的构件。燃烧材料是指在空气中受到火烧或高温作用时立即起火或燃烧，且火源移走后仍继续燃烧或微燃的材料，如木材、胶合板、纤维板等。

# 任务 4 建筑的基本构件及其作用

一幢建筑物由很多部分组成，这些组成部分称为构件。一般民用建筑是由基础、墙和柱、楼层和地层、楼梯、屋顶、门窗等六大基本构件组成，如图 1-5 所示。这些构件处于不同部位，发挥着各自的不同作用。

### 1. 基础

基础是建筑物最下部埋入自然地面以下的承重构件，它承受建筑物的全部荷载，并将荷载传给地基。基础必须具有足够的强度和稳定性，同时应能抵御土层中地下水、冰冻各种有害因素的作用。

### 2. 墙和柱

墙和柱是建筑物的竖向围护构件，在多数情况下也为承重构件，承受屋顶、楼层、楼梯等构件传来的荷载，并将这些荷载传给基础。外墙分隔建筑物内外空间，抵御自然界各种因素对建筑的侵袭；内墙分隔建筑内部空间，避免各空间之间的相互干扰。根据墙和柱所处的位置和所

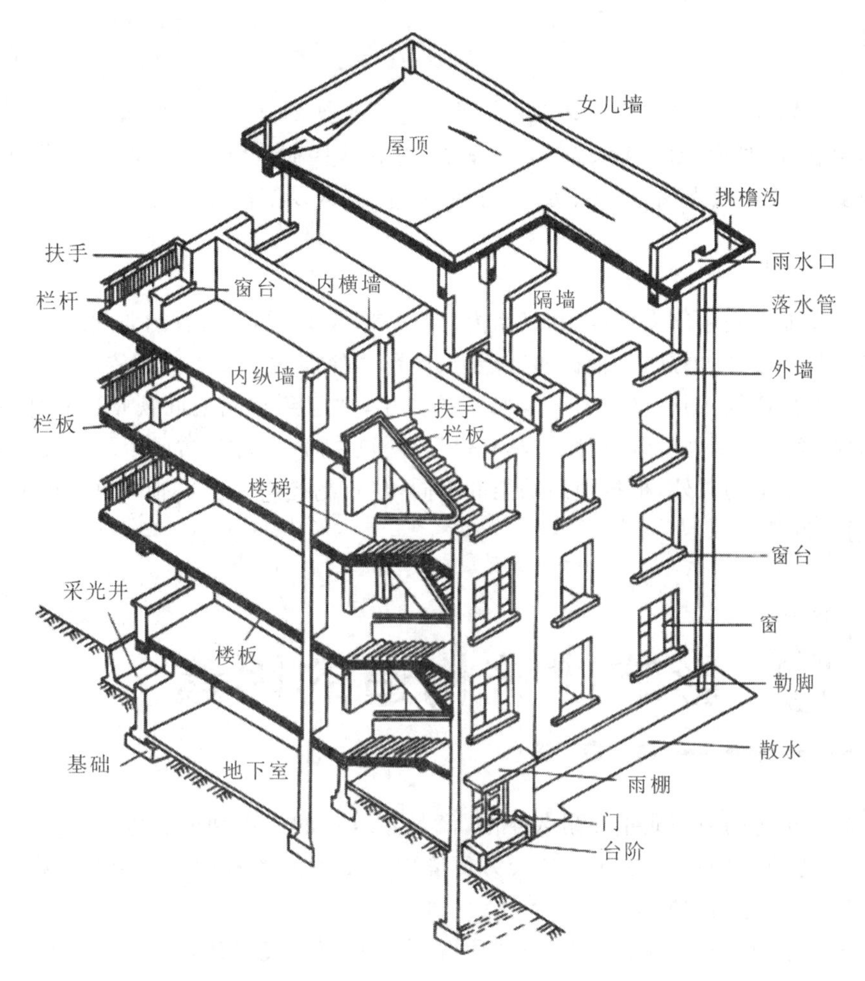


图1-5 民用建筑的组成

起的作用，分别要求其具有足够的强度和稳定性，以及保温、隔热、节能、隔声、防潮、防水、防火等功能且具有一定的经济性和耐久性。

为了扩大空间，提高空间的灵活性，也为了结构的需要，有时以柱代墙起承重作用。

### 3. 楼层和地层

楼层和地层是建筑物水平方向的围护构件和承重构件。楼层分隔建筑物的上下空间，并承受作用其上的家具、设备、人体、隔墙等荷载及楼板自重，并将这些荷载传给墙或柱。楼层还起着墙或柱的水平支撑作用，以增加墙或柱的稳定性。楼层必须具有足够的强度和刚度。根据上下空间的特点，楼层还应具有隔声、防潮、防水、保温、隔热等功能。

地层是底层空间与土壤的隔离构件，除承受作用其上的荷载外，应具有防潮、防水、保温等功能。

### 4. 楼梯

楼梯是建筑物的垂直交通设施，供人们上下楼层、疏散人流及运送物品之用。它应具有足够的通行宽度和疏散能力、足够的强度和刚度，并具有防火、防滑、耐磨等功能。

#### 5. 屋顶

屋顶是建筑物顶部的围护构件和承重构件。它用于抵御自然界的雨、雪、风、太阳辐射等因素对房间的侵袭，同时承受作用其上的全部荷载，并将这些荷载传给墙或柱。因此，屋顶必须具备足够的强度、刚度以及保温、隔热、防潮、防水、防火、耐久及节能等功能。

#### 6. 门窗

门的主要功能是交通出入，分隔和联系内部与外部或室内空间，有的兼起通风和采光作用。门的大小和数量以及开关方向是根据通行能力、使用方便和防火要求等因素决定的。窗的主要功能是采光和通风透气，同时又具有分隔与围护作用，并起到空间之间视觉联系作用。门和窗均属围护构件，根据其所处位置，门窗应具有保温、隔热、隔声、节能、防风沙及防火等功能。

除上述六大基本构件外，根据使用功能的不同，建筑物还有一些其他构件，如阳台、雨棚、台阶、烟道与通风道等。

## 任务 5 影响建筑构造的因素

为了提高建筑物的使用质量和耐久年限，满足建筑物的使用功能要求，在进行建筑物构造设计时，必须考虑建筑物在自然环境和人为环境中所受到的各种因素的影响。根据影响的程度，采取相应的构造方案和措施。

影响建筑构造的因素主要有外力、自然环境、人为因素、建筑技术条件、经济条件等。

#### 1. 外力的影响

作用在建筑物上的外力可分为恒载和活载两大类。恒载是指结构构件本身的自重，活载是指人和物体的重量、风和雨雪的作用力、机械设备和地震等所产生的震动荷载等。由于外力的大小和作用方式不同，在设计时可采用合理的构造方案，以保证建筑物的安全和正常使用。

#### 2. 自然环境的影响

我国幅员辽阔，各地区的地理环境不同，大自然的条件有很多差异。如温度、湿度、太阳热辐射、风雨冰雪、地质条件和地下水位的高低，对建筑物的使用质量和耐久性都具有很大的影响。因此，在选择构造方案时，应根据建筑物所在地区的自然条件采取防范措施。

#### 3. 人为因素的影响

人们所从事的生产和生活等活动会对建筑物产生影响，如机械振动、化学腐蚀、爆炸、火灾、噪声、辐射等这些人为因素都会对建筑物产生威胁，所以，在构造设计时，必须针对性地采取防范措施，如防潮防水、保温隔热、防温度变形等，以保证建筑物的正常使用。

#### 4. 建筑技术条件的影响

建筑材料、结构、设备和施工技术等建筑技术条件是构成建筑的基本要素，建筑构造受它们的影响和制约。

#### 5. 经济条件的影响

在建筑构造方案设计时，应考虑经济效益。在确保工程质量和建筑美观的前提下，既要在建造时降低造价，又要有利于降低使用过程中的维护和管理费用。

# 任务6 建筑模数制

建筑作为一种工业产品，所采用的材料和构件种类繁多，如果能通过实现建筑的标准化，在建筑设计、建筑施工和建筑构配件生产厂家之间建立一种互相协调、为建筑可持续发展创造条件的良好关系，将对建筑业的发展起到十分重要的促进作用。

## 一、模数

为了使建筑制品、建筑构配件和组合件实现工业化大规模生产，使不同材料、不同形式和不同制式的建筑构配件、组合件具有较大的通用性和互换性，以及加快设计速度、提高施工质量和效率，降低建筑造价，我国制定了《建筑模数协调标准》(GB/T 50002—2013)。它规定以100 mm作为统一与协调建筑尺度的基本单位，称为基本模数，以M表示，并规定了模数数列。

#### 1. 基本模数

目前我国和世界上大多数国家规定基本模数的数值为100 mm，以M表示，即1 M=100 mm。建筑物和建筑物部件以及建筑组合件的模数化尺寸，应是基本模数的倍数。

#### 2. 导出模数

导出模数分为分模数和扩大模数。

分模数是基本模数的分数值，其基数为1/10M(10 mm)、1/5M(20 mm)、1/2M(50 mm)等。

扩大模数是基本模数的整倍数，其基数为3M(300 mm)、6M(600 mm)、15M(1500 mm)、30M(3000 mm)、60M(6000 mm)等。

#### 3. 模数数列

模数数列是由基本模数、分模数和扩大模数为基础扩展成的一系列尺寸。

(1) 水平基本模数 1M(100 mm)～20M(2000 mm)的数列，按 1M(100 mm)进级，主要用于门窗洞口和构配件截面等处。

(2) 竖向基本模数 1M(100 mm)～36M(3600 mm)的数列，按 1M(100 mm)进级，主要用于建筑物的层高、门窗洞口和构配件截面等处。

(3) 水平扩大模数 3M、6M、12M、15M、30M、60M 的数列，主要用于建筑物的开间、柱距、进深、跨度、构配件尺寸和门窗洞口等处。

(4) 竖向扩大模数 3M 和 6M 的数列，主要用于建筑物的高度、层高和门窗洞口等处。

(5) 分模数 1/10M、1/5M、1/2M 的数列，主要用于缝隙、构造节点、构配件截面等处。

## 二、建筑尺寸

为了保证建筑制品、构配件等有关尺寸间的统一与协调，在建筑模数协调中，尺寸分为标志尺寸、构造尺寸和实际尺寸等。

### 1. 标志尺寸

标志尺寸应符合模数数列的规定，用于标注建筑物定位轴线之间的距离(如跨度、柱距、层高等)，以及建筑制品、构配件、有关设备位置界限之间的尺寸。

### 2. 构造尺寸

构造尺寸是建筑制品、构配件等生产的设计尺寸。一般情况下，构造尺寸加上缝隙尺寸等于标志尺寸。缝隙尺寸的大小，宜符合模数数列的规定。

### 3. 实际尺寸

实际尺寸是建筑制品、建筑构配件等的实有尺寸。实际尺寸与构造尺寸之间的差数，应由允许偏差值加以限制。

标志尺寸、构造尺寸和缝隙尺寸之间的关系见图 1-6。当有分隔构件时，尺寸间的关系见图 1-7。

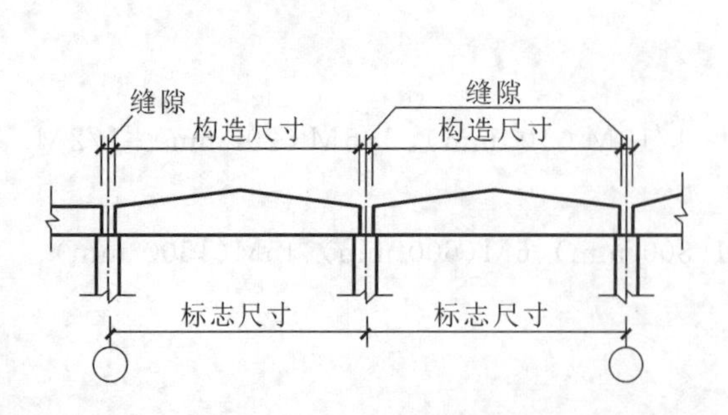


图 1-6　几种尺寸间的关系

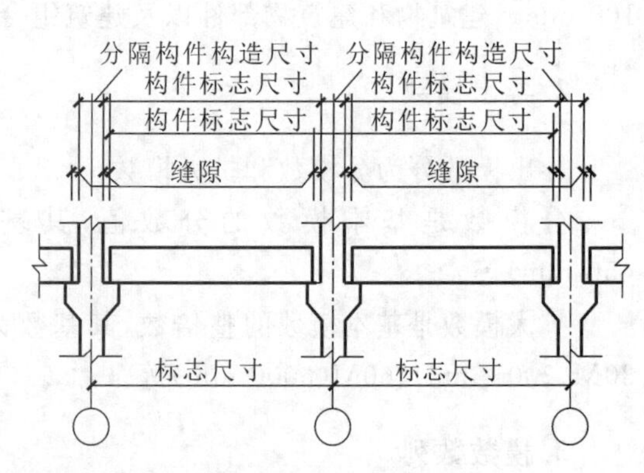


图 1-7　有分隔构件时尺寸间的关系

# 任务 7 建筑保温、防热和节能

## 一、建筑保温

保温是建筑设计中十分重要的内容之一，是建筑节能的措施之一。寒冷地区各类建筑和非寒冷地区有空调要求的建筑，如酒店、实验室、医疗用房等都应考虑保温措施。

建筑构造设计是保证建筑物保温质量和合理使用投资的重要环节。合理的设计不仅能保证建筑的使用质量和耐久性，而且能节约能源、降低采暖及空调设备的投资和使用时的维持费用。

在寒冷季节里，热量通过建筑物外围护构件——墙、屋顶、门窗等由室内高温一侧向室外低温一侧传递，使热量损失，室内变冷。热量在传递过程中将遇到阻力，这种阻力称为热阻。热阻越大，通过围护构件传出的热量越少，说明围护构件的保温性能越好；反之，热阻越小，保温性能就越差，热量损失就越多(见图1-8)。因此，对有保温要求的围护构件须提高其热阻，通常采取下列措施可以提高热阻。

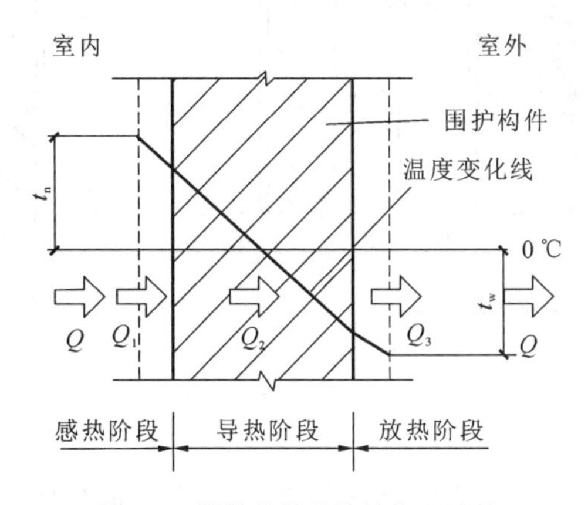


图1-8 围护构件传热的物理过程

### 1. 增加围护结构的厚度

单一材料围护构件热阻与其厚度成正比，增加厚度可提高热阻即提高抵抗热流通过的能力。但是，增加厚度势必增加围护构件的自重，材料的消耗量也相应增多，且减小了建筑有效面积，所以这种方法不经济。

### 2. 合理选择导热系数小的材料

在建筑工程中，一般将导热系数小于0.3 W/(m·K)的材料称为保温材料。导热系数的大小说明材料传递热量的能力。选择容重轻、导热系数小的材料，如加气混凝土、浮石混凝土、膨胀陶粒、膨胀珍珠岩、膨胀蛭石等为骨料的轻混凝土以及岩棉、玻璃棉和泡沫塑料等可以提高围护构件的热阻。其中轻混凝土具有一定强度，可制成单一材料保温构件，这种构件构造简单、施工方便。由于大部分保温材料自身强度较低，承载能力差，因此，常采用轻质高效保温材料与砖、混凝土或钢筋混凝土组成复合保温墙体，并将保温材料放在靠低温一侧以利保温，这种复合墙既能承重又可保温，但构造比较复杂。有时在墙体中部设置封闭的空气间层或带有铝箔的空气间层以获得墙的保温效果，如图 1-9 所示。

**3. 采取隔汽措施**

冬季，由于外墙两侧存在温度差，室内高温一侧的水蒸气会向室外低温一侧渗透，我们把这种现象称为蒸汽渗透。在蒸汽渗透的过程中，遇到露点温度时蒸汽会凝结成水，称为凝结水，也称为结露。如果凝结水发生在外墙内表面，会使室内装修变质损坏，严重时影响人体健康；如果凝结水发生在墙体内部，会使保温材料内孔隙中充满水分，从而降低材料的保温性能，缩短使用寿命。为防止墙体产生内部凝结，常在墙体的保温层靠高温的一侧，即蒸汽渗入的一侧设置隔汽层，如图 1-10 所示，以防止或控制蒸汽在表面及其内部凝结。隔汽层一般采用沥青、卷材、隔汽涂料等材料。

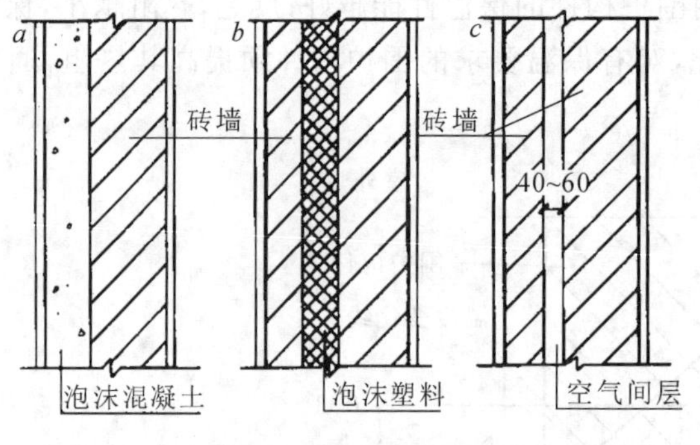


图 1-9　墙体保温构造

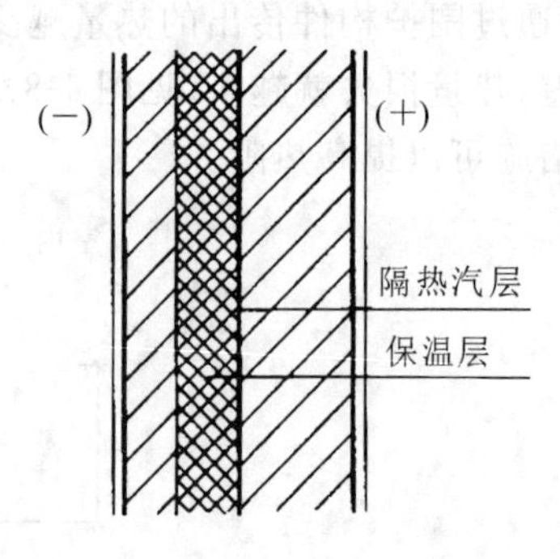


图 1-10　隔蒸汽措施

**4. 避免热桥**

在外围护构件中，经常设有导热系数较大的嵌入构件，如外墙中的钢筋混凝土梁和柱、过梁、圈梁、阳台板、挑檐板等。这些部位的保温性能都比主体部分差，热量容易从这些部位传递出去，散热大，其内表面温度也就较低，容易出现凝结水。这些部位通常称为围护构件中的“热桥”，如图 1-11(a)所示。为了避免和减轻热桥的影响，首先应避免嵌入构件内外贯通，其次应对这些部位采取局部保温措施，如增设保温材料等，以切断热桥，如图 1-11(b)所示。

**5. 防止冷风渗透**

当围护构件两侧空气存在压力差时，空气从高压一侧通过围护构件流向低压一侧，这种现象称为空气渗透。空气渗透可由室内外温度差(热压)引起，也可由风压引起。由热压引起的渗透，热空气由室内流向室外，室内热量损失；风压则使冷空气向室内渗透，使室内变冷。为了避

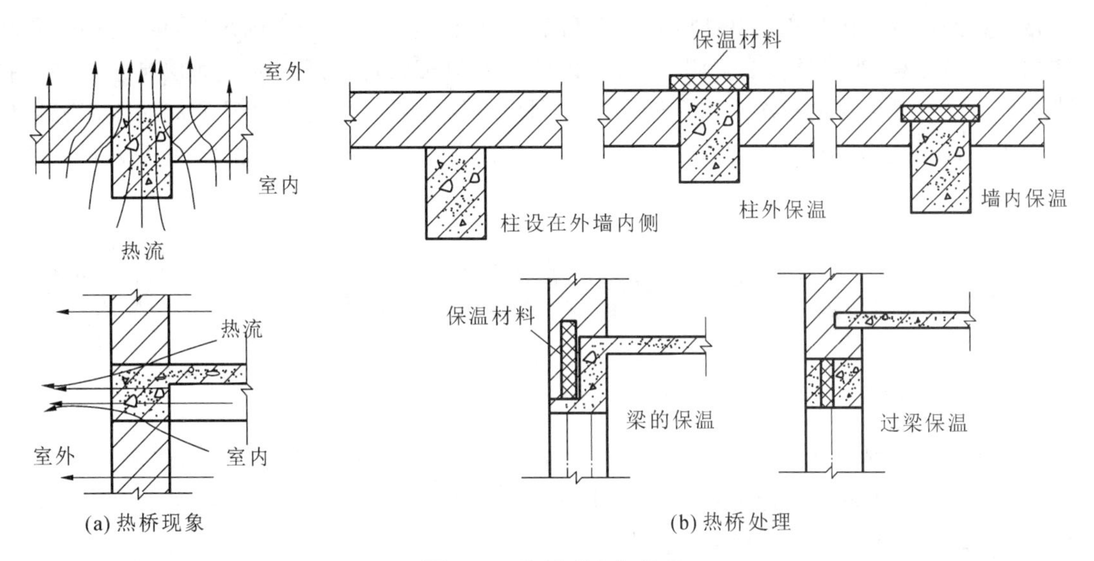


**图 1-11　热桥现象与处理**

免冷空气渗入和热空气直接散失，应尽量减少围护构件的缝隙，如墙体砌筑砂浆饱满、改进门窗加工和构造达到规定的气密性指标、提高安装质量、缝隙采取适当的构造措施等。

## 二、建筑防热

我国南方地区，夏季气候炎热，高温持续时间长，太阳辐射强度大，相对湿度高。建筑物在强烈的太阳辐射和高温、高湿气候的共同作用下，通过围护构件将大量的热传入室内，室内的生活和生产也产生大量的余热。这些从室外传入和室内自生的热量，使室内气候条件变化，引起室内温度过热，影响生活和生产。

为了减轻和消除室内过热现象，可以采取设备降温，如设置空调和制冷等，但这种措施费用较大。对于一般建筑，主要依靠建筑措施来改善室内的温湿状况。建筑防热的途径可简要概括为以下几个方面。

### 1. 降低室外综合温度

室外综合温度是考虑太阳辐射和室外温度对围护构件综合作用的一个假想温度。室外综合温度的大小，关系到通过围护构件向室内传热的多少。在建筑设计中降低室外综合温度的方法主要是采取合理的总体布局、选择良好的朝向、尽可能争取有利的通风条件、防止西晒、绿化周围环境、减少太阳辐射和地面反射等。对于建筑物本身来说，采用浅色外饰面或采取淋水、蓄水屋面或西墙遮阳设施等方式有利于降低室外综合温度。

### 2. 提高外围护构件的防热和散热性能

炎热地区建筑物外围护构件的防热措施主要应能隔绝热量传入室内，同时当太阳辐射减弱时和室外气温低于室内气温时能迅速散热，这就要求选择合理的外围护构件的材料和构造类型。

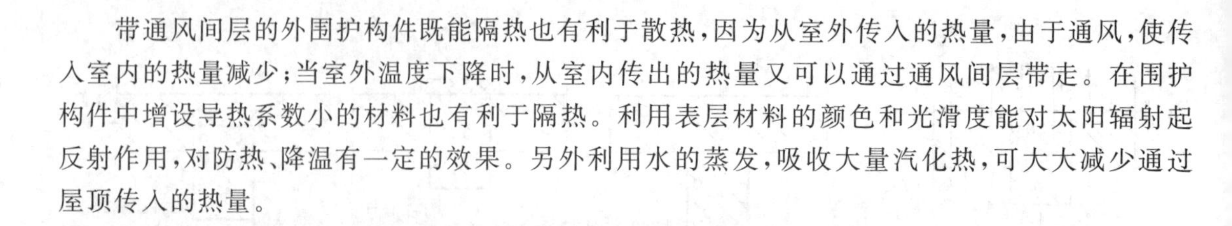

带通风间层的外围护构件既能隔热也有利于散热，因为从室外传入的热量，由于通风，使传入室内的热量减少；当室外温度下降时，从室内传出的热量又可以通过通风间层带走。在围护构件中增设导热系数小的材料也有利于隔热。利用表层材料的颜色和光滑度能对太阳辐射起反射作用，对防热、降温有一定的效果。另外利用水的蒸发，吸收大量汽化热，可大大减少通过屋顶传入的热量。

## 三、建筑节能

### 1. 建筑节能意义

能源是社会发展的重要物质基础。经济的发展，依赖于能源的发展。所谓能源问题，就是指能源开发和利用之间的平衡即能源生产和消耗之间的关系。我国的能源供求关系一直是紧张的，能源缺口大，是亟待解决的突出问题。

建筑能耗大，而且随着生活水平的提高，它的耗能比例将有增无减。因此，建筑节能是整体节能的重点。

建筑能耗是指建筑使用能耗，其中包括采暖、空调、热水供应、照明、炊事、家用电器等方面的能耗。

### 2. 减少建筑能耗的建筑措施

建筑设计在建筑节能中起着重要作用，合理的设计会带来十分可观的节能效益，其节能措施主要有以下几个方面。

1）选择有利于节能的建筑朝向

充分利用太阳能。南北朝向比东西朝向建筑耗能少，在相同面积下，主朝向面越大，这种情况也就越明显。

2）设计有利于节能的平面和体型

在体积相同的情况下，建筑物的外表面积越大，采暖制冷负荷也越大。因此，尽可能取最小的外表面积。

3）改善围护构件的保温性能

改善围护构件的保温性能是建筑设计中的一项主要节能措施，节能效果明显。

4）改进门窗设计

尽可能将窗面积控制在合理的范围内，改革窗玻璃、防止门窗缝隙的能量损失等。

5）重视日照调节与自然通风

理想的日照调节是夏季在确保采光和通风的条件下，尽量防止太阳热进入室内，冬季尽量使太阳热进入室内。

# 任务8 建筑隔声

## 一、噪声的传播

控制噪声须采取综合治理措施，包括消除和减少噪声源、减低声源的强度和必要的吸声与隔声措施。围护构件的隔声是噪声控制的重要内容。

声音从室外传入室内，或从一个房间传到另一个房间主要通过以下途径。

### 1. 通过围护构件的缝隙直接传声

噪声沿敞开的门窗、各种管道与结构间所形成的缝隙和不饱满砂浆灰缝所形成的孔洞在空气中直接传播。

### 2. 通过围护构件的振动传声

声音在传播过程中遇到围护构件时，在声波交变压力作用下，引起构件的强迫振动，将声波传到另一空间。

### 3. 结构传声

直接打击或冲撞构件，在构件中激起振动，产生声音。这种声音主要沿结构传递，如关门时产生的撞击声、楼面上行人的脚步声和机械振动声等均属此类。

前两种声音是在空气中发生并传播的，称为空气传声。后一种是通过围护构件本身来传播物体撞击或机械振动所引起的声音，称为撞击传声或固体传声。虽然声音最终都是通过空气传入人耳，但是这两种噪声的传播特性和传播方式不同，所以采取的隔声措施也就不同。

## 二、围护构件的隔声途径

### 1. 对空气传声的隔绝

根据声音在空气中传播的特点，围护构件的隔声可以采取相应措施。

1）增加构件重量

从声波激发构件振动的原理可以知道，构件越轻，越容易引起振动，越重则不易振动。因此，构件的重量越大，隔声能力就越高，设计时可以选择面密度（$kg/m^2$）较大的材料。

2）采用带空气层的双层构件

双层构件的传声是由声源激发起一层材料的振动，振动传到空气层，然后再激起另一层材料的振动。由于空气的弹性变形具有减振作用，所以提高了构件的隔声能力。但是，应注意尽量避免和减少构件中出现“声桥”。所谓声桥是指空气间层内出现实的体连接。

3）采用多层组合构件

多层组合构件是利用声波在不同介质分界面上产生反射、吸收的原理来达到隔声的目的。它可以大大减轻构件的重量，从而减轻整个建筑的结构自重。

**2. 对撞击声的隔绝**

由于一般建筑材料对撞击声的衰减很小，撞击声常被传到很远的地方，它的隔绝方法与空气传声的隔绝有很大区别。厚重坚实的材料可以有效地隔绝空气传声，但隔绝撞击声的效果却很差，相反，多孔材料如毡、毯、软木、岩棉等隔绝空气传声的效果不大，但隔绝撞击声的传递却较为有效。改善构件隔绝撞击声的能力可以从以下几方面着手。

1）采用弹性楼面

在楼面上铺设富有弹性的材料，如地毯、橡胶地毡、塑料地毡、软木板等，以降低楼板的振动，使撞击声源的能量减弱，如图 1-12(a)所示。采用这种措施方法简单，效果显著，同时起到了装饰美化室内空间的作用。

2）采用弹性垫层

在楼板与面层之间增设一道弹性垫层，可减弱楼板的振动，从而达到隔声的目的，如图 1-12(b)所示。弹性垫层一般为片状、条状或块状的材料，如木丝板、甘蔗板、软木片、矿棉毡等。这种楼面与楼板是完全隔开的，常称为浮筑楼板。浮筑楼板应保证结构层与板面完全脱离，防止“声桥”产生。

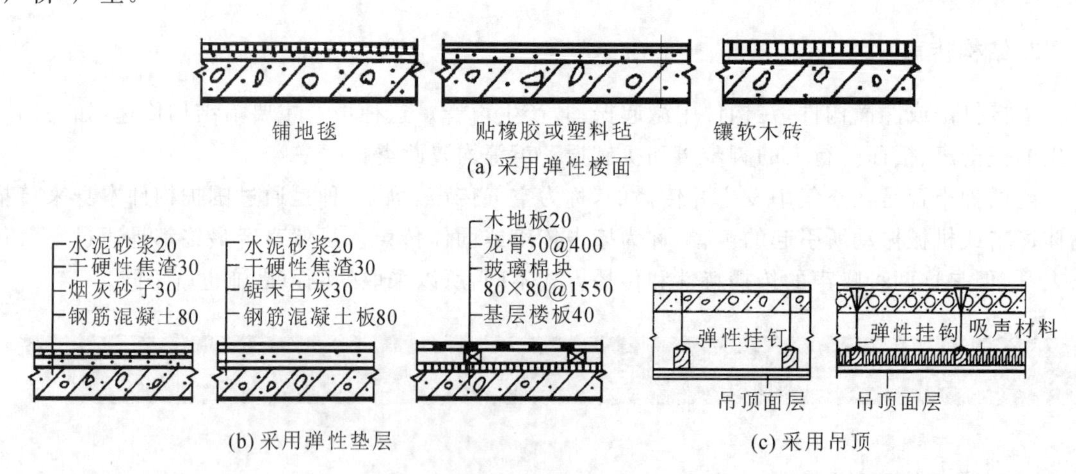


**图 1-12　楼板隔声构造**

3）采用吊顶

吊顶可起到二次隔声的作用，如图 1-12(c)所示。它利用隔绝空气声的措施来降低撞击声。其隔声效果取决于其单位面积的质量及其整体性。质量越大、整体性越强，其隔声效果越好。此外，若吊筋与楼板间采用弹性连接，也能大大提高隔声效果。

# 任务 9 建筑防震

## 一、地震震级与地震烈度

地震的强烈程度称为震级，一般采用里氏震级，它取决于一次地震释放的能量大小，地震越大，震级越大。

地震烈度是指某一地区地面和建筑遭受地震影响和破坏的强烈程度。它不仅与震级有关，且与震源的深度、距震中的距离、场地土质类型等因素有关。一次地震只有一个震级，但却有不同的烈度区。

我国地震烈度表中将烈度分为 12 度。7 度时，一般建筑物多数有轻微损坏；8～9 度时，大多数损坏至破坏，少数倾倒；10 度时，则多数倾倒。过去我国一直以 7 度作为抗震设防的起点，但近数十年来，很多位于烈度为 6 度的地区发生了较大地震，甚至特大地震。因此，现行建筑抗震规范规定以 6 度作为设防起点，6～9 度地区的建筑物要进行抗震设计。

## 二、建筑防震设计要点

建筑物防震设计的基本要求是减轻建筑物在地震时的破坏、避免人员伤亡、减少经济损失。其一般目标是当建筑物遭到本地区规定的烈度的地震时，允许建筑物部分出现一定的损坏，经一般修复和稍加修复后能继续使用，而当遭到极少发生的高于本地区烈度的罕遇地震时，不致倒塌和发生危及生命的严重破坏，即贯彻“小震不坏、大震不倒”的原则。在建筑设计时一般遵循下列要点。

(1) 宜选择对建筑物防震有利的建设场地。

(2) 建筑体形和立面处理力求匀称。建筑体形宜规则、对称，建筑立面宜避免高低错落、突然变化。

(3) 建筑平面布置力求规整。如因使用和美观要求必须将平面布置成不规则时，应用防震缝将建筑物分割成若干结构单元，使每个单元体形规则、平面规整、结构体系单一。

(4) 加强结构的整体刚度。从抗震要求出发，合理选择结构类型、合理布置墙和柱、加强构件和构件连接的整体性、增设圈梁和构造柱等。

(5) 处理好细部构造。楼梯、女儿墙、挑檐、阳台、雨棚、装饰贴面等细部构造应予以足够的注意，不可忽视。

## 项目小结

(1) 本章介绍了“建筑构造”这门课程的内容和教学目的，以及在课程体系中的重要作用，同时介绍了学习本课程的学习方法。通过学习本课程掌握建筑构造的基本原理，能熟练识读工业与民用建筑施工图。

(2) 建筑的构成要素包括建筑功能、建筑技术和建筑形象。

(3) 本章重点介绍了建筑的分类与分级。

(4) 一般民用建筑是由基础、墙和柱、楼层和地层、楼梯、屋顶、门窗等六大基本构件组成的。各个基本构件在不同部位发挥着不同的作用。

(5) 影响建筑构造的因素主要有：外力、自然环境、人为因素、建筑技术条件、经济条件等。

(6) 建筑模数是建筑设计中选定的标准尺度单位，作为建筑空间、构配件、建筑制品以及有关设备等尺寸相互间协调的基础和增值单位。整个建筑及其一部分或建筑组合构件的模数尺寸之间应为基本模数的倍数。

(7) 本章介绍了建筑保温、防热、节能、建筑隔声和建筑防震等方面所采取的措施和构造设计方案。

## 习　题

1. 建筑按不同的分类方式是如何分类的？
2. 按照我国现行的《民用建筑设计通则》，民用建筑的设计使用年限如何分类？
3. 简述一般民用建筑的构造组成及其作用？
4. 简述影响建筑构造的因素有哪些？
5. 什么是建筑模数？在建筑模数协调标准中规定了哪几种尺寸？它们的相互关系如何？
6. 采取哪些措施可以提高建筑的保温效果？
7. 减少建筑能耗的建筑措施有哪些？
8. 何为地震震级，何为地震烈度，二者有何联系与区别？

# 学习情境2

# 基础与地下室

## 教学目标

(1) 理解地基、基础、基础埋深、天然地基、人工地基等概念含义。

(2) 了解影响基础埋深的因素。

(3) 掌握基础类型和构造,绘制基础构造图。

(4) 掌握地下室的组成,了解地下室防潮防水构造。

# 任务 1 概述

## 一、地基与基础

### 1. 基本概念

1）基础

基础是建筑物的主要承重构件，它是建筑物的墙或柱埋入地下的扩大部分，是建筑物的重要组成部分。基础的作用是承受建筑物上部结构的全部荷载，并把承受的荷载有效传递给地基。

2）地基

地基是基础下部承受由基础传来荷载的土壤层，它不是建筑物的组成部分，如图 2-1 所示。

地基承受的荷载主要由基础顶面标高以上的建筑物上部结构的竖向荷载、基础自重以及基础上部土壤荷载等组成。地基承受荷载的能力是有一定限度的，地基每平方米所能承受的最大压力，称为地基的容许承载力（或称地耐力）。地基容许承载力与基础的底面积及建筑物的上部荷载之间关系必须满足以下的公式：

$$\text{容许承载力} \geqslant \text{上部荷载}/\text{基础底面积}$$

地基容许承载力主要应根据地基土壤特性来确定，同时也与建筑物的结构构造和使用要求等因素有一定的关系。

地基与基础共同保证建筑物的安全、稳固和耐久。在工程设计与施工中，基础要满足强度、刚度和稳定性方面的要求，地基应满足强度、变形和稳定性方面的要求。

### 2. 持力层与下卧层

1）持力层

持力层是指具有一定的地耐力，与基础底面直接接触，承受建筑物荷载，并需要进行力学计算的土层。

2）下卧层

下卧层是指持力层以下的土层。

持力层的土层所承受的荷载是随着土层深度的增加而持续减少的，在达到一定深度以后土层所承受的荷载可以忽略不计。而下卧层所承受的荷载虽然可以忽略不计，但是如果下卧层为软弱土层的话，则需要进行处理。例如，下卧层是淤泥质土，那么就需要计算下卧层承载能力，如果承载力不够，则要考虑进行地基处理或者考虑桩基础设计。

**3. 基础埋置深度**

基础埋置深度是指室外设计地面到基础底面的垂直距离，如图 2-2 所示。室外设计地面是指按设计要求工程竣工后室外场地经填筑或开挖后形成的地面。

基础按其埋深大小可分为浅基础和深基础。基础埋深不超过 5 m 时称为浅基础；基础埋深大于或等于 5 m 时称为深基础。从经济和施工的角度考虑，在保证结构稳定和安全使用的前提下，应优先选用浅基础，以降低工程造价。例如，浅层土质极弱或建筑物总体荷载较大，需要特殊的施工技术和相应的基础形式时，如桩基、沉箱、沉井和地下连续墙等，则需要选用深基础。当基础埋深过小时，地基受到建筑荷载压力后可能会把四周的土挤出隆起，使基础产生滑移而失稳，导致基础破坏，因此基础埋深在一般情况下不能小于 500 mm。

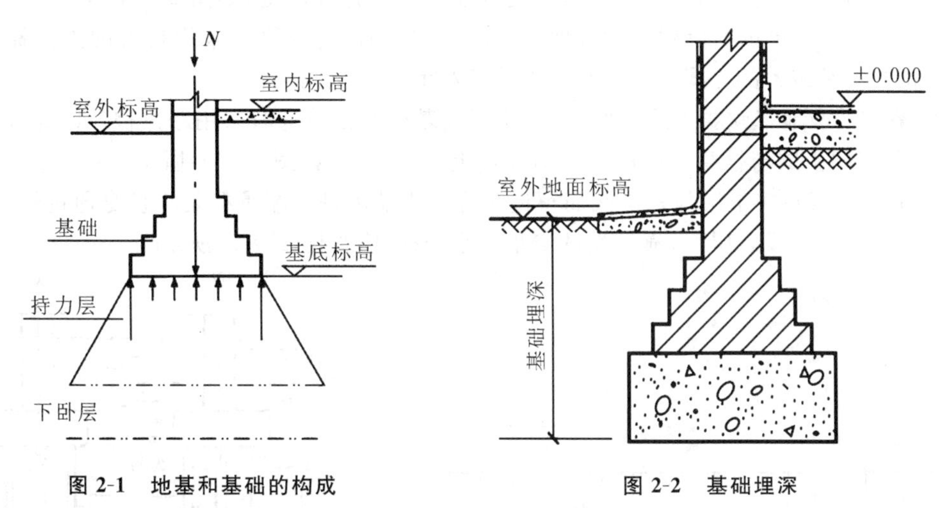


图 2-1　地基和基础的构成　　　图 2-2　基础埋深

## 二、地基的种类

地基按照土层性质的不同，分为天然地基和人工地基两大类。

**1. 天然地基**

凡天然土层具有足够的承载能力，无需经人工处理或加固即可作为建筑物地基的称为天然地基。例如，天然的岩石、碎石土、砂石土和黏性土等均可作为天然地基。

**2. 人工地基**

当建筑物上部荷载较大或地基的承载能力较弱时，地基在天然状态下不具备足够的承载力，必须对土层进行人工加固后才能使地基具有足够的坚固性和稳定性，这种地基称为人工地基。人工地基通常采用压实法、换土法、打桩法等。

（1）压实法　压实法是利用重锤夯实、机械碾压或振动法挤压土层，将土层中的空气和水分排走，提高土层的密实性，降低土层透水性，以达到提高地基承载能力的目的，如图 2-3 所示。这种方法简单易行。

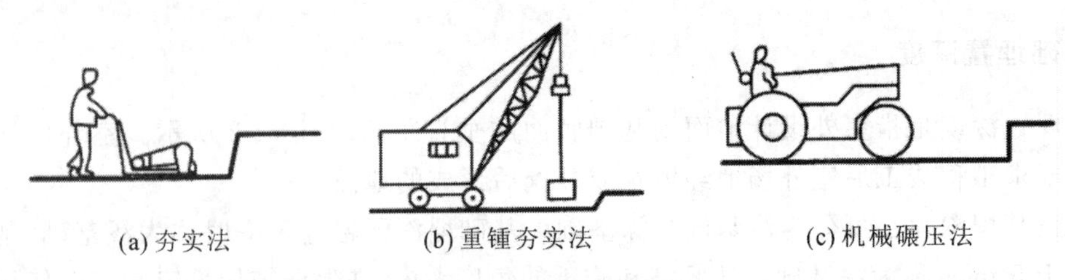

(a) 夯实法　(b) 重锤夯实法　(c) 机械碾压法

**图 2-3　压实法加固地基**

(2) 换土法　当基础下土层比较软弱，如淤泥、淤泥质土、冲填土、杂壤土等，不能满足上部荷载对地基的要求时，可将软弱土层全部或部分置换成其他较坚硬的材料，并在回填时使用机械逐层压实，这种方法称为换土法。换土法所采用的材料一般是强度高的无侵蚀性材料，如砂碎石、灰土、矿渣、石屑等材料。换土的范围与换土厚度由计算确定，如图 2-4 所示。

(3) 打桩法　当建筑物荷载很大或地基土层很软弱时，建筑物可采用打桩的方法提高地基承载力。按提高承载力的方式的不同可分为摩擦桩和端承桩两类。

① 摩擦桩　当地基软弱土层很厚，坚实土层离基础底面较远时采用摩擦桩。摩擦桩是借助土层的挤压，利用土层与桩身表面的摩擦力支承上部的荷载，如图 2-5(a)所示。

② 端承桩　若坚实土层与基础底面很近时可采用端承桩。端承桩是将桩身通过软弱土层，直接支承在坚硬土层或岩层上，靠桩端的支承力承担荷载，如图 2-5(b)所示。

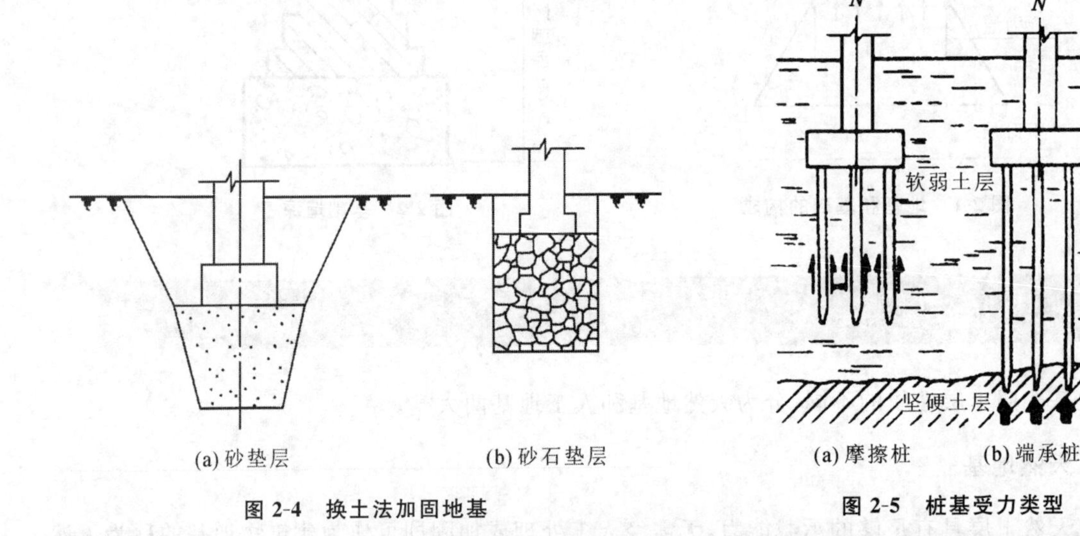


(a) 砂垫层　(b) 砂石垫层

**图 2-4　换土法加固地基**

(a) 摩擦桩　(b) 端承桩

**图 2-5　桩基受力类型**

## 三、基础埋深的影响因素

为了保证基础的安全可靠，基础设计应在地面以下一定的深度。影响基础埋深的因素较多，除了需要考虑建筑物的用途、有无地下室、设备基础和地下设施、基础的形式与构造、作用在地基上的荷载大小和性质以外，主要影响因素不还有工程地质条件、地下水位、冰冻深度、相邻建筑基础等。

**1. 工程地质条件**

在接近地表面的土层中，常有大量植物根茎或垃圾等，不宜选做地基，所以除岩石地基外基础埋深不宜小于0.5 m。地基若由均匀的、压缩性较小的良好的土层构成，承载力能满足建筑物的总荷载时，基础按最小埋置深度设计。基础底面应尽量选在常年未经扰动且坚实的土层或岩石上。

**2. 地下水位**

地下水位的上升和下降对土层的承载力有很大影响，为了避免地下水位的变化直接影响地基承载力和减少基础施工的困难，以及防止有侵蚀性的地下水对基础的腐蚀，所以一般基础应尽量埋置在最高地下水位以上不小于200 mm。在地下水位较高的地区，基础不能埋置在最高地下水位以上时，宜将基础底面埋置在最低地下水位以下不少于200 mm的深度，如图2-6所示。

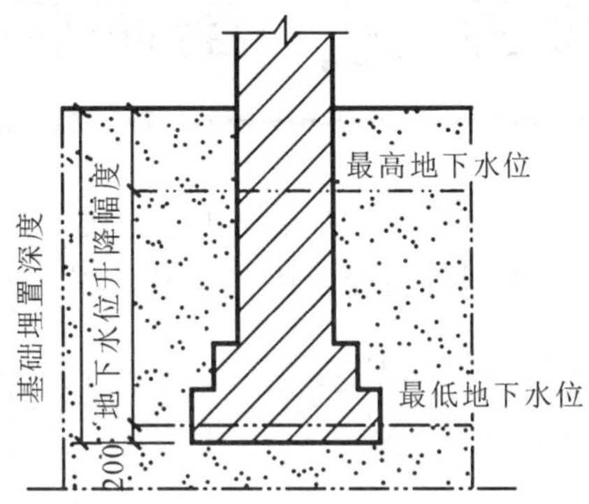


图2-6　地下水位对埋置深度的影响

**3. 冰冻深度**

冻结土与非冻结土的分界线称为冰冻线，冰冻深度是指冰冻线到地表的垂直距离。各地区的气温不同，冻结深度也各不同，如北京为0.8～1 m，辽宁为1～1.2 m，黑龙江为2～2.2 m，上海、南京一带仅为0.08～0.1 m。

土层的冻结是否对建筑物产生不良影响，主要看土层冻结后会不会产生严重的冻胀现象。冻胀性土中含水量越大，冻胀现象越明显。当建筑物基础处于具有冻胀现象的土层范围内，冬季土层的冻胀会使建筑物基础向上拱起；到春季气温回升时，土层解冻，建筑物基础又会下沉。这种冻结和解冻的过程并不均匀，使建筑物处于不稳定状态，会产生严重的变形，如墙身开裂、门窗变形，甚至使建筑物遭到破坏等。因此一般要求建筑物基础原则上应埋置在冰冻线以下200 mm处，如图2-7所示。

**4. 相邻建筑物的基础**

当新建的建筑物附近已有建筑物时，应考虑新建筑物基础对原有建筑物基础的影响。为了保证原有建筑物的安全和正常使用，新建筑物的基础埋深不宜大于原有建筑物的基础埋深。如果新建筑物基础大于原有建筑物基础时，两基础之间的水平距离应控制在两基础底面高差的2倍，即$L=2\Delta H$，如图2-8所示。

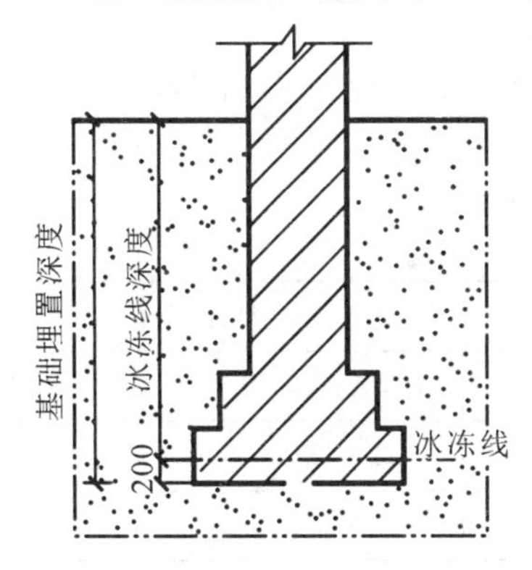


图2-7　冰冻深度对埋置深度的影响

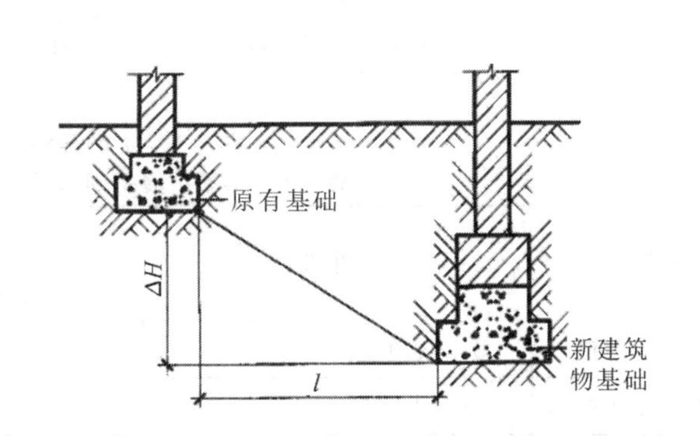


图2-8　扩建基础的埋置深度

# 任务 2 基础构造

基础类型很多，根据中华人民共和国国家标准《建筑地基基础设计规范》(GB 50007—2011)规定，基础可按受力特点、构造形式、所用材料等因素分类。

## 一、基础的类型

### 1. 按所用材料和受力特点分类

1）无筋扩展基础

无筋扩展基础是指由砖、毛石、混凝土或毛石混凝土、灰土和三合土等抗压强度较高的刚性材料组成的墙下条形基础或柱下独立基础。无筋扩展基础也被称为刚性基础。

无筋扩展基础常用的材料有砖、石、混凝土等，它们的抗压强度较高，但是抗拉及抗剪强度却较低，使用这些材料建造基础时，为了保证基础不被拉力或冲切破坏，基础就必须具有足够的高度。也就是说，对基础的挑出长度 $b$ 与基础高度 $h$ 之比(通称宽高比)进行限制(见图 2-9)，即一般不能超过允许宽高比(详见表 2-1)，在基础宽度加大的同时必须增加基础高度，使高宽比在允许范围内。在此情况下，宽 $b$ 与高 $h$ 所夹的角，称为刚性角。

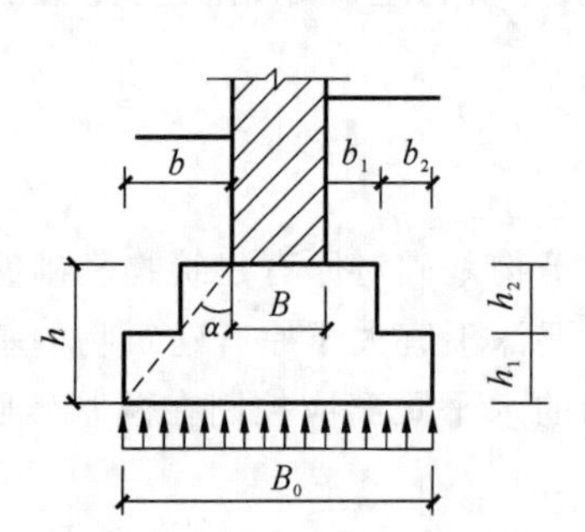


(a) 基础的$b/h$值在允许范围内，基础底面不受拉

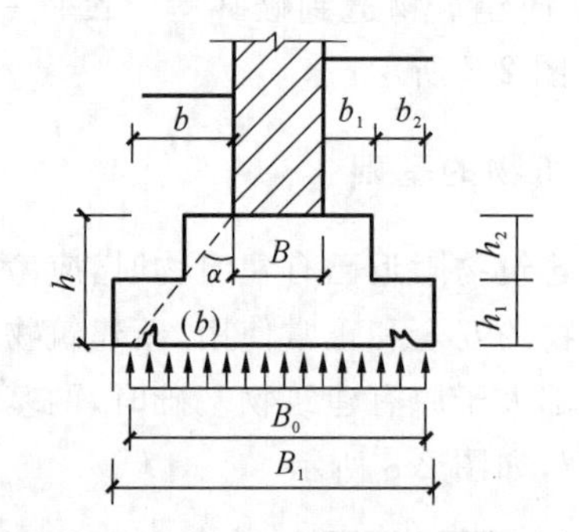


(b) 基础宽度加大，$b/h$大于允许范围，基础因受拉开裂而破坏

图 2-9 无筋扩展基础的受力特点

表 2-1 无筋扩展基础台阶宽高比的允许值

| 基础材料 | 质量要求 | 台阶宽高比的允许值 | | |
|---|---|---|---|---|
| | | $p_k \leqslant 100$ | $100 < p_k \leqslant 200$ | $200 < p_k \leqslant 300$ |
| 混凝土基础 | C15 混凝土 | 1∶1.00 | 1∶1.00 | 1∶1.25 |
| 毛石混凝土基础 | C15 混凝土 | 1∶1.00 | 1∶1.25 | 1∶1.50 |

续表

| 基础材料 | 质量要求 | 台阶宽高比的允许值 | | |
| --- | --- | --- | --- | --- |
| | | $p_k \leqslant 100$ | $100 < p_k \leqslant 200$ | $200 < p_k \leqslant 300$ |
| 砖基础 | 砖不低于MU10、砂浆不低于M5 | 1∶1.50 | 1∶1.50 | 1∶1.50 |
| 毛石基础 | 砂浆不低于M5 | 1∶1.25 | 1∶1.50 | — |
| 灰土基础 | 体积比为3∶7或2∶8的灰土,其最小干密度为:<br>① 粉土1.55 t/m³<br>② 粉质黏土1.50 t/m³<br>③ 黏土1.45 t/m³ | 1∶1.25 | 1∶1.50 | — |
| 三合土基础 | 体积比1∶2∶4～1∶3∶6(石灰∶砂∶骨料),每层约虚铺220 mm,夯至150 mm | 1∶1.50 | 1∶2.00 | — |

注:① $p_k$ 为作用标准组合时的基础底面处的平均压力值(kPa);

② 阶梯形毛石基础的每阶伸出宽度,不宜大于200 mm;

③ 当基础由不同材料叠合组成时,应对接触部分作抗压验算;

④ 混凝土基础单侧扩展范围内基础底面处的平均压力值超过300kPa的混凝土基础,还应进行抗剪验算;对基底反力集中于立柱附近的岩石地基,应进行局部受压承载力验算。

无筋扩展基础的特点为放脚较高,体积较大,埋置深度较深。常用于建筑物荷载较小、地基承载力较好、地基压缩性较小的中小型民用建筑以及墙承重的轻型厂房等。

2) 扩展基础

用钢筋混凝土建造的柱下独立基础和墙下条形基础抗弯能力强,不受刚性角限制,称为扩展基础,也称为柔性基础。钢筋混凝土既能承受压力,又能承受拉力,断面没有太大限制。当建筑物荷载较大,或地基的承载力较弱时,如果采用无筋扩展基础,底面较宽,因受刚性角限制,基础两边挑出宽度较大时就必须增加基础的高度。如果在同等条件下采用扩展基础,由钢筋来承受较大的弯矩以及抵抗拉力,则基础不受刚性角的限制,体现出基础体积小、埋置浅、挖方少的特点(见图2-10),可节约大量的材料和施工工程量。扩展基础常用于土质较差、荷载较大、地下水位较高等条件下的大中型建筑。

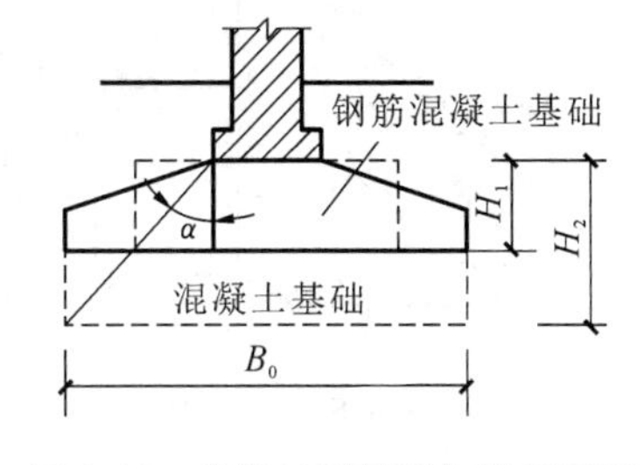


图2-10 无筋扩展基础与扩展基础

**2. 按构造形式分类**

基础的构造形式随建筑物上部的结构形式、荷载大小和地基情况而定。在一般情况下,上部结构形式直接决定了基础的形式,但当上部荷载增大、地基承载力等因素有变化时,基础形式也随之变化。

1) 独立基础

独立基础也称为柱下独立基础。当建筑物上部结构采用框架结构或单层排架结构承重时,且柱距较大时,基础常采用方形或矩形的独立基础,其形式有阶梯形、锥形等,如图2-11(a)(b)所示。当柱采用预制钢筋混凝土构件时,则基础浇筑成杯口形,然后将柱子插入,并用细石混凝土嵌固在杯口内,故称为杯形基础,如图2-11(c)所示。

独立基础具有减少土方工程量，便于管道穿过，节约基础材料等优点，但是独立基础的基础与基础之间缺少连接构件，整体刚度较差，因此适用于荷载均匀的骨架结构建筑。

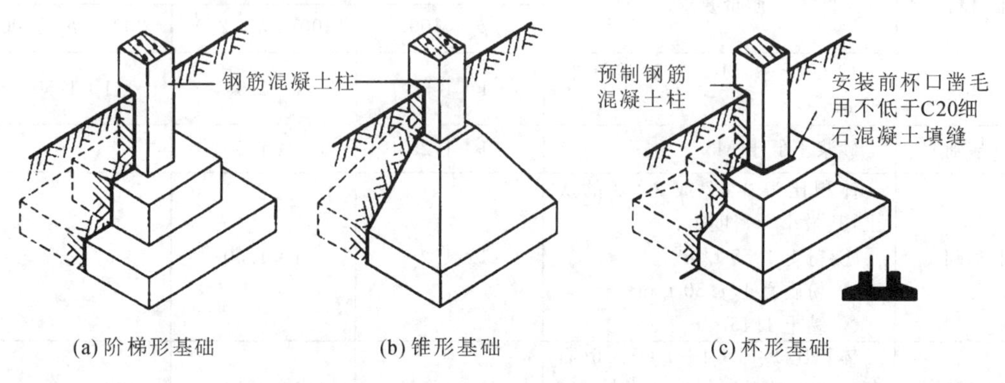


图 2-11　独立基础

2）条形基础

当建筑物上部结构为砖墙或砌块墙承重时，常采用沿墙体设置成长条形的基础，这种基础称为条形基础，如图 9-13 所示。条形基础有墙下条形基础和柱下条形基础两种。

条形基础具有纵向整体性较好的优点，可以有效防止不均匀沉降，多用于砖混结构。砌筑常选用砖、毛石、混凝土、钢筋混凝土等材料。

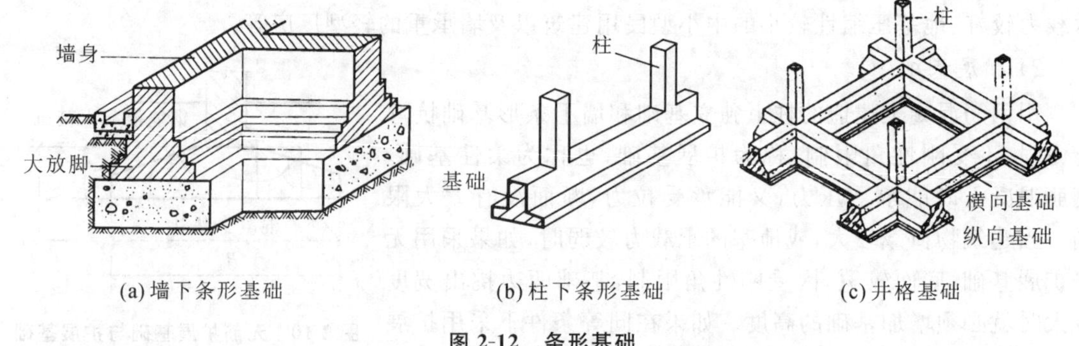


图 2-12　条形基础

3）筏形基础

当建筑物上部结构较大，而地基承载力较低时，可采用整片的钢筋混凝土板承受建筑荷载并传递给地基，这种基础称为筏形基础，也称为满堂基础。筏形基础按结构形式分为板式筏形基础和梁板式筏形基础两种，如图 2-13 所示。板式筏形基础底板厚度较大，构造较简单；梁板式筏形基础底板厚度较小，但增加了双向梁，构造较复杂。

筏形基础具有减少基底压力，提高地基承载力和调整地基不均匀沉降的优点，常用于地基承载力差或上部结构荷载大的高层建筑。

4）箱形基础

当建筑物较大、浅层地质情况较差或建筑物较高基础需要深埋的时候，为增加建筑物的整体刚度，避免因地基的局部变形影响建筑物上部结构时，常采用箱形基础。箱形基础是由钢筋混凝土的底板、顶板和若干纵横墙整浇而成的刚度较大的空心盒状结构，如图 2-14 所示。

箱形基础具有整体空间刚度大，能有效调整基底压力，稳定性和抗震性较好等优点，常用于

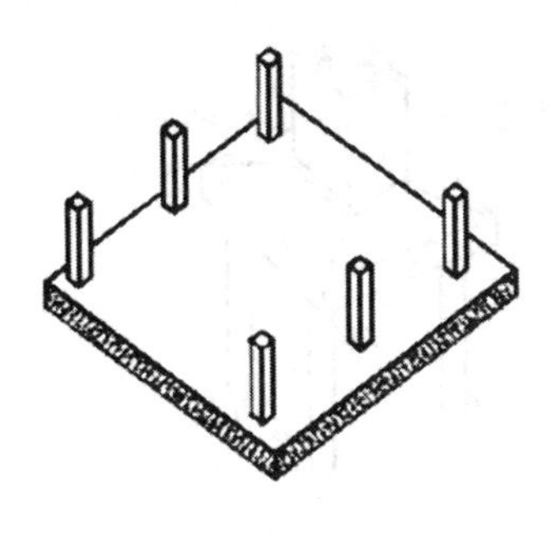

(a) 板式筏形基础

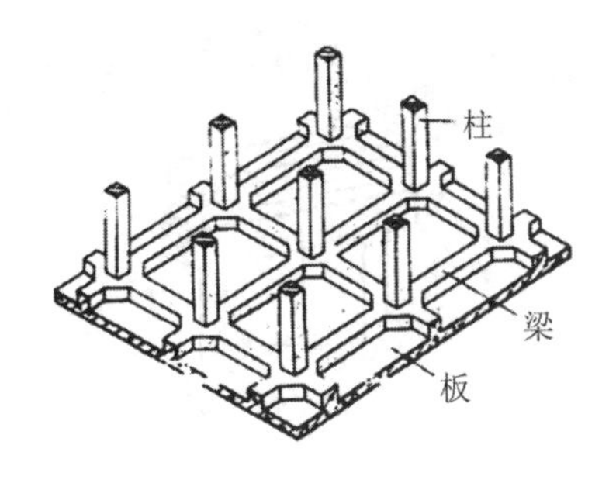


(b) 梁板式筏形基础

**图 2-13　筏形基础**

高层建筑或在较弱地基上建造的重型建筑物。箱形基础的内部空间一般可作为地下室使用。

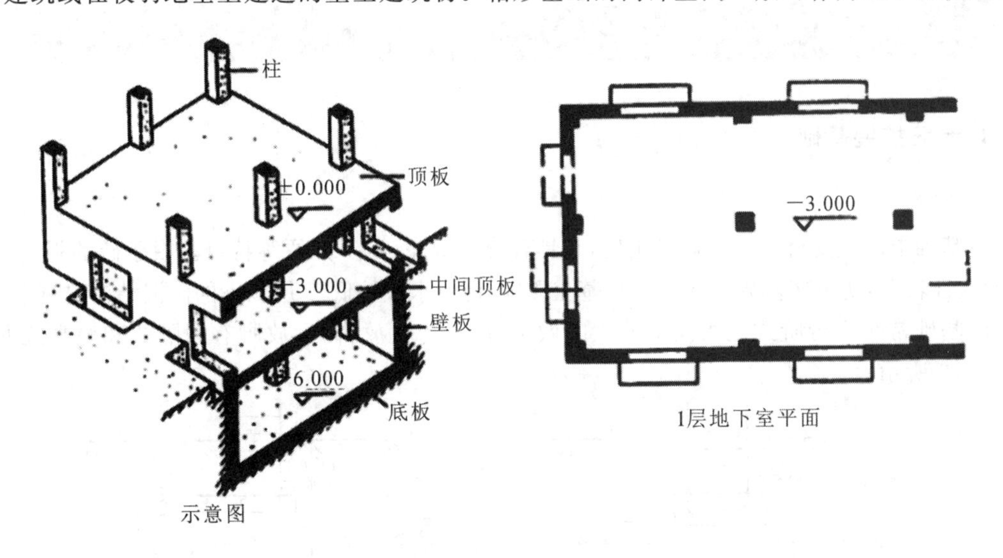


示意图

1层地下室平面

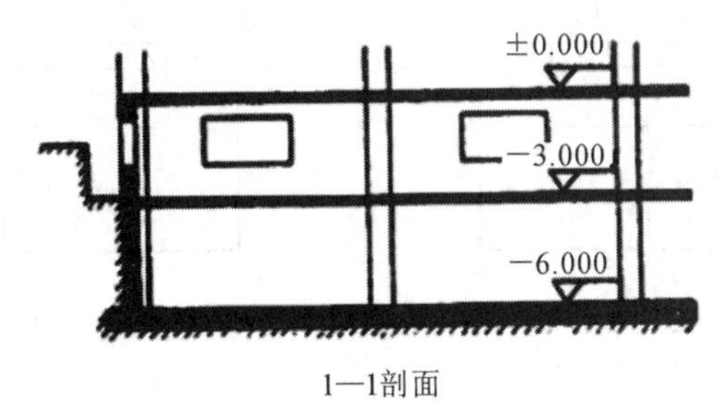


1—1剖面

**图 2-14　箱形基础**

5）桩基础

当建筑物荷载较大，地基的软弱土层厚度在 5 cm 以上，基础不能埋入软弱土层内，或对软弱土层进行人工处理困难或不经济时，常采用桩基础。桩基础由承台和桩身组成，如图 2-15 所示。桩基础最常采用的材料为钢筋混凝土，桩基础种类根据施工方法的不同可分为打入桩、压入桩、灌入桩和振入桩等；根据受力性能的不同可分为端承桩和摩擦桩等。

桩基础具有减少挖填土工程量，节省材料，缩短工期等优点。目前桩基础的采用量正在逐年增加。

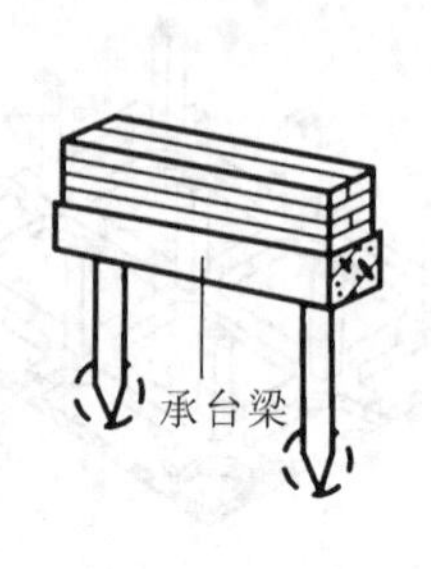


(a) 墙下桩基础

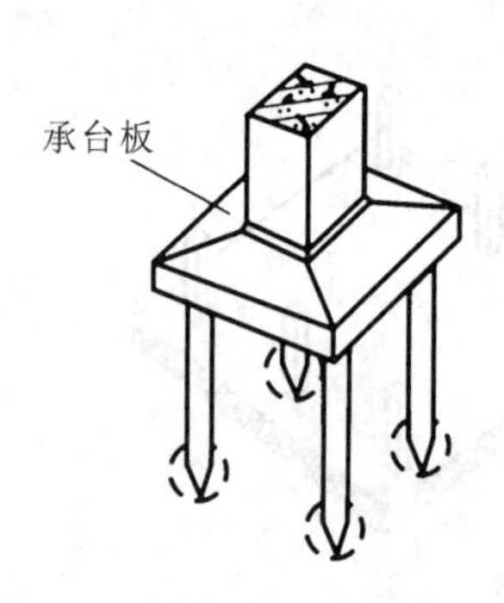


(b) 柱下桩基础

**图 2-15　桩基础**

## 二、基础构造

### 1. 无筋扩展基础

1）砖基础

砖基础中的主要材料为普通黏土砖，它具有价格低廉、施工方便等特点。由于砖的强度、抗冻性、耐久性较差，所以砖基础多应用于地基土质好、地下水位较低、5 层以下的砖混结构建筑中。

砖基础常采用台阶式逐级向下放大的做法，称之为大放脚，大放脚有间隔式和等高式两种，如图 2-16 所示。

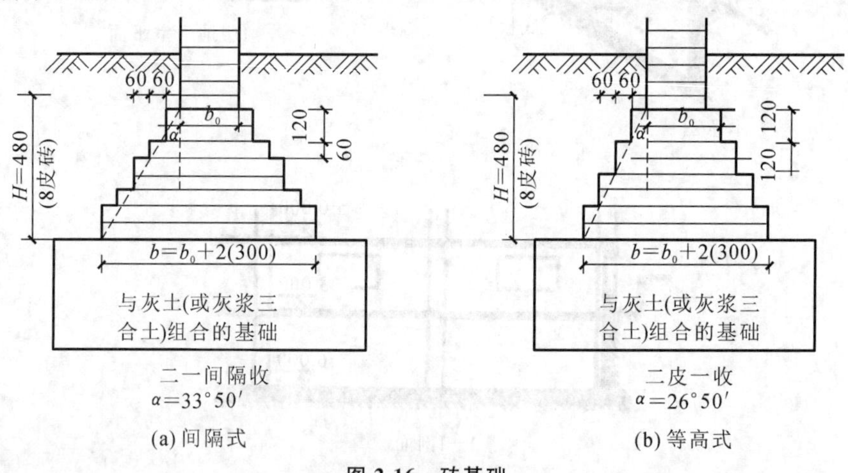


(a) 间隔式　　(b) 等高式

**图 2-16　砖基础**

2）混凝土基础

混凝土基础多采用强度等级 C15 或 C20 的混凝土浇筑而成，具有强度高、耐腐蚀、防水抗冻等特点，常用于地下水位较高或有冰冻现象区域的建筑。由于混凝土可塑性强，混凝土基础的形式一般有矩形、台阶形和锥形等。为了方便施工，当基础宽度小于 350 mm 时，采用矩形断面形式；当基础宽度大于 350 mm 时，多采用阶梯形断面形式；当基础宽度大于 2000 mm 时，基础断面采用锥形形式，在保证两侧有高度不小于 200 mm 的垂直面的基础上，按照刚性角允许值倾斜，锥形形式混凝土基础能节省混凝土，减轻基础自重，如图 2-17 所示。

当混凝土体积过大时，为了节约混凝土用量，避免大体积混凝土在凝固过程中产生大量热量不易散发而引发开裂，常在混凝土中加入粒径不超过300 mm的毛石，这种基础称为毛石混凝土基础。毛石混凝土基础所用毛石的尺寸不能大于基础宽度的1/3，且毛石的体积一般为总体积的20%～30%，毛石在混凝土中应均匀分布。

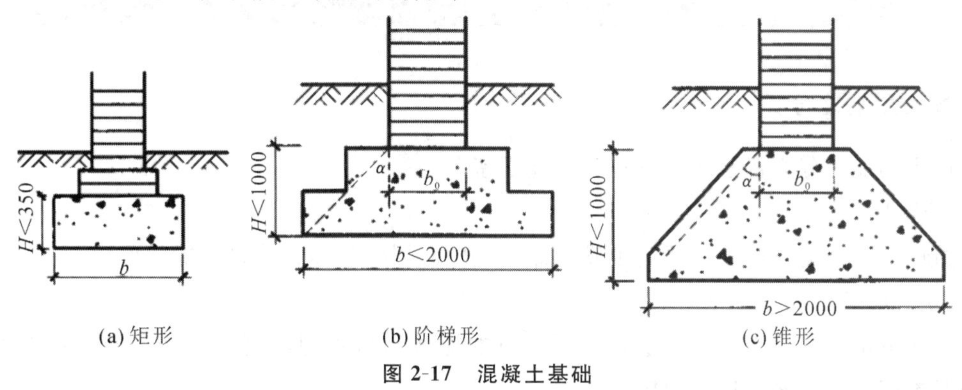


(a) 矩形　　(b) 阶梯形　　(c) 锥形

图 2-17　混凝土基础

**2. 扩展基础**

为了节约材料，钢筋混凝土基础常做成锥形，但最薄处不应小于200 mm；若做成阶梯形，每步高宜为300～500 mm。基础中受力钢筋的数量应通过计算确定，但钢筋直径不宜小于10 mm，间距不大于200 mm，混凝土的强度等级不宜低于C20。为了使基础底面均匀传递对地基的压力，常在基础下部用强度等级为C15的混凝土做垫层，其厚度宜为70～100 mm。有垫层时，钢筋距基础底面的保护层厚度不宜小于40 mm。当建筑物的荷载较大时还可以做成梁板式基础。

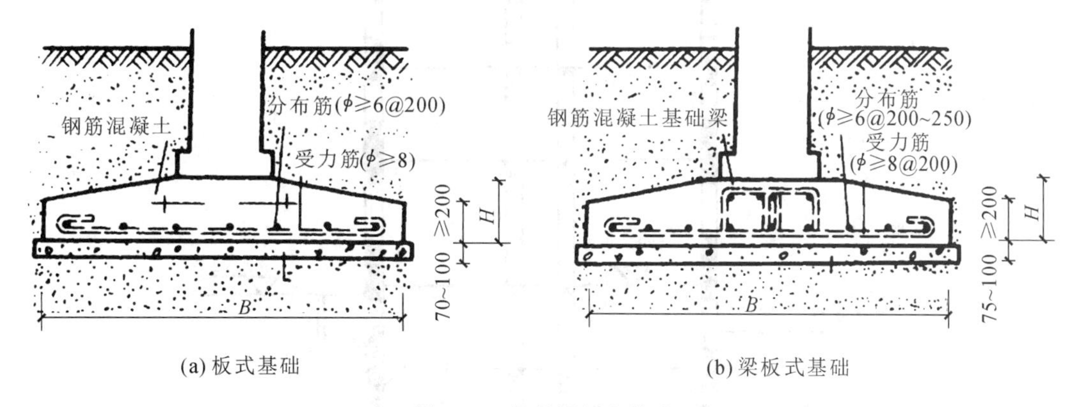


(a) 板式基础　　(b) 梁板式基础

图 2-18　钢筋混凝土基础

# 任务 3　地下室构造

建筑物底层地面以下的部分称为地下室，它可用作设备间、储藏房间、旅馆、餐厅、商场、车库以及用作战备人防工程。高层建筑常利用深基础，如箱形基础，建造一层或多层地下室，既增加了使用面积，又节省了室内填土的费用。

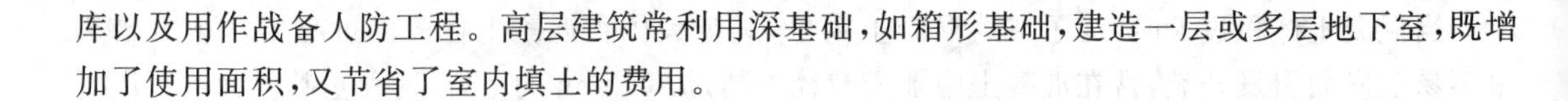

## 一、地下室分类

### 1. 按使用功能分类

按使用功能可分为普通地下室和防空地下室。

1）普通地下室

普通地下室的地下空间主要用于满足储藏、办公、居住等多种建筑功能的要求。

2）防空地下室

防空地下室主要用于解决紧急状态下人员的掩蔽和疏散，具有保证人身安全的技术措施，同时还要考虑和平时期的日常使用。

### 2. 按埋入地下深度分类

按埋入地下深度可分为地下室和半地下室，根据《民用建筑设计通则》(GB 50352—2005)的术语解释，对地下室和半地下室定义如下。

1）地下室

房间地坪面低于室外地坪面的高度超过该房间净高的 1/2 者为地下室，如图 2-19 所示。

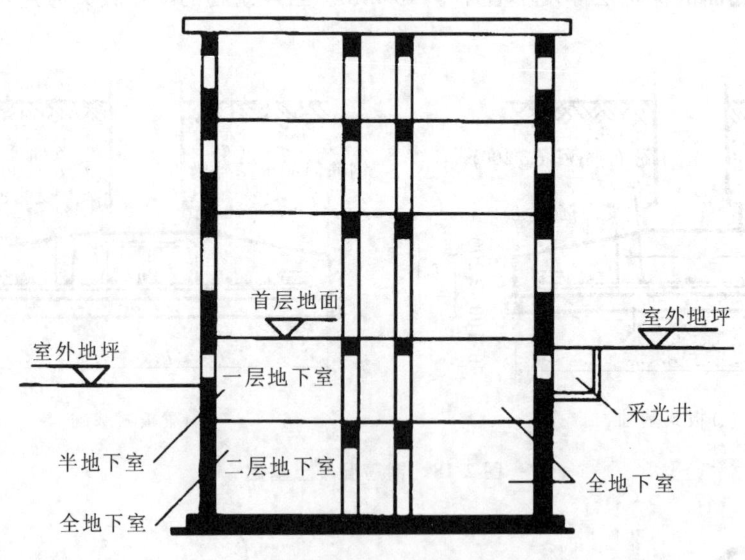


**图 2-19　地下室示意图**

由于防空地下室有防止地面水平冲击破坏的要求，因此多采用地下室类型。

2）半地下室

房间地坪面低于室外地坪面的高度超过该房间净高的 1/3，且不超过 1/2 者为半地下室，如图 2-19 所示。半地下室一部分在地面以上，能解决采光、通风等问题，因此普通地下室多采用半地下室类型。

### 3. 按结构材料分类

按结构材料可分为砖混结构地下室和钢筋混凝土结构地下室。

1）砖混结构地下室

砖混结构地下室是指地下室的墙体是采用砖砌结构，顶板采用钢筋混凝土结构。这种地下室适用于上部荷载较小以及地下水位较低的建筑物。

2）钢筋混凝土结构地下室

钢筋混凝土结构地下室是指地下室全部采用钢筋混凝土结构。这种地下室适用于上部荷载较大、地下水位较高以及有人防要求的建筑物。

## 二、地下室的构造

地下室一般由墙体、顶板、底板、门窗、楼梯、采光井等部分组成，如图 2-20 所示。

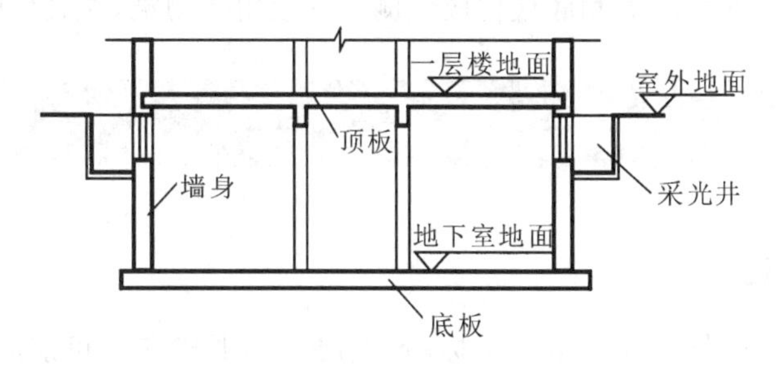


图 2-20 地下室组成

### 1. 墙体

地下室的外墙不仅承受垂直荷载，还承受土、地下水和土壤冻胀的侧压力，因此地下室的外墙应按挡土墙设计。若采用钢筋混凝土或素混凝土墙，应按计算确定其厚度，其最小厚度除应满足结构要求外，还应满足抗渗厚度的要求，其最小厚度不低于 300 mm，同时外墙还应做防潮或防水处理。若采用砖砌结构，最小厚度不小于 490 mm。

### 2. 顶板

顶板可采用现浇或者预制混凝土板。若为防空地下室，必须采用现浇板，并按防空设计的有关规定决定其厚度和混凝土强度等级。在无采暖的地下室顶板上，即首层地板处应设置保温层，以利于首层房间使用的舒适度。

### 3. 底板

底板处于最高地下水位以上，并且无压力作用时，可按一般地面工程处理，即垫层上现浇混凝土 60～80 mm 厚，再做面层；若底板处于最高地下水位以下时，底板不仅承受上部垂直荷载，还承受地下水的浮力荷载，因此应采用钢筋混凝土底板，并配双层筋，底板下垫层上还应设置防水层，以防渗漏水。

### 4. 门窗

普通地下室的门窗与地上房间门窗相同，地下室外墙窗如在室外地坪以下时，应设置采光井，以利室内采光、通风。防空地下室一般不允许设置窗，如确需开窗，应设置战时封堵措施。防空地下室的外门应按防空等级要求，设置相应的防护构造。

### 5. 楼梯

地下室楼梯可与地面上房间的楼梯结合设置，层高小或用作辅助房间的地下室时，可只设置单跑楼梯。防空要求的地下室至少要设置两部楼梯通向地面的安全出口，并且必须有一个是独立的安全出口，这个安全出口周围不得有较高建筑物，以防空袭时建筑物倒塌，堵塞出口，影响疏散。

### 6. 采光井

地下室窗外可设置采光井。一般每个窗设一个独立的采光井，当窗的距离很近时，也可将采光井连在一起。采光井由侧墙和底板构成。侧墙一般用砖砌筑，井底板则用混凝土浇筑。

## 三、地下室的防潮与防水构造

### 1. 地下室防潮构造

当设计最高地下水位低于地下室地层标高，上层又无形成滞水可能时，地下水不会直接侵入室内，外墙和地层仅受土壤中潮气的影响，只需做防潮处理，墙体防潮构造如图 2-21 所示。

地下室墙体应设两道水平防潮层，一道设在墙体与地下室地坪交接处；另一道设在距室外地面散水上表面 150～200 mm 的墙体中，以防止土层中的水分因毛细作用而沿基础和墙体上升，导致墙体潮湿和地下室及首层室内湿度过大。

当地下室墙体为砌体结构，其防潮层构造的要求是应采用水泥砂浆砌筑，灰缝必须饱满，在与土壤接触的外侧墙面设置垂直防潮层，其做法如图 2-21(a)所示。垂直防潮层应做到室外散水以上。然后在其外侧回填低渗透性土壤，如黏土、灰土等，宽约 500 mm，并分层夯实，以防止地表水下渗影响地下室。

当地下室墙体为混凝土或钢筋混凝土结构，墙体自身具有防潮作用时，不再设置防潮层。

此外，对防潮要求较高的地下室，地层也应做防潮处理，一般在垫层与地面之间设防潮层，与墙身水平防潮层处于同一水平面上，如图 2-21(b)所示。

### 2. 地下室防水

当设计最高地下水位高于地下室地坪时，地下室的外墙和地坪都浸泡在水中，这时地下室的外墙受到地下水的侧压力的影响，地坪受到地下水的浮力的影响。地下水的侧压力的大小以水头的大小为标准，所谓水头是指最高地下水位至地下室地面的垂直高度，以米为单位。水头越高，侧压力越大。因此必须对地下室外墙和地坪做防水处理。

地下室防水一般采用隔水法，即利用材料本身的不透水性来隔绝各种地下水、地表水(如毛

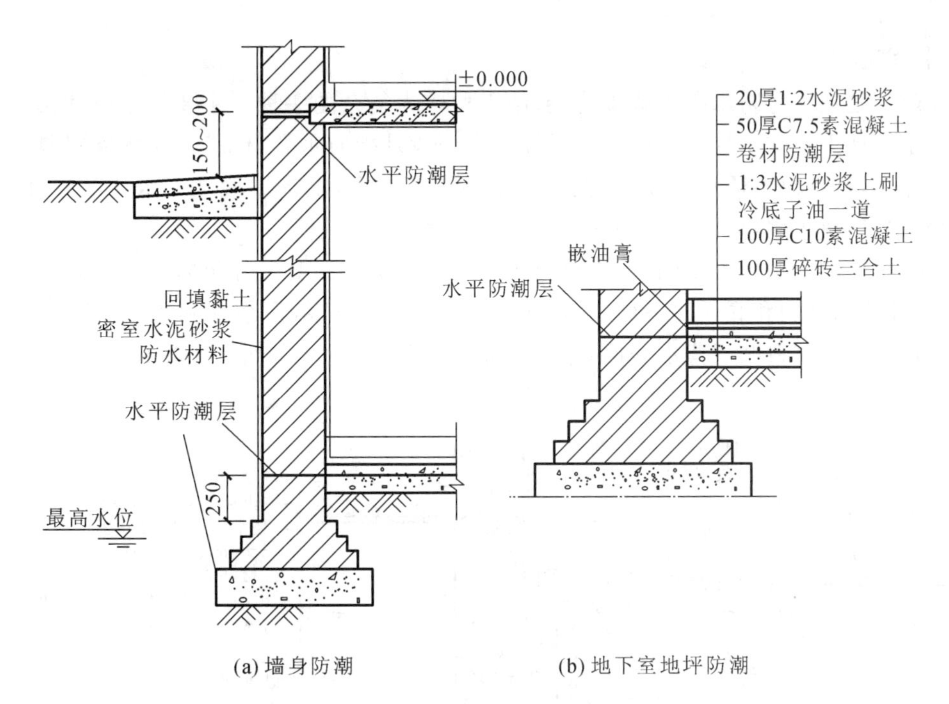


(a) 墙身防潮　　(b) 地下室地坪防潮

**图 2-21　地下室的防潮构造**

细管水、上层滞水以及各种有压力和无压力水)对地下室围护结构的浸透，以起到对地下室的隔水、防潮作用。通常隔水法按防水材料分为刚性防水、柔性防水、涂膜防水和钢板防水等；以结构形式分为本体防水(如混凝土防水)和辅助防水(如卷材防水、涂膜防水)。

1) 刚性防水

刚性防水是指以水泥、砂、石为原料或掺入少量外加剂、高分子聚合物等材料，配制而成的具有一定抗渗能力的水泥砂浆或混凝土防水材料。它是隔水法中较为简单，施工方便的一种。常见的刚性防水做法有：普通防水混凝土、外加剂防水混凝土、膨胀剂防水混凝土、防水水泥砂浆等，如图 2-22 所示。

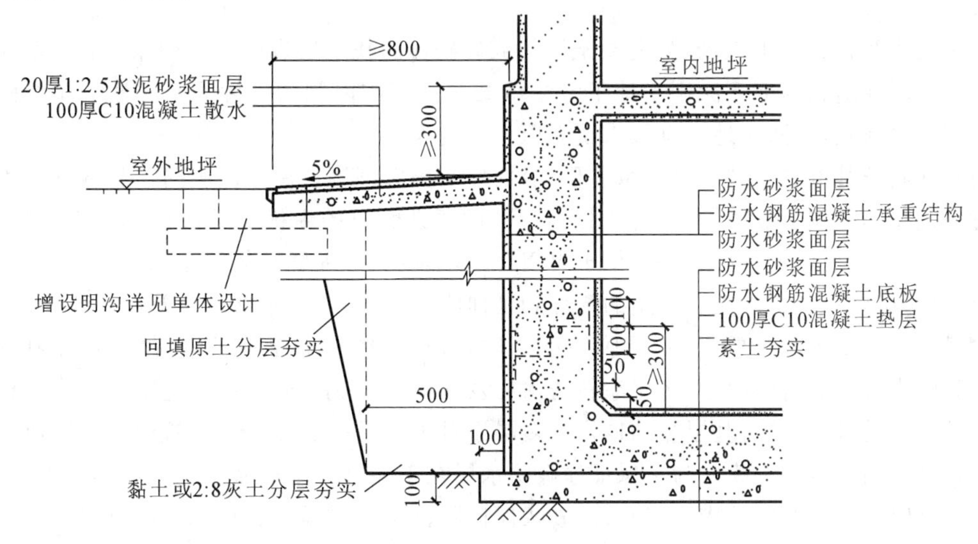


**图 2-22　地下室刚性防水构造**

2）柔性防水

柔性防水是地下室防水隔水法中构造、施工均较为复杂的一种。主要用于砌体结构或普通钢筋混凝土的地下室防水处理。所说的柔性防水一般是指防水卷材而言，防水卷材具有一定的强度和延伸率，韧性及不透水性较好，能适应结构微量变形，抵抗一般地下水化学侵蚀，因此在防水工程中被广泛采用，如图 2-23 所示。

按防水材料的铺贴位置不同，分为外包防水和内包防水两类。外包防水是将防水材料贴在迎水面，即外墙的外侧和底板的下面，其防水效果好，采用较多，但维修困难，缺陷处难于查找。内包防水是将防水材料贴于背水一面，其优点是施工简便，便于维修，但防水效果较差，多用于修缮工程。

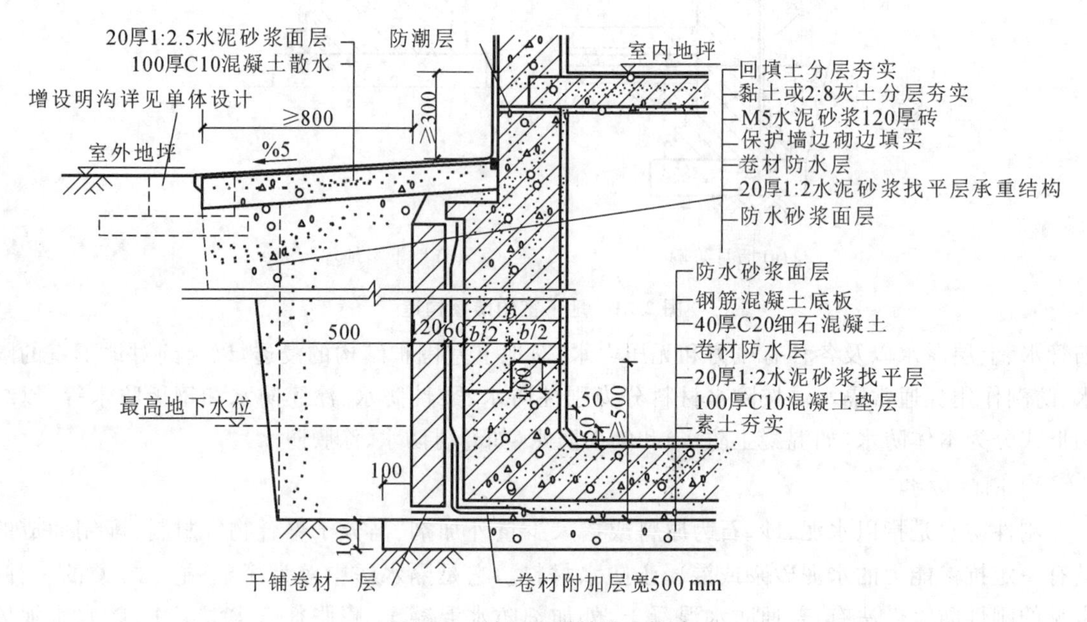

**图 2-23　地下室柔性防水构造**

3）涂膜防水

涂膜防水泛指在施工现场（如混凝土墙体或砖砌体的找平层表面），以刷涂、刮涂、滚涂等方法将液态涂料在适宜温度下涂刷于地下室主体结构外侧或内侧的一种防水方法。涂料固化后形成一层无缝薄膜，能防止地下有压水及无压水的侵入。

防水涂料按其液态类型可分为水乳型、溶剂型及反应型等。由于涂膜防水材料施工固化前是一种无定型的黏稠状液态物质，对于任何形状的复杂管道的纵横交叉部位都易于施工，特别在阴阳角、管道根部以及端部收头处便于封闭严密，形成一个无缝整体防水层，而且施工工艺简单，对环境污染较小。防水层有一定的弹性和延伸能力，对基层伸缩或开裂等有一定的适应性。

涂膜防水层要求基层要平整，涂膜厚度要均匀，宜设在迎水面，如设在背水面必须做抗压层。涂膜防水层一般由底涂层、多层涂料防水层及保护层组成。底涂层是先喷刷与涂料相适应的基层涂料一道，使涂层与基层黏结良好。多层涂料防水层一般分 2～3 层进行涂覆，使防水涂料形成多层封闭的整体涂膜。为了保证涂料防水层在工序进行中或涂膜完成后不受破坏，应采取相应的临时或永久性保护措施，如水泥砂浆保护层、120 厚砖墙保护层、聚苯板保护层等，如图 2-24 所示。

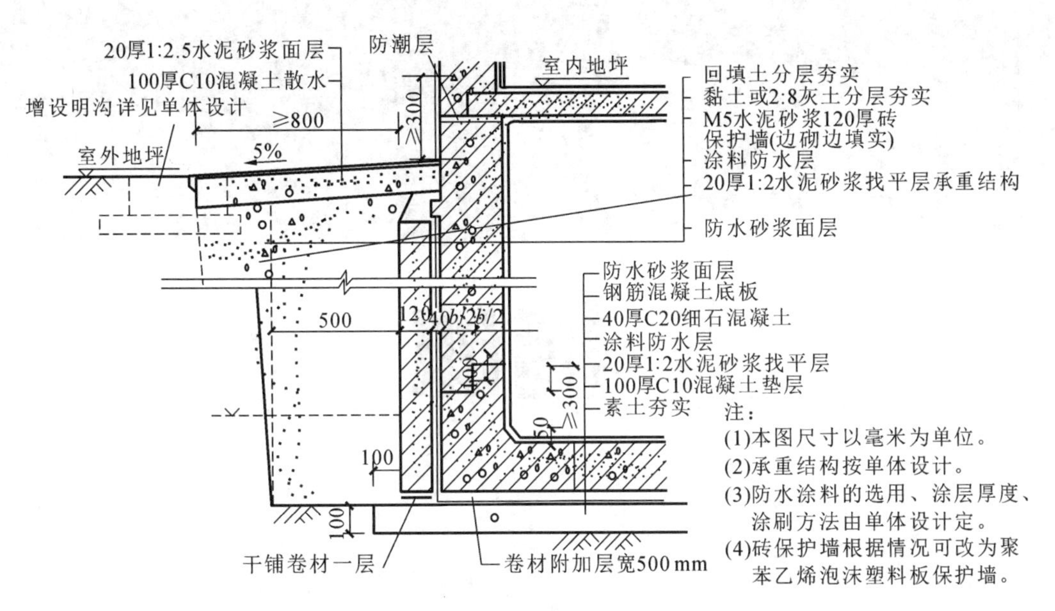


图 2-24　涂膜防水构造

4）钢板防水

钢板防水也分为内防水和外防水两种做法，一般适用于工业厂房地下烟道、热风道等高温高热的地下防水工程以及振动较大、防水要求严格的地下防水工程。

## 项目小结

本章介绍了基础的基本概念以及影响基础埋深的各种因素，同时讲解了基础的构造与类型。地下室结构部分则重点讲解了地下室的分类与组成，以及地下室的防潮与防水结构的基本做法。

## 习　题

1. 基础与地基的定义是什么？二者有何区别？
2. 影响基础埋深的因素有哪些？
3. 基础按不同形式如何分类？
4. 地下室如何分类？地下室由哪些部分组成？各部分的功能要求如何？
5. 对地下室做防潮和防水处理的条件是什么？简述地下室防潮构造的做法。

# 学习情境3

# 墙体

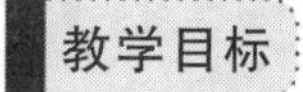
教学目标

(1) 了解墙体的各种类型名称。
(2) 熟悉墙体的细部构造。
(3) 掌握各种墙面装饰的基本做法。

# 任务 1 概述

## 一、墙体的类型

墙体的类型如图 3-1 所示，依据墙体在建筑中的位置不同，可分为外墙和内墙。外墙位于建筑物的四周，具有分隔室内、室外空间和挡风、阻雨、保温、隔热等作用；内墙是指建筑物内部的墙体，具有分隔空间的作用。墙还可以分为纵墙、横墙，沿建筑物长轴方向布置的墙称为纵墙，沿建筑物短轴方向布置的墙称为横墙，外横墙又称为山墙。另外，窗与窗、窗与门之间的墙称为窗间墙；窗洞口下部的墙称为窗下墙；屋顶上部的墙称为女儿墙等。

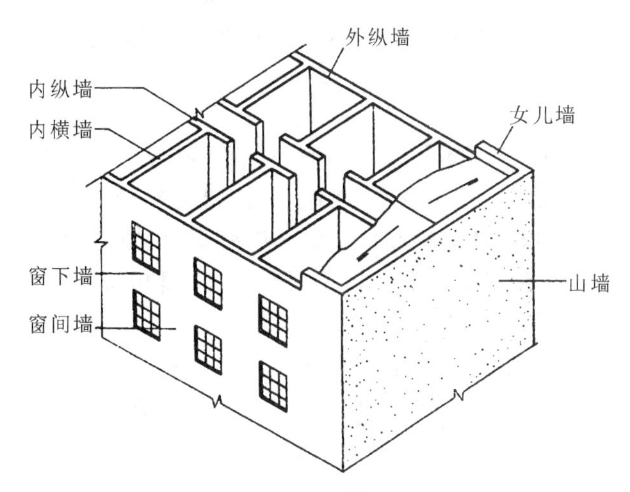


**图 3-1　墙的位置和名称**

根据墙的受力情况不同，可分为承重墙和非承重墙。凡直接承受楼板、屋顶等传来荷载的墙为承重墙；不承受这些外来荷载的墙称为非承重墙。在非承重墙中，虽不承受外来荷载，但承受自身重量，下部有基础的墙称为自承重墙。仅起到分隔建筑底部空间作用，自身重量由楼板或梁来承担的墙称为隔墙。框架结构中，填充在柱子之间的墙又称为填充墙。悬挂在建筑物结构外部的轻质外墙称为幕墙，包括金属幕墙、玻璃幕墙等。幕墙和外填充墙，虽不承受楼板和屋顶的荷载，但承受着风荷载，并把风荷载传递给骨架结构。

按墙体采用的材料不同，可分为砖墙、石墙、土墙、砌块墙、混凝土墙等。砖是传统的建筑材料，应用很广，但它越来越受到材源的限制；石墙在产石地区应用，有很好的经济效益，但有一定的局限性；土墙是就地取材、造价低廉的地方性做法，有夯土墙和土坯墙等，目前已较少应用；砌块墙是砖墙的良好替代品，由多种轻质材料和水泥等制成；混凝土墙可以现浇或预制，在多层和高层建筑中应用较多。

按墙体不同的构造方式，可分为实体墙、空体墙和复合墙三种。实体墙和空体墙都是由单一材料组砌而成的。空体墙内部的空腔可以靠组砌形成，如空斗墙；也可用本身带孔的材料组合而成，如空心砌块墙等。复合墙是由两种或两种以上材料组成的，目的是为了在满足基本要求的情况下，提高墙体的保温、隔声或其他功能方面的要求。

根据施工方式的不同，墙体分为块材墙、板筑墙和板材墙三种。块材墙是用砂浆等胶结材料将砖、石、混凝土砌块等组砌而成，如实砌砖墙。板筑墙是在施工现场立模板，现浇而成的墙体，如现浇钢筋混凝土墙。板材墙是预先制成墙板，在施工现场安装、拼接而成的墙体，如预制混凝土大板墙。

## 二、墙体的承重方案

以砖墙和钢筋混凝土梁板承重并组成房屋的主体结构，称为砖混结构或墙承重结构体系。这种结构按承重墙的布置方式的不同可分为以下三种类型。

(1) 横墙承重　横墙一般是指建筑物短轴方向的墙，横墙承重就是将楼板压在横墙上，纵墙仅承受自身的荷载和起到分隔、围护作用。这种布置方式，由于横墙较多，建筑物整体刚度和抗震性能较好，外墙不承重，使开窗较灵活。其缺点是房间开间受到楼板跨度的影响，使房间布局灵活性上受到了一定的限制。这种布置方式适用于开间较小，规律性较强的房间，如住宅、宿舍、普通办公楼，一般性的旅馆等。

(2) 纵墙承重　纵墙是建筑物长轴方向的墙。楼板压在纵墙上的结构布置方式，称为纵墙承重。由于横墙不承重，平面布局比较灵活，在保证隔声的前提下，横墙可用较薄砌体和其他轻质隔墙，以节约面积，但建筑物整体刚度和抗震效果比横墙承重差。由于受板长的影响，房间进深不可能太大，外墙开窗也受到一定的限制。这种布置方式常用于教室、会议室等房间。

(3) 混合承重　在一幢建筑中根据房间的使用和结构要求，既采用了横墙承重方式，又采用了纵墙承重方式，这种结构形式称之为混合承重。它具有平面布置灵活、整体刚度好的优点。其缺点是增加了板型，梁的高度影响了建筑的净高。这种承重方式在民用建筑中应用较广。

图 3-2 所示的是几种墙体承重的结构布置示意图。

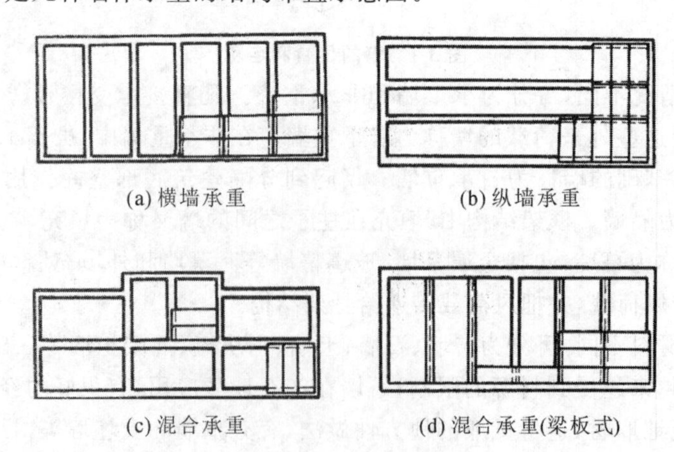


**图 3-2　墙体承重结构布置**

在混合结构布置时应尽量使房间开间、进深统一，减少板型；上下承重墙体要对齐，如有大房间可设在顶层或单独设置；应考虑到建筑物整体刚度均匀，门窗洞口的大小应满足墙体的受力特征。

# 任务 2 墙体构造

## 一、墙体的材料

砖墙是用砂浆将砖按一定规律砌筑而成的砌体。其主要材料是砖和砂浆。

**1. 砖**

砖按构成材料的不同分为黏土砖、炉渣砖、灰砂砖等;按形式不同可分为实心砖、多孔砖、空心砖等。

我国标准黏土砖的规格是 240×115×53。为了适应模数制的要求,近年来开发了多种符合模数的砖型,其尺寸为 90×90×190、90×190×190,190×190×190 等。

砖的标号表示砖的强度,分为 MU7.5、MU10、MU15、MU20、MU25、MU30 六个等级。

**2. 砂浆**

砂浆将砌体内的砖块连接成一个整体。砂浆按其成分可分为水泥砂浆、混合砂浆、石灰砂浆三种。水泥砂浆由水泥、砂加水拌和而成,属于水硬性材料,强度高,适合砌筑处于潮湿环境下的砌体。混合砂浆由水泥、石灰膏、砂加水拌和而成,这种砂浆强度较高,和易性和保水性较好,适合砌筑一般建筑地面以上的砌体。石灰砂浆由石灰膏、砂加水拌和而成,属于气硬性材料,强度不高,多用于砌筑次要建筑地面以上的砌体。

砂浆的标号表示砂浆的强度,分为 M0.4、M1、M2.5、M5、M7.5、M10、M15 七个等级。常用的砌筑砂浆为 M1~M5。

## 二、墙体的砌筑方式

砖在墙体中的排列方式,称为砖墙的砌筑方式。为了保证砌体的承载能力,以及保温、隔声等要求,砌筑用砖的品种和标号必须符合设计要求,并在砌筑前浇水湿润,砂浆要饱满,并遵守上下错缝,内外搭砌的原则。普通黏土砖依其砌筑方式的不同,可组合成多种墙体。

**1. 实砌砖墙**

在砌筑中,把垂直于墙面砌筑的砖称为丁砖,把砖的长边沿墙面砌筑的砖称为顺砖。实体砖墙通常采用一顺一丁、梅花丁或三顺一丁的砌筑方式,如图 3-3(a)、(b)、(c)所示。多层砖混结构中的墙面常采用实体墙。

**2. 空斗墙**

空斗墙是用普通黏土砖组砌成的空体墙。墙厚为一砖,砌筑方式常用一眠一斗、一眠二斗或一眠多斗，每隔一块斗砖必须砌 1～2 块丁砖。这里所说的眠砖是指垂直于墙面的平砌砖，斗砖是平行于墙面的侧砌砖，丁砖是垂直于墙面的侧砌砖，如图 3-3(d)所示。

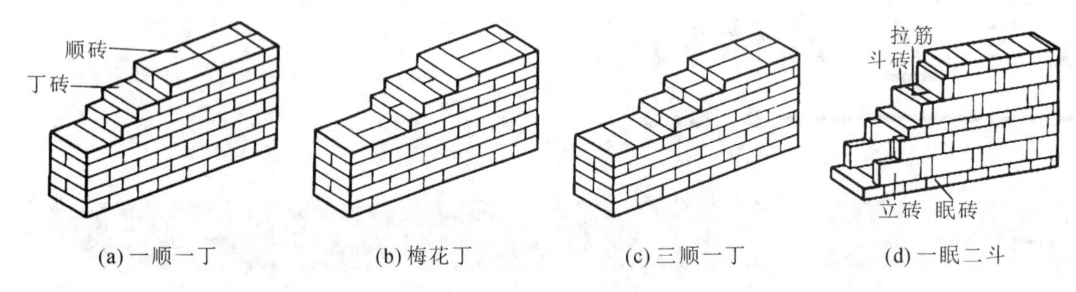


**图 3-3　砖墙的砌筑方式**

## 三、墙体的厚度

砖砌体常用作内外承重墙、围护墙或隔墙。承重墙的厚度是根据强度和稳定性的要求来确定的，围护墙的厚度则需要考虑保温、防热、隔声等要求来确定。此外，砖墙厚度应与砖的规格相适应。

实砌标准砖墙的厚度有 120 mm（半砖）、240 mm（一砖）、370 mm（一砖半）、490 mm（两砖）、620 mm（两砖半）等，如图 3-4 所示。有时为了节约材料，墙厚可不按半砖，而按 1/4 砖进位。这时砌体中有些砖需侧砌，构成 180 mm、300 mm、420 mm 等厚度。模数砖可砌成 90 mm、190 mm、290 mm、390 mm 等厚度的墙体。

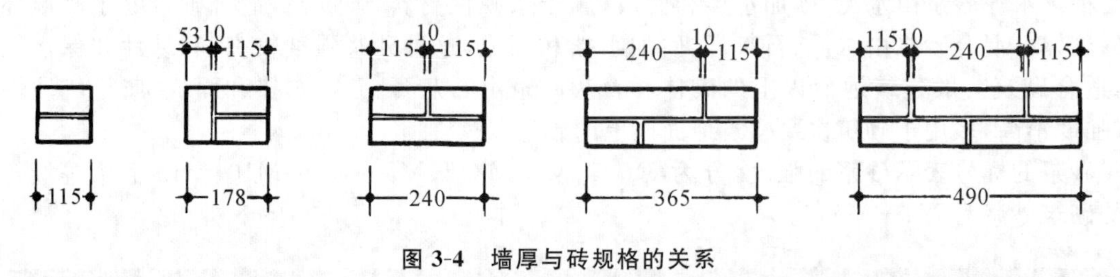


**图 3-4　墙厚与砖规格的关系**

## 四、墙体的细部构造

### 1. 墙体的防潮措施

1）防潮层

由于雨水和地下水的侵袭，地下潮气会对墙体产生影响，如图 3-5 所示。为了保持室内干燥卫生、提高建筑物的耐久性，必须设置防潮层。

(1) 水平防潮。

水平防潮层设置在建筑物内外墙体沿地层结构部分的高度。如果建筑物底层室内采用实铺地面的做法，水平防潮层的位置应在底层室内地坪的混凝土上下表面之间，即±0.000 以下约 60 mm 的地方，如图 3-6 所示。如果底层用预制板架空处理，可以在预制板底统设地梁，以兼作水平防潮层使用。

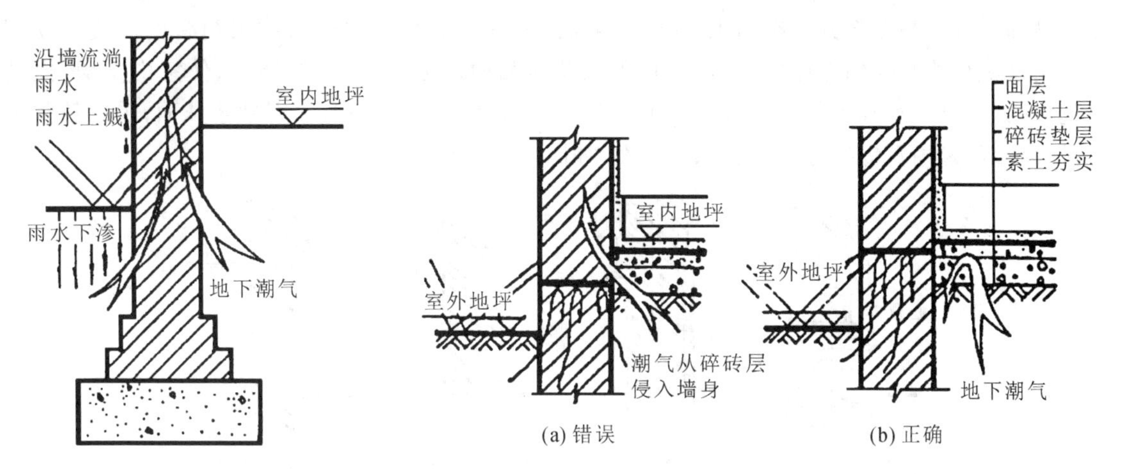


(a) 错误　　(b) 正确

图 3-5　地下潮气对墙体的影响

图 3-6　水平防潮层的设置位置

根据材料的不同，水平防潮层的做法有三种：油毡防潮层、防水砂浆防潮层、细石混凝土防潮层，如图 3-7 所示。油毡防潮层因为降低了上下砖砌体之间的黏结力，即降低了砖砌体的整体性，对抗震不利，而且油毡的使用寿命不长，目前已很少使用。防水砂浆防潮层是在需要设置防潮层的位置做 20～25 mm 厚 1∶2 的防水砂浆，防水砂浆是在水泥砂浆中加入水泥量的 3%～5%的防水剂配制而成的。防水水泥砂浆防潮层适用于一般的砖砌体中，但由于砂浆易开裂，故不适用于地基会产生微小变形的建筑中。为了提高防潮层的抗裂性能，常采用 60 mm 厚的配筋细石混凝土作为水平防潮层，由于抗裂性能好，而且能与砌体结合为一体，所以适用于整体刚度要求较高的建筑中。

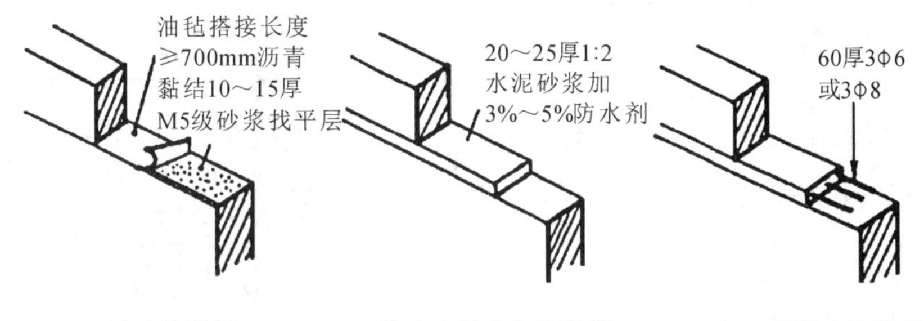


(a) 油毡防潮层　　(b) 防水水泥砂浆防潮层　　(c) 细石混凝土防潮层

图 3-7　墙身水平防潮层构造

(2) 垂直防潮层。

当室内地坪出现高差或室内地坪低于室外地坪时，对墙身不仅要求按地坪高差的不同设置两道水平防潮层，而且对高差部分的垂直墙面作垂直防潮层。垂直防潮层的做法为：在垂直墙上先抹水泥砂浆 15～20 mm，刷冷底子油一道然后再涂热沥青两道；也可以采用掺有防水剂的砂浆抹面做法。墙体的另一侧，则用水泥砂浆打底的墙面抹灰，如图 3-8 所示。

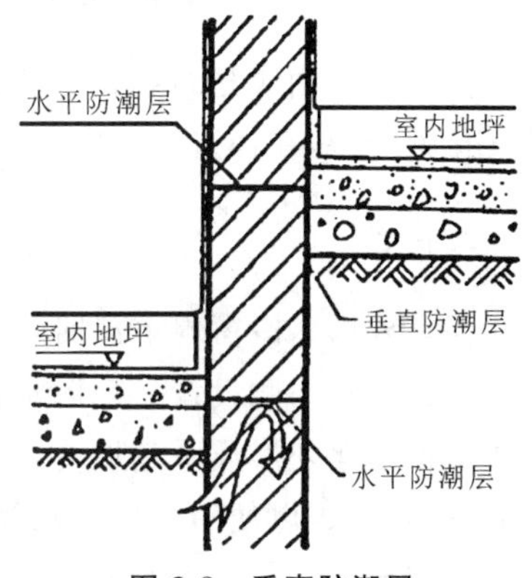


图 3-8　垂直防潮层

2) 勒脚

勒脚是墙身接近室外地面的部分，高度一般位于室内地坪与室外地坪的高差部分。有的工程将勒脚高度提高到底层室内踢脚线或窗台的高度。勒脚的作用是防止墙身受到外界的碰撞和雨、雪以及地潮的侵蚀，起着保护墙身、使室内干燥、提高建筑物的耐久性、增加建筑物立面美观的作用。勒脚的构造做法有：水泥砂浆抹面；采用较坚固的材料砌筑；采用石板（天然或人造的）贴面，如图 3-9 所示。

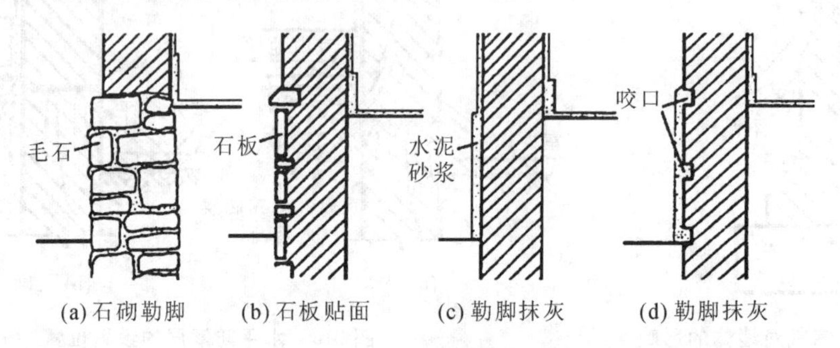


**图 3-9 勒脚加固**

3）散水、明沟

为了保护墙基不受雨水的侵蚀，常在外墙四周将地面做成向外倾斜的坡面，以便将屋面雨水排至远处，这一坡面称为散水或护坡。散水所用材料主要是混凝土，坡度约 5%，宽一般为 600～1000 mm，并应稍大于屋檐的出挑宽度，如图 3-10 所示。明沟是设置在外墙四周的将屋面落水有组织地导向地下排水集井的排水沟。明沟一般用混凝土现浇，外抹水泥砂浆，如图 3-11 所示。

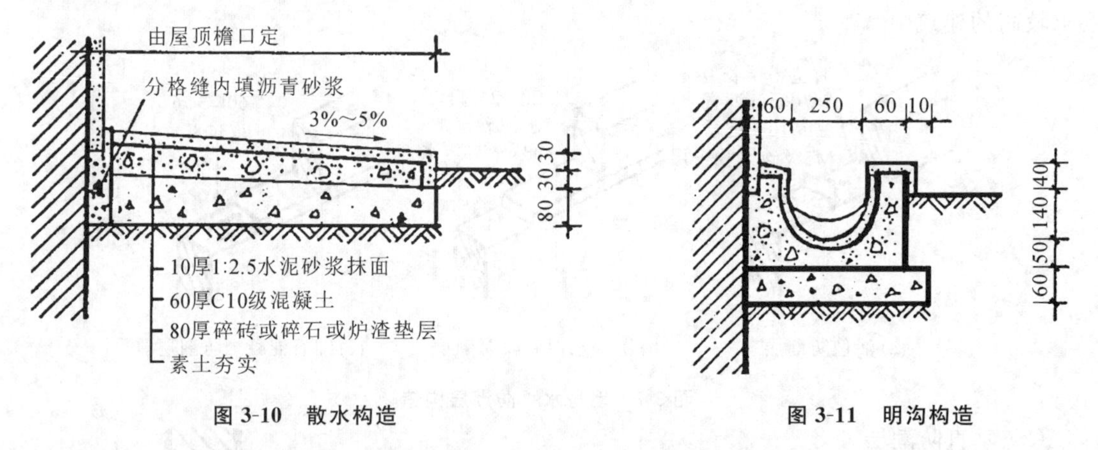


**图 3-10 散水构造**

**图 3-11 明沟构造**

为了防止由于建筑物的沉陷或由于明沟散水处发生意外地受力不均，而导致墙基与散水明沟交接处开裂，在构造上要求散水、明沟与勒脚交接处设置分格缝，缝内填沥青砂浆，以防渗水。

**2. 窗台**

当室外雨水沿窗扇下淌时，为了避免雨水聚积窗下并侵入墙身且沿窗下槛向室内渗透，常在窗下靠室外一侧设置一个泻水构件——窗台，如图 3-12 所示。

窗台须向外形成一定坡度，以利排水。窗台有悬挑窗台和不悬挑窗台两种。悬挑窗台外沿下部粉出滴水，以便引导雨水沿滴水槽口下落。如果外墙采用贴面砖、天然石材等材料时，可做不悬挑窗台。

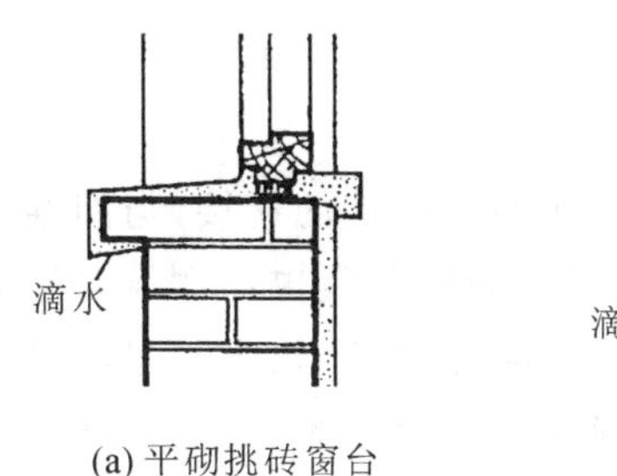


(a) 平砌挑砖窗台

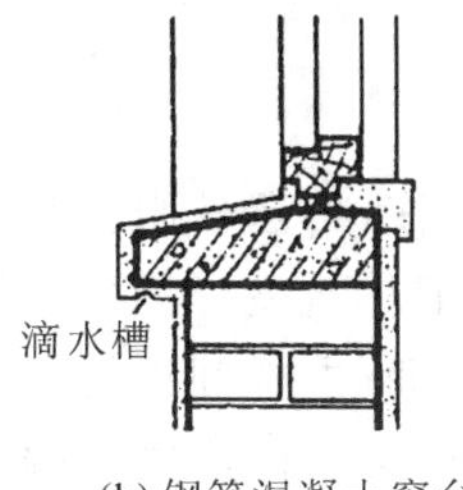


(b) 钢筋混凝土窗台

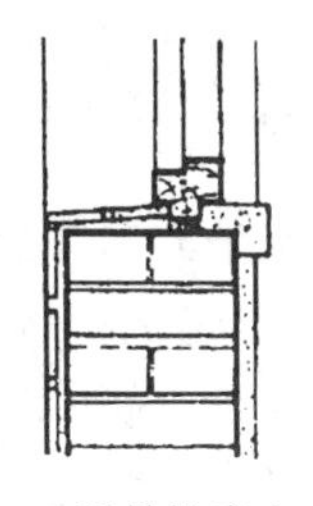

(c) 不悬挑窗台

**图 3-12　窗台构造**

### 3. 门窗过梁

当墙体上开设门、窗洞孔时，为了支承洞孔上部砌体所传来的各种荷载，并将这些荷载传给窗间墙，常在门、窗洞口上设置横梁，这种梁称为过梁。

过梁可采用砖拱过梁、钢筋砖过梁、钢筋混凝土过梁等。目前常采用钢筋混凝土过梁，钢筋混凝土过梁有现浇和预制两种。过梁的宽度一般与墙同厚，过梁的高度应与砖的皮数相适应，常为 120 mm、180 mm、240 mm 等。过梁伸入两侧墙内不少于 240 mm，过梁的截面形式见图3-13。

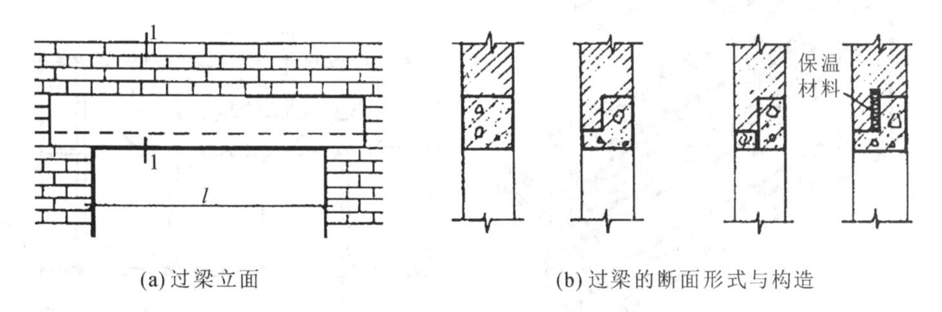


(a) 过梁立面　　(b) 过梁的断面形式与构造

**图 3-13　钢筋混凝土过梁**

### 4. 圈梁

圈梁是沿外墙四周、内纵墙和主要内横墙设置的连续封闭梁。圈梁配合楼板的作用可提高建筑物的空间刚度及整体性，增强墙体的稳定性，减少由于地基不均匀沉降而引起的墙身开裂，并防止较大振动荷载对建筑物的不良影响。对抗震设防地区利用圈梁加固墙身显得更为必要。

圈梁有钢筋砖圈梁和钢筋混凝土圈梁两种。钢筋砖圈梁多用于非抗震地区。钢筋混凝土圈梁的宽度与墙同厚，高度一般不小于 120 mm，常见的为 180 mm、240 mm。圈梁的位置宜设在楼板标高处，尽量与楼板结构连成整体。也可以设置在门窗洞口上部，兼起过梁的作用。如果圈梁被门窗洞口或其他洞口切断，不能封闭时，应在洞口上部设置截面不小于圈梁的附加梁，如图 3-14 所示。附加梁与墙的搭接长度应大于与圈梁之间的垂直距离 $h$ 的 2 倍，且不小于 1 m。

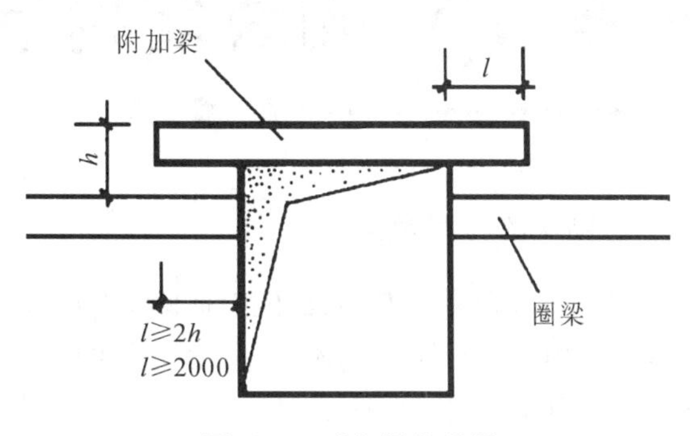


**图 3-14　附加梁的设置**

**5. 构造柱**

圈梁在水平方向将楼板与墙体箍住，构造柱则从竖向加强墙体的连接，与圈梁一起构成空间骨架，提高了建筑物的整体刚度和墙体抗变形能力，做到即使开裂也不倒塌。构造柱一般设在建筑物的四角、内外墙交接处、楼梯间、电梯间以及较长墙体中部、较大洞口两侧。构造柱必须与圈梁、墙体紧密连结，如图 3-15 所示。构造柱下端应锚固于钢筋混凝土基础或基础梁内。柱截面应不小于 180×240。施工时必须先砌砖墙，随着墙体的上升而逐段现浇钢筋混凝土柱身。

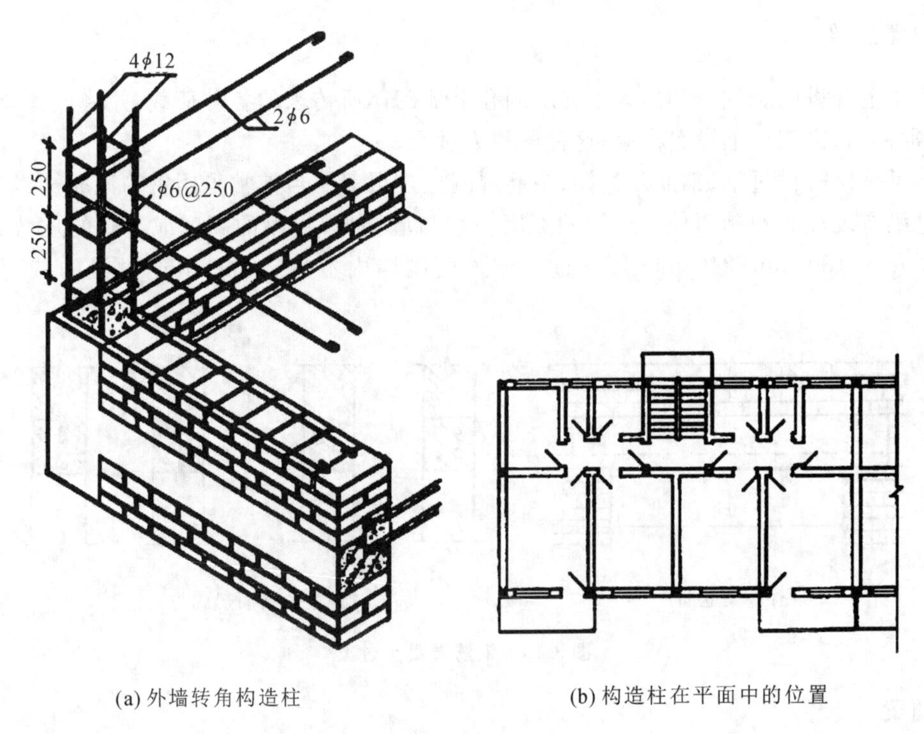


(a) 外墙转角构造柱　　(b) 构造柱在平面中的位置

**图 3-15　构造柱**

# 任务 3　砌块墙构造

**1. 砌块的材料及类型**

预制砌块材料采用混凝土或工业废料制成。砌块按单块重量和幅面大小的不同可分为小型砌块、中型砌块和大型砌块。小型砌块的重量小于 20 kg，中型砌块的重量为 20～350 kg，大型砌块的重量大于 350 kg。

按砌块形式的不同可分为实心砌块和空心砌块。空心砌块又有方孔、圆孔和窄孔等数种，如图 3-16 所示。

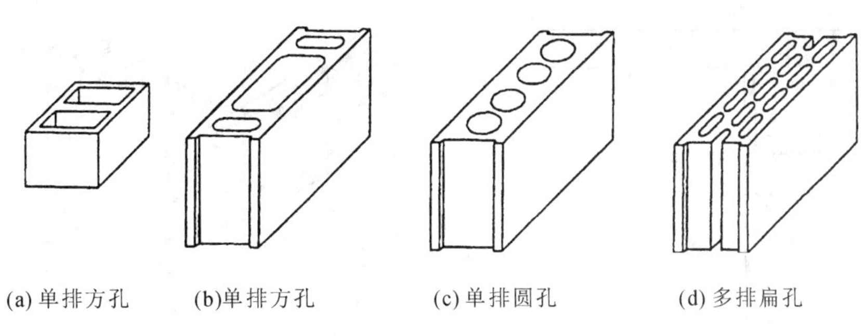


图 3-16　空心砌块的形式

**2. 砌块组合**

砌块的组合是件复杂而重要的工作。为了使砌块墙合理组合并搭接牢固，必须按建筑物的平面尺寸、层高，对墙体进行合理的分块和搭接，以便正确选定砌块的规格、尺寸，同时还要考虑大面积墙面的错缝、搭接，避免通缝和内外墙的交接、咬砌。此外，应尽量多使用主砌块，并使其占砌块总数的 70%以上。

**3. 砌块墙构造**

1）砌块墙的拼接

由于砌块尺寸较大，砌块墙在厚度方向大多没有搭接，因此砌块的长度向搭接非常重要。搭接长度一般为砌块长度的 1/2，如果不能满足时，必须保证搭接长度不小于砌块高度的 1/3，或在水平灰缝内增设 $\phi4$ 的钢筋网片，如图 3-17 所示。一般砌块采用 M5 砂浆砌筑，水平灰缝、垂直灰缝一般为 15～20 mm，当垂直灰缝大于 30 mm 时，须用 C20 细石混凝土灌实。

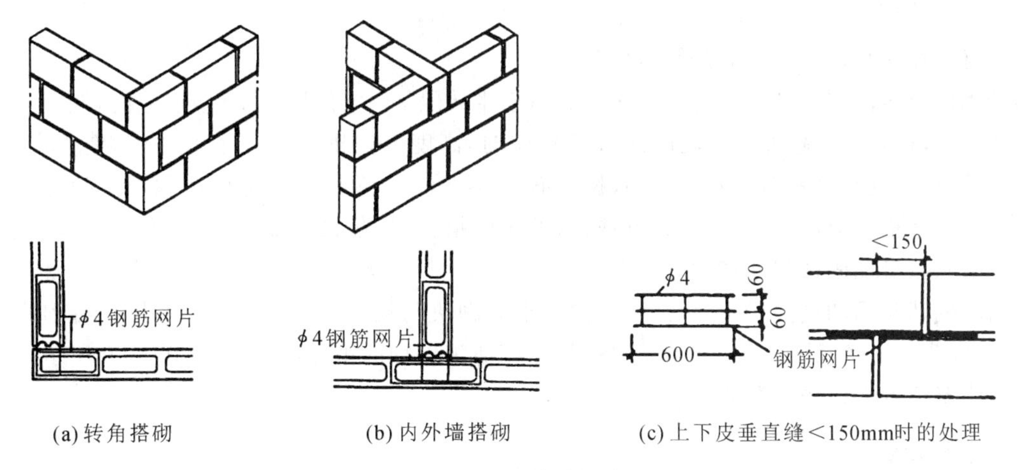


图 3-17　砌块墙构造

2）设置圈梁、构造柱

为了加强砌块墙的整体性，多层砌块建筑应设圈梁。圈梁有现浇和预制两种。现浇圈梁整体性强。还可采用 U 形预制构件，在槽中配置钢筋，现浇混凝土形成圈梁。墙体的竖向加强措施是在外墙转角以及内外墙相接处增设构造柱，如图 3-18 所示。

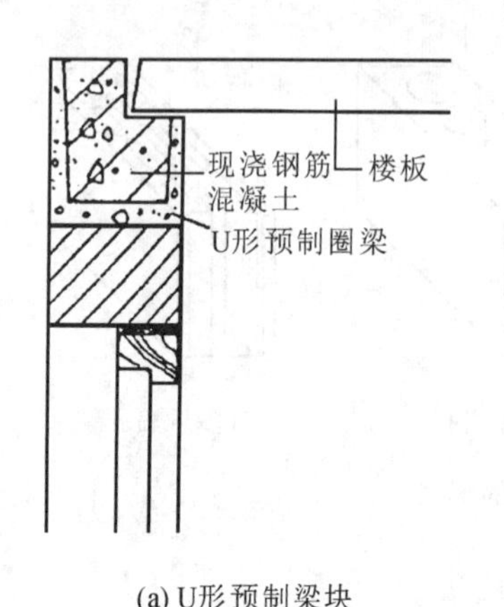


(a) U形预制梁块

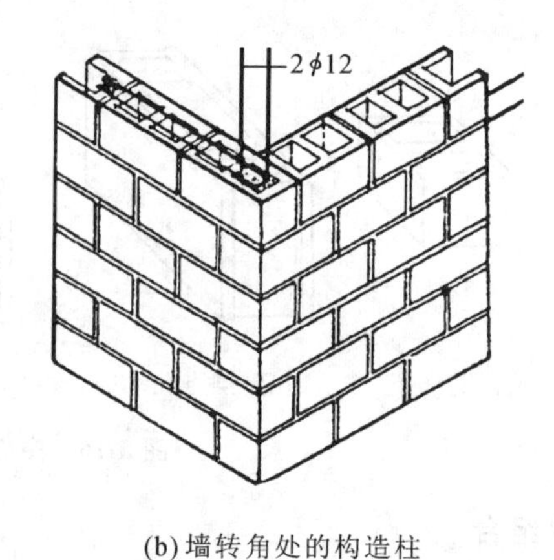


(b) 墙转角处的构造柱

**图 3-18 圈梁和构造柱**

# 任务 4 隔墙构造

隔墙是建筑物的非承重构件，起水平方向分隔空间的作用，隔墙自重要轻，并便于拆卸。根据所处的条件不同，还应具有隔声、防水、防火等要求。隔墙按其构造形式的不同可分为块材隔墙、骨架隔墙和板材隔墙三种主要类型。

**1. 块材隔墙**

块材隔墙包括砖隔墙和砌块隔墙两种。

砖隔墙有半砖隔墙和1/4砖隔墙之分。对于半砖隔墙，当采用M2.5级砂浆时，其高度不宜超过3.6 m，长度不宜超过5 m；当采用M5砂浆时，高度不宜超过4 m，长度不宜超过6 m。对于1/4砖隔墙，其高度不应超过2.8 m，长度不超过3.0 m，多用于住宅厨房和卫生间之间的分隔。砖隔墙在构造上应注意与承重墙(或柱)的牢固搭接(用拉结筋2$\phi$4@500设置在承重墙、柱与隔墙中)、自身加固(2$\phi$6@1200)，如图3-19所示。

砌块隔墙常用加气混凝土、水泥炉渣混凝土等砌块砌筑而成。砌块墙墙厚尺寸由砌块尺寸确定，一般为90～120 mm。在构造上可采用沿横墙配以钢筋来加固墙身，如图3-20所示。对于空心砌块墙还可采用竖向配筋。

**2. 骨架隔墙**

骨架隔墙是由骨架和外面的饰面材料组合而成。

1) 骨架

骨架的种类很多，常用的是木骨架和型钢骨架。近年来，为了节约木材和钢材，各地出现了不少利用地方材料和工业废料以及轻金属制成的骨架，如石膏骨架、石棉水泥骨架、菱苦土骨架、轻钢和铝合金骨架等。

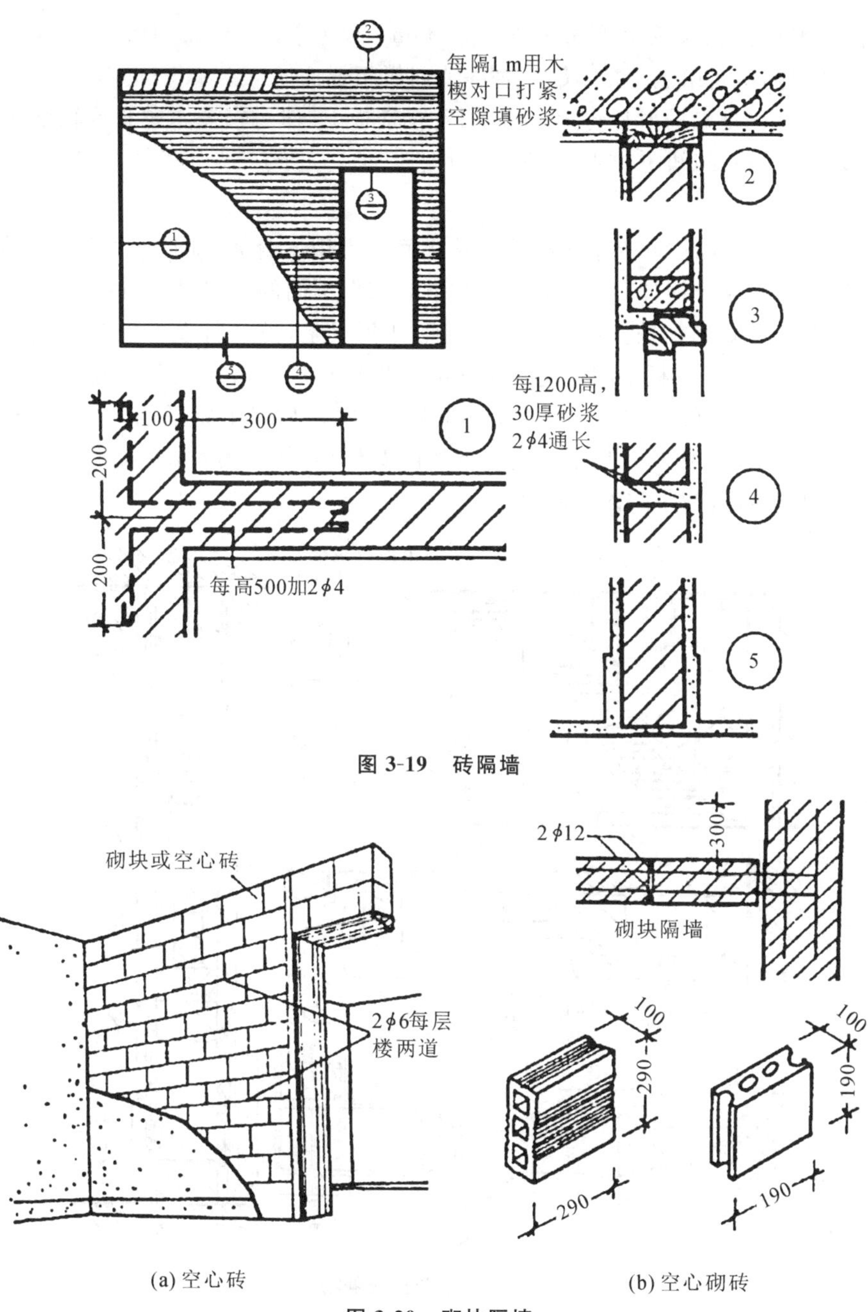


图 3-19　砖隔墙

(a) 空心砖　　(b) 空心砌砖

图 3-20　砌块隔墙

木骨架是由上槛、下槛、墙筋、横撑或斜撑组成，上、下槛截面尺寸一般为(40～50) mm×(70～100) mm，墙筋之间沿高度方向每隔 1.2 m 左右设一道横撑或斜撑。墙筋间距为 400～600 mm，当饰面为抹灰时，墙面间距取 400 mm，饰面为板材时墙面间距取 500 或 600 mm。木骨架具有自重轻、构造简单、便于拆装等优点，但其防水、防潮、防火、隔声性能较差，并且耗费大量木材。

轻钢骨架是由各种形式的薄壁型钢加工制成的，也称轻钢龙骨。它具有强度高、刚度大、重量轻、整体性好，易于加工和大批量生产以及防火、防潮性能好等优点。常用的轻钢有 0.6～

1.0 mm厚的槽钢和工字钢，截面尺寸一般为 50 mm×(50～150) mm×(0.63～0.8) mm。轻钢骨架和木骨架一样，也是由上下槛、墙筋、横撑或斜撑组成。

骨架的安装过程是先用射钉将上、下槛固定在楼板上，然后安装木龙骨或轻钢龙骨(即墙筋和横撑)，竖龙骨(墙筋)的间距为 400～600 mm。

2) *面层*

骨架的面层有抹灰面层和人造板面层。抹灰面层常用木骨架，即传统的板条抹灰隔墙。人造板面层可用木骨架或轻钢骨架。隔墙的名称就是依据不同的面层材料而定的。

(1) 板条抹灰隔墙：它是先在木骨架的两侧钉灰板条，然后抹灰。灰板条的尺寸一般为 1200 mm×24 mm×6 mm，板条间留缝 7～10 mm，以便让底灰挤入板条间缝背面以咬住板条。有时为了使抹灰与板条更好地连接，常将板条间距加大，然后钉上钢丝网，再做抹灰面层，形成钢丝网板条抹灰隔墙，如图 3-21 所示。由于钢丝网变形小，强度高，与砂浆的黏结力大，因而抹灰层不易开裂和脱落，有利于防潮和防火。

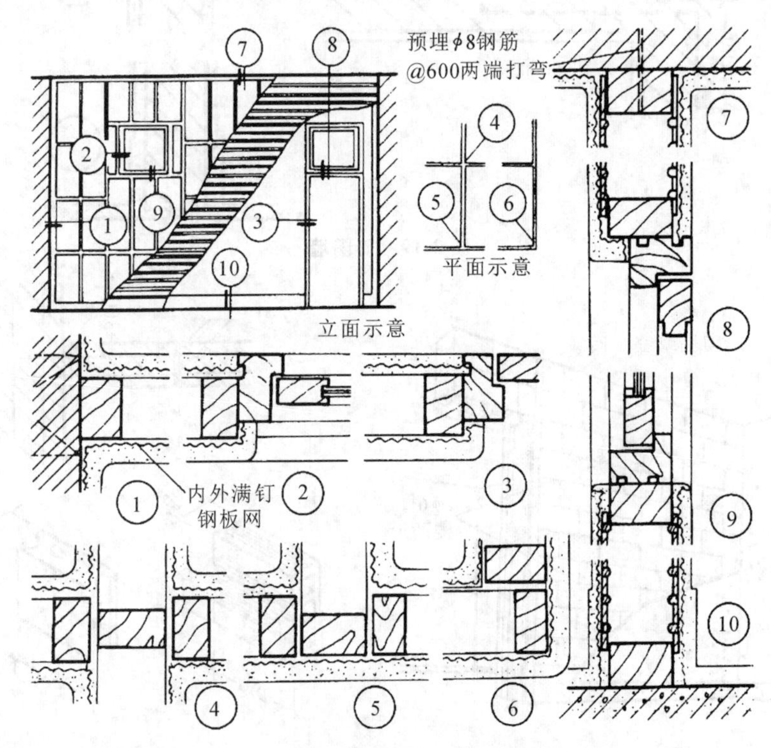


**图 3-21　板条抹灰隔墙**

(2) 人造板材面层骨架隔墙：它是骨架两侧镶钉胶合板、纤维板、石膏板或其他轻质薄板构成的隔墙，面板可用镀锌螺丝、自攻螺丝或金属夹子固定在骨架上，如图 3-22 所示。为提高隔墙的隔声能力，可在面板间填岩棉等轻质有弹性的材料。

### 3. 板材隔墙

板材隔墙是一种采用各种轻质材料制成的各种预制薄型板材安装而成的隔墙，如图 3-23 所示。常见的预制条板有加气混凝土条板、石膏条板、碳化石灰板、纸蜂窝板等。这些板材具有能锯、能刨、能钉等优点。安装时，在板下面用木楔将条板楔紧，条板左右靠各种黏结砂浆或黏结

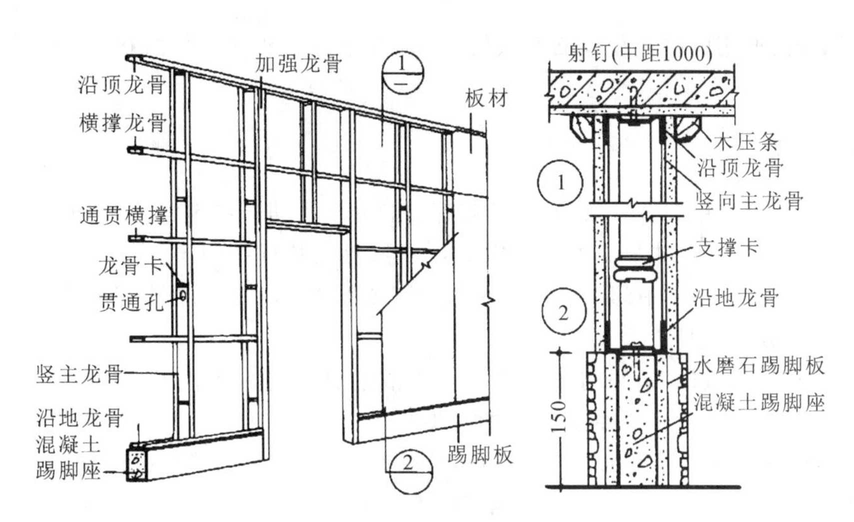


图 3-22　轻钢骨架隔墙

剂进行黏结。待条板安装完毕后，再进行表面装修。

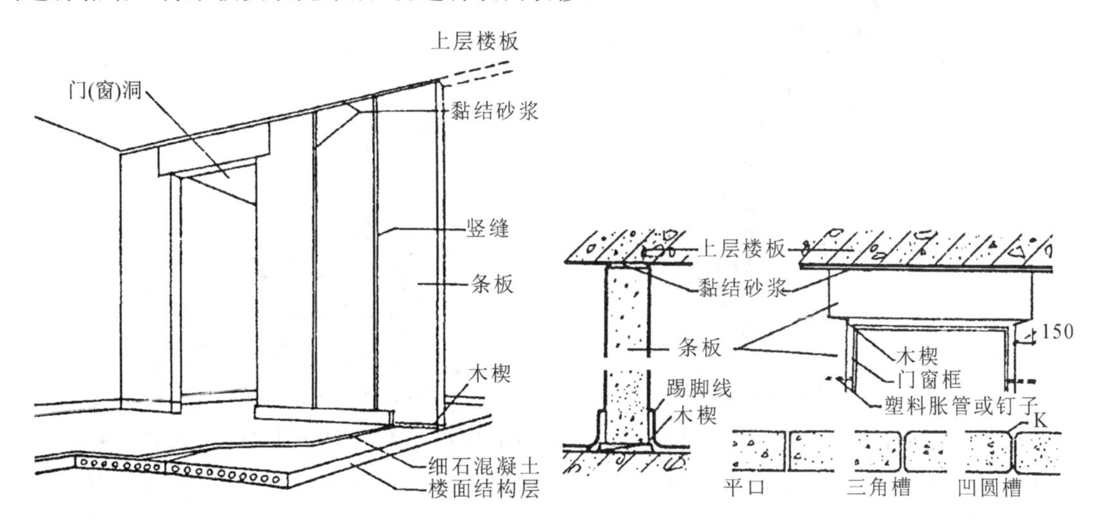


图 3-23　条板隔墙

由于板材隔墙采用的是轻质大型板材，施工中直接拼装而不依赖骨架，因此，它具有自重轻、安装方便、施工速度快，工业化程度高的特点。

# 任务 5　墙面装饰构造

墙面装饰工程包括建筑物外墙面和内墙面工程两大部分。建筑外墙面的主要功能是保护墙体、装饰立面和改善墙体的物理性能。建筑内墙面的主要功能是保护墙体、保证室内使用条件和装饰室内。不同的墙面有不同的使用和装饰要求，应根据要求选择不同的构造方法、材料和工艺。

墙面装饰按其所用的材料和施工方法的不同，可分为抹灰、贴面、涂料、裱糊、条板、幕墙及其他七类。

### 1. 抹灰类饰面

墙面抹灰一般是指用混合砂浆、水泥砂浆等材料对墙面进行抹灰。一般饰面抹灰可分为高级、中级和普通三种。高级抹灰的构造层次为：一层底层、数层中间层、一层面层。中级抹灰的构造层次为：一层底层、一层中间层、一层面层，如图 3-24 所示。普通抹灰的构造层次为：二层底层、一层面层或不分层一遍成活。

底层的作用是与基层黏结和初步找平；中间层的作用是进一步找平及弥补底层砂浆的干缩裂缝；面层的作用是装饰。一般室外抹灰的总厚度为 15～25 mm，室内抹灰的总厚度为 15～20 mm，室内顶棚抹灰的总厚度为 12～15 mm。在室内墙面、柱面转角或门洞口两侧的墙角处理，一般要求做护角，高度不低于 2 m，每侧宽度不小于 50 mm，如图 3-25 所示。

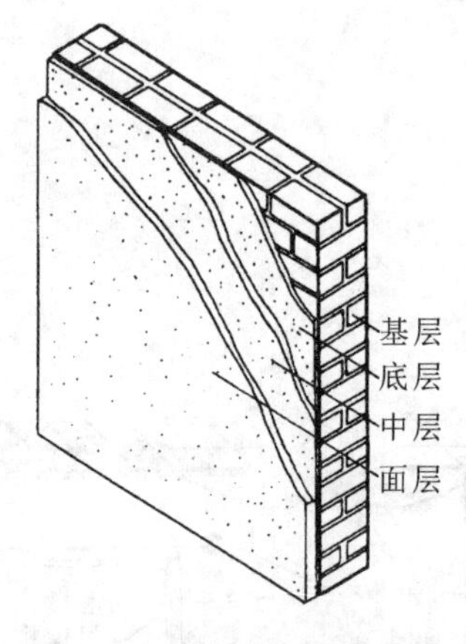


图 3-24　墙面抹灰分层构造

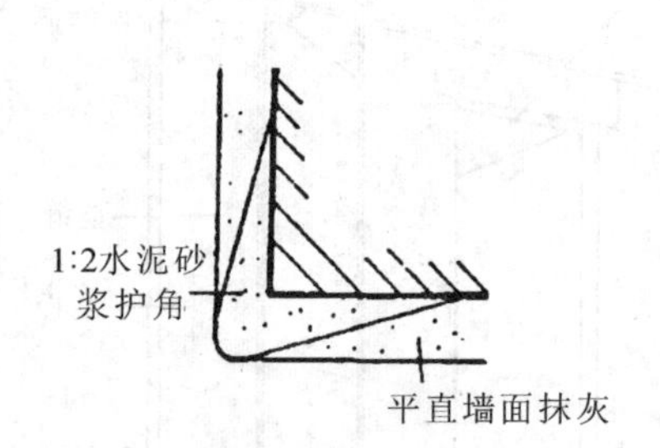


图 3-25　护角作法

在外墙抹灰中，当墙面抹灰面积较大，为了避免面层产生裂纹及方便施工，常将抹灰面层进行分格，分格缝（也称引条线）做法为：面层施工前设置不同形式的木行条，待面层抹后取出木行条，即形成线脚，如图 3-26 所示。

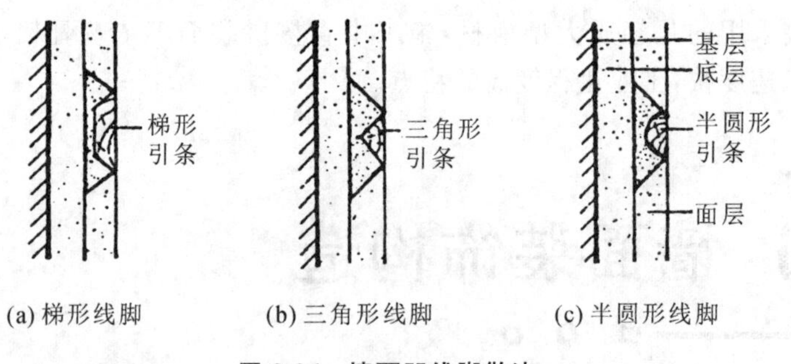


(a) 梯形线脚　(b) 三角形线脚　(c) 半圆形线脚

图 3-26　墙面凹线脚做法

### 2. 贴面类饰面

利用各种天然石材或人造板、块直接贴于基层或通过构造连接固定于基层上的装修层称为贴面类饰面。

贴面类饰面的基本构造因工艺形式的不同可分成两类。当贴面材料较小(如面砖、陶瓷、锦砖、马赛克等),可采用直接镶贴饰面。直接镶贴饰面构造层次为:底层砂浆、黏结层砂浆、块状贴面材料。当贴面材料较大、较厚时(如人造大理石板,天然石材饰面板),可采用构造连接,其构造方式为:通过各种铁件或配用钢筋网在板材与板材、板材与墙体之间连接固定,并采用水泥砂浆等胶结剂作灌注固定,如图3-27所示。

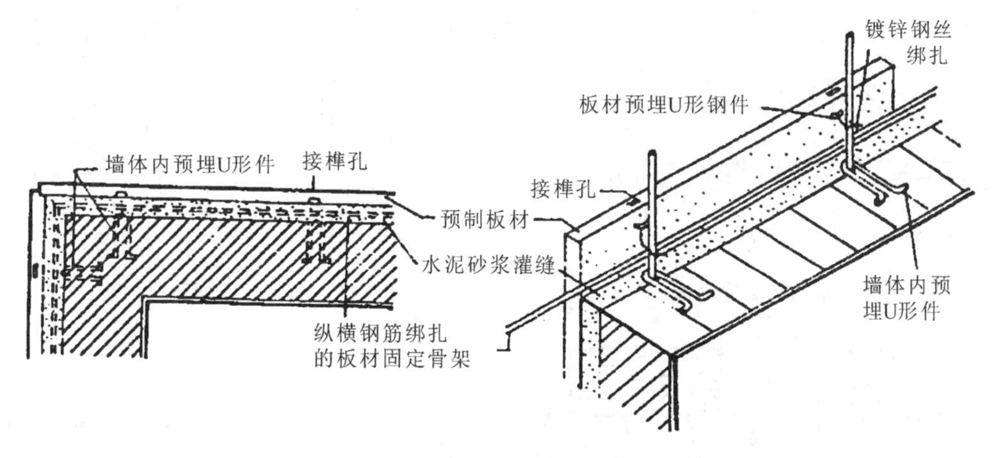


图3-27　人造石板墙面

**3. 涂料类饰面**

涂料是指涂敷于物体表面并能与基层很好黏结,从而形成完整而牢固的保护膜的物质。这种物质对被涂物体起着保护、装饰作用。

涂料按其主要成膜物的不同,可分为无机涂料和有机涂料两大类。无机涂料包括石灰浆涂料、大白浆涂料和高分子涂料等。有机涂料包括溶剂型涂料、水溶性涂料和乳液涂料等。

**4. 裱糊类饰面**

裱糊类饰面是指各种装饰性的墙纸、墙布、织锦等卷材类材料裱糊在墙面上的一种装饰饰面。裱糊类饰面的材料有塑料墙纸、塑料墙布、丝绒、锦缎、纤维纸、木屑壁纸、金属箔壁纸、皮革、人造革、微薄木等。

**5. 条板类饰面**

条板类饰面主要由木板、木条、竹条、胶合板、纤维板、石膏板、玻璃和金属薄板作为墙面饰面材料。

木质材料装饰效果好,安装方便,但防潮、防火要求高。竹条不适用干燥气候。

其具体的构造见图3-28、图3-29、图3-30和图3-31。

**6. 玻璃幕墙**

幕墙通常是指悬挂在建筑物结构框架表面的非承重墙。玻璃幕墙主要由玻璃和固定它的骨架组成。

玻璃材料有热反射玻璃(镜面玻璃)、吸热玻璃(染色玻璃)、双层中空玻璃及夹层玻璃、夹丝玻璃、钢化玻璃等品种。前面三种称为节能玻璃，后三种称为安全玻璃。

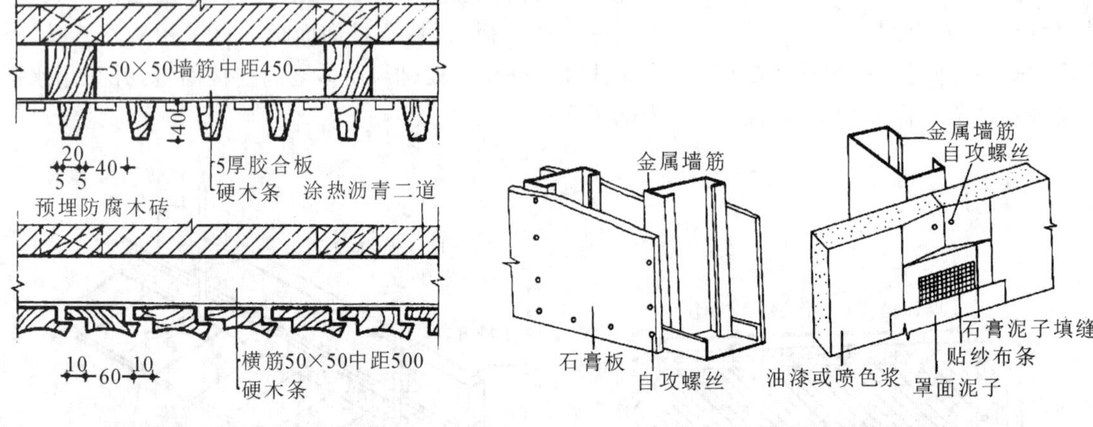


图 3-28　硬木条墙面装修构造

图 3-29　石膏板墙面装修构造

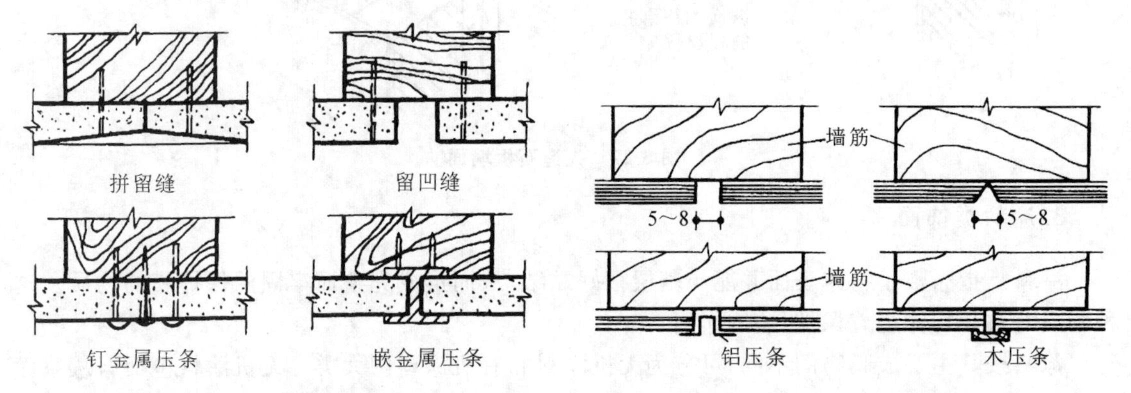


图 3-30　石膏板接缝形式

图 3-31　胶合板墙面装修接缝处理

玻璃幕墙的骨架主要由构成骨架的各种型材，以及各种连接件、紧固件组成。

#### 7. 其他类型墙体饰面

1）清水砖墙

清水砖墙是指墙体砌成以后，不用其他饰面材料，在其表面仅做勾缝或涂透明色浆所形成的砖墙体。

2）混凝土墙体饰面

当施工时采用滑升模板、大模板现浇混凝土时，墙体表面平整，不须抹灰找平，也不需做饰面保护，这种墙面称为混凝土墙体饰面。

## 项目小结

（1）墙体的作用：承重、围护、分隔。

（2）墙体类型名称：按不同分类的不同名称。

（3）墙体的材料：各种砖和砂浆。

(4) 墙体的厚度:根据不同砖块尺寸和砌筑方式有不同的厚度。

(5) 墙体的细部构造:墙身防潮层、勒脚、明沟、散水、窗台、门窗过梁、圈梁、构造柱。

(6) 砌块墙的材料、类型、组合及构造方法。

(7) 隔墙按其构造形式分类。

(8) 墙面装饰:墙面装饰的分类;抹灰类的等级、厚度、各层次的作用;贴面类的材料、构造做法。

## 习 题

1.墙按所处位置、受力特点、所用材料及构造方式可分为哪几种类型?

2.墙体的承重方案有哪三种?各有哪些特点及适用范围?

3.砖墙厚度与什么有关?

4.墙中为什么要设水平防潮层?水平防潮层设在什么位置?一般有哪些做法?

5.什么是勒脚?勒脚有什么作用?常见的勒脚构造做法有哪些?

6.试述散水、明沟的作用和做法?

7.窗台的作用是什么?在构造中应考虑哪些问题?构造做法有哪几种?

8.过梁的作用是什么?过梁做法有哪几种?

9.圈梁的定义是什么?圈梁的作用是什么?一般设置在什么位置?

10.构造柱的作用是什么?通常设置在什么位置?

11.试述砌块墙的组合要求和构造要求。

12.试述隔墙的种类。

13.试述墙面装饰的作用和分类。

14.抹灰类墙面装修中各层次的作用是什么?一般饰面抹灰可分几个等级?这几个等级的区别是什么?

## 技能实训

### 墙体构造设计

一、目的

通过设计,重点掌握墙体各部分的构造做法以及绘制施工图的能力。

二、设计条件

1.砖混结构的建筑,室内地坪为±0.000,室外地坪为-0.600,层高3.6 m。

2.墙厚为240 mm,内外墙面为抹灰饰面,楼板为现浇钢筋混凝土,楼地板做法学生自定。

三、设计要求

1.详图1——外墙墙脚节点详图,比例1∶10,具体内容以下。

(1) 画出定位轴线、墙身、勒脚线、内外抹灰厚度,在定位轴线两边标注墙体的厚度。

(2) 画出水平防潮层,注明其材料和做法,并注明防潮层与底层室内地面间的距离。

(3) 按层次画出室内地面构造，并用多层构造引出线标注各层厚度、材料及做法。画出踢脚线，标注室内地面标高。

(4) 按层次画出散水(明沟)和室外地面，并用多层结构引出线标注其厚度、材料及做法；标注散水宽度、流水方向和坡度值。标注室外地面标高。散水与勒脚线之间的构造处理应表示清楚。

2.详图 2——窗台节点详图，比例 1∶10。具体要求如下。

(1) 画出定位轴线，应与详图 1 中的轴线在同一垂直线上。

(2) 画出墙身和内外抹灰厚度。

(3) 画出窗台的形状、材料及饰面做法。标注出窗台的厚度、宽度，标注窗台标高。

(4) 画出窗框。

3.详图 3——过梁及楼板层节点，比例 1∶10。具体要求如下。

(1) 画出定位轴线，应与详图 1 中的轴线在同一垂直线上。

(2) 画出墙身和内外抹灰厚度。

(3) 画出钢筋混凝土过梁。如果过梁是带窗眉的过梁，应把防水细部构造表达清楚。标注过梁的有关尺寸及过梁下表面标高。

(4) 画出楼层各层构造，并用多层构造引出线标注各层厚度、材料和做法。标出楼面标高。

(5) 画出踢脚线。

# 学习情境 4

# 楼地层

**教学目标**

（1）了解楼地层的组成与作用。

（2）掌握钢筋混凝土楼板的特点、类型和适用范围。

（3）学习地面构造的类型以及设置要求。

（4）掌握顶棚、阳台和雨棚的结构特点以及设置要求。

# 任务 1 概述

## 一、楼地层的组成

楼地层构造包括楼板层构造和地层构造。楼板层是指楼层与楼层之间的水平物件；地层是指最底层与土壤相接或接近土壤的那部分的水平物件。地面是指楼板层和地层的面层部分。

**1. 楼板层的组成**

楼板层主要由面层、结构层和顶棚层三个基本层次组成。为了满足不同的使用要求，必要时还应设附加层，如图 4-1 所示。

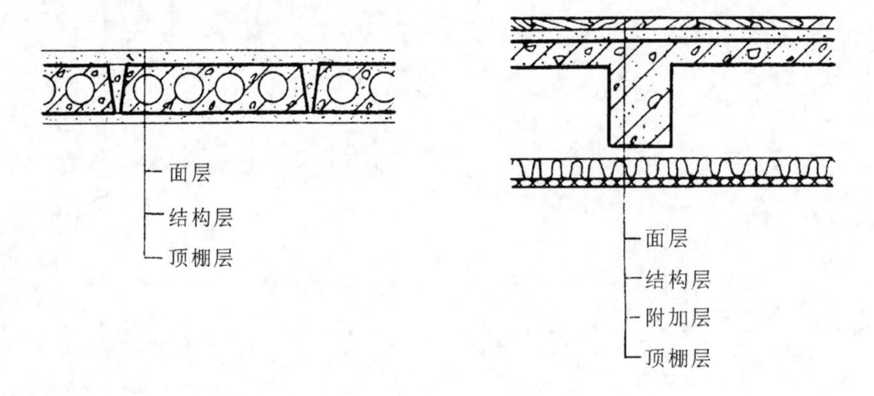


**图 4-1　楼板层的组成**

1）面层

面层是楼板层上表面的铺筑层，也是室内空间下部的装修层，又称为楼面或地面。面层是楼板层中与人和家具设备直接接触的部分，对结构层起着保护作用，使结构层免受损坏，同时，也起装饰室内的作用。

2）结构层

结构层位于面层和顶棚层之间，是楼板层的承重部分，称为楼板。结构层承受整个楼板层的全部荷载，并对楼板层的隔声、防火等起主要作用。

楼板按其材料的不同有木楼板、砖拱小梁楼板和钢筋混凝土楼板等。其中，钢筋混凝土楼板的强度高，刚度大，耐久性和耐火性好，并具有良好的可塑性，便于工业化生产和施工，是目前在我国应用最广泛的楼板形式。

3）顶棚层

顶棚层是楼板层下表面的构造层，也是室内空间上部的装修层，又称天花、天棚或平顶。顶棚的主要功能是保护楼板、装饰室内以及保证室内的使用条件。

4）附加层

附加层通常设置在面层和结构层之间，或结构层和顶棚之间，主要有管线敷设层、隔声层、防水层、保温或隔热层等。管线敷设层是用于敷设水平设备暗管线的构造层；隔声层是为隔绝撞击声而设的构造层；防水层是用来防止水渗透的构造层；保温或隔热层是改善热工性能的构造层。

**2. 地层的组成**

地层主要由面层、垫层和基层三个基本构造层组成，为了满足使用和构造要求，必要时可在面层和垫层之间增设附加层，如防潮层、防水层、管线敷设层、保温隔热层等，如图 4-2 所示。

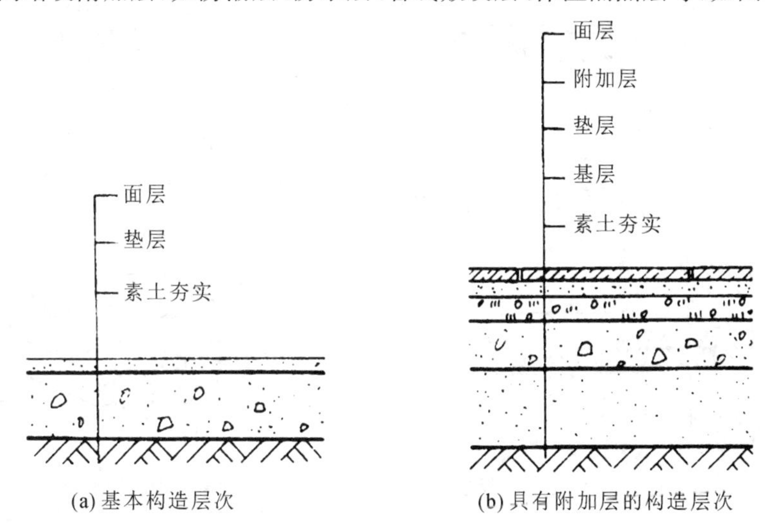


**图 4-2　地层的组成**

1）面层

面层是地层上表面的铺筑层，也是室内空间下部的装修层，又称为地面。它起着保证室内使用条件和装饰室内的作用。

2）垫层

垫层是位于面层之下用于承受并传递地面荷载的部分。通常采用 C10 混凝土来做垫层，其厚度一般为 60～100 mm。混凝土垫层属于刚性垫层，有时也可采用灰土、三合土等非刚性垫层。

3）基层

基层位于垫层之下，用于承受垫层传下来的荷载。通常是将土层夯实来作基层（即素土夯实），又称地基。当建筑标准较高或地面荷载较大以及室内有特殊使用要求时，应在素土夯实的基础上，再铺设灰土层、三合土层、碎砖石或卵石灌浆层等，以加强地基。

## 二、楼地层的分类

楼板层与地层的类型分别介绍如下。

**1. 楼板层的类型**

楼板层的分类一般是按主要承重结构材料来划分的。民用建筑中常见的有以下几种类型。

1）钢筋混凝土楼板层

这种楼板层是我国目前使用量最大的一种，也是使用效果好和造价相对较低的一种。它具有强度大、刚度好、耐久、防火、防潮、施工方便、材料易获得等特点，见图 4-3(a)、(b)。

2）压型钢板式整浇楼板层

这种楼板层主要用于纯钢结构的建筑中，是采用压型钢板为底衬模，再在其上现浇钢筋混凝土形成楼板层，整体性非常好，但造价相对要高些，见图 4-3(c)。

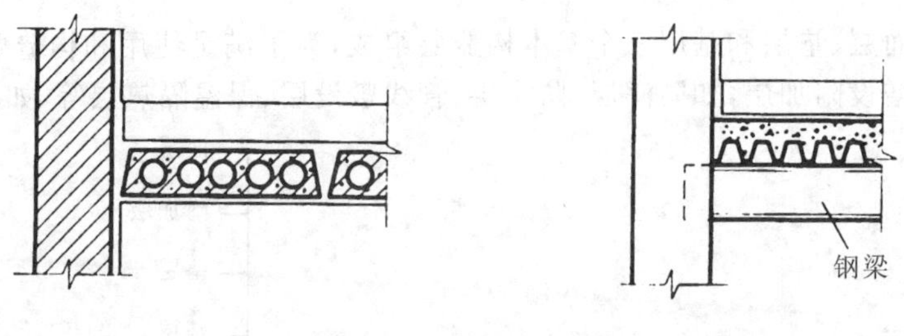


(a) 预制钢筋混凝土楼板层

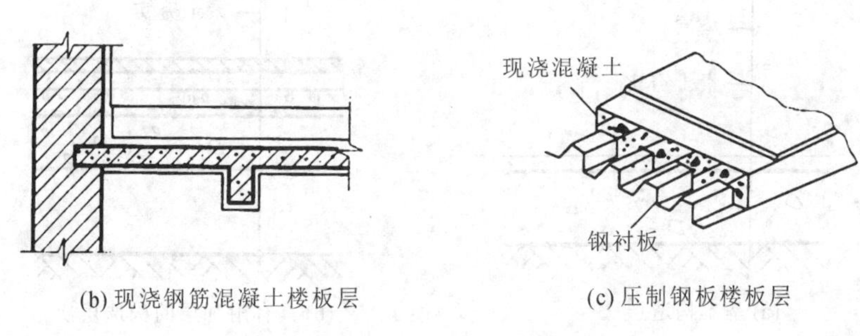


(b) 现浇钢筋混凝土楼板层　　(c) 压制钢板楼板层

**图 4-3　楼板层的类型**

3）木楼板层

这种楼板层具有自重轻、构造及施工简单等特点，但其耐久性、防火、防腐等性能较差，且木材耗量过大，不利于环保，故除少量用于新建或维修改建的中国古典型建筑中外，一般极少采用。

4）其他材料楼板层

除上述三种主要类型的楼板层外，还有砖拱楼板层、钢筋混凝土与空心砖组合式楼板层、泰柏板楼板层等。

### 2. 地层的类型

1）空铺类地层

这种类型的地层一般是先在夯实的地基上砌筑地垄墙，再在地垄墙上搭钢筋混凝土薄板或木地板，见图 4-4(a)。详细做法将在地层构造中阐述。

2）实铺类地层

这种类型的地层一般是在夯实的地基上直接做三合土或素混凝土一类的垫层，可做一层或两层，根据需要还可增加一些附加层次，见图 4-4(b)。

无论是空铺类地层还是实铺类地层，其面层做法种类繁多。

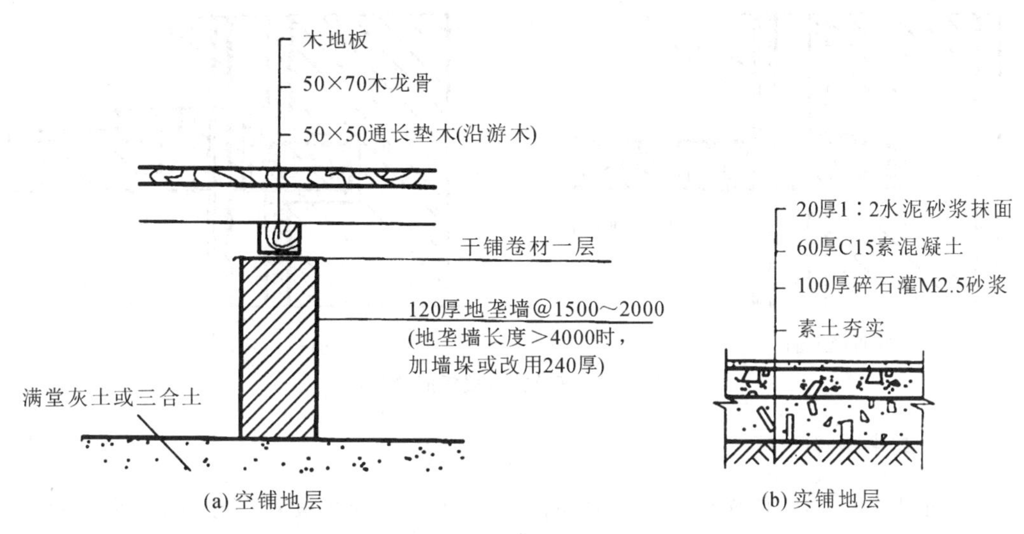

(a) 空铺地层

(b) 实铺地层

**图 4-4　地层的类型**

# 任务 2　钢筋混凝土楼板

钢筋混凝土楼板按施工方式的不同可分为现浇式、装配式、装配整体式等三种类型。

## 一、现浇钢筋混凝土楼板

现浇钢筋混凝土楼板是在施工现场按支模、扎筋、浇灌混凝土等施工程序而成型的楼板结构。它具有整体性好、抗震、容易适应各种形状楼层平面以及有管道穿过楼板的房间等优点，但也有工序繁多、模板用量大、施工工期长、湿作业的缺点。近年来由于工具式模板的发展，以及现场浇筑和机械化的加强，其得到广泛使用。

现浇钢筋混凝土楼板按受力和传力情况的不同可分为板式楼板、梁板式楼板、无梁楼板、压型钢板组合楼板等几种。

### 1. 板式楼板

当房间尺寸较小，楼板上的荷载直接靠楼板传给墙体，这时的楼板称为板式楼板。它多用于跨度较小的房间或走廊，如居住建筑中的厨房、卫生间等。

对穿越楼板的各种设备立管，一般采取预留洞的方式，待管子安装就位后用 C20 级细石混凝土灌缝，再以两布二油橡胶酸性沥青防水涂料作密封处理。当某些热水立管穿过楼板时，应在浇混凝土楼板时先预埋比热水管直径稍大的套管，并高出地面 30 mm 左右，以防由于热水管温度变化，出现胀缩变形而引起立管周围混凝土开裂，如图 4-5 所示。

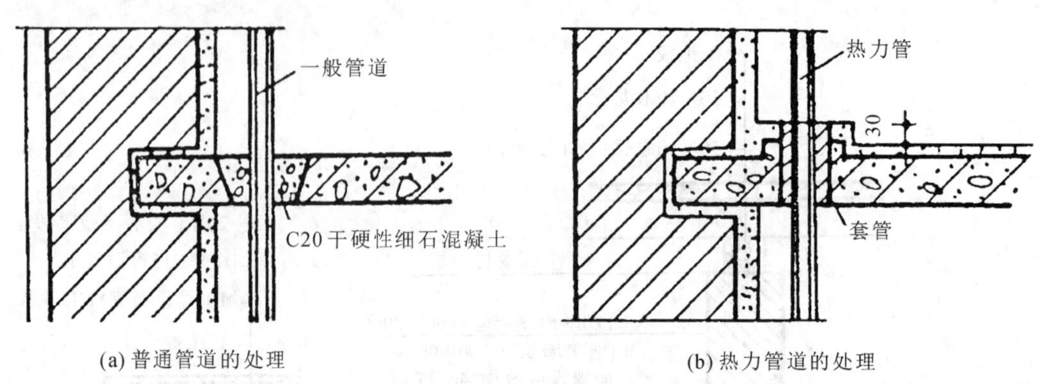


(a) 普通管道的处理　　(b) 热力管道的处理

图 4-5　管道穿过楼板时的处理

**2. 梁板式楼板**

当房间尺寸较大，为使楼板结构受力和传力较为合理，常在楼板下设梁，减小板的跨度，使楼板上的荷载先由板传给梁，然后再传给墙或柱。这样的楼板结构称为梁板式楼板，如图 4-6 所示。

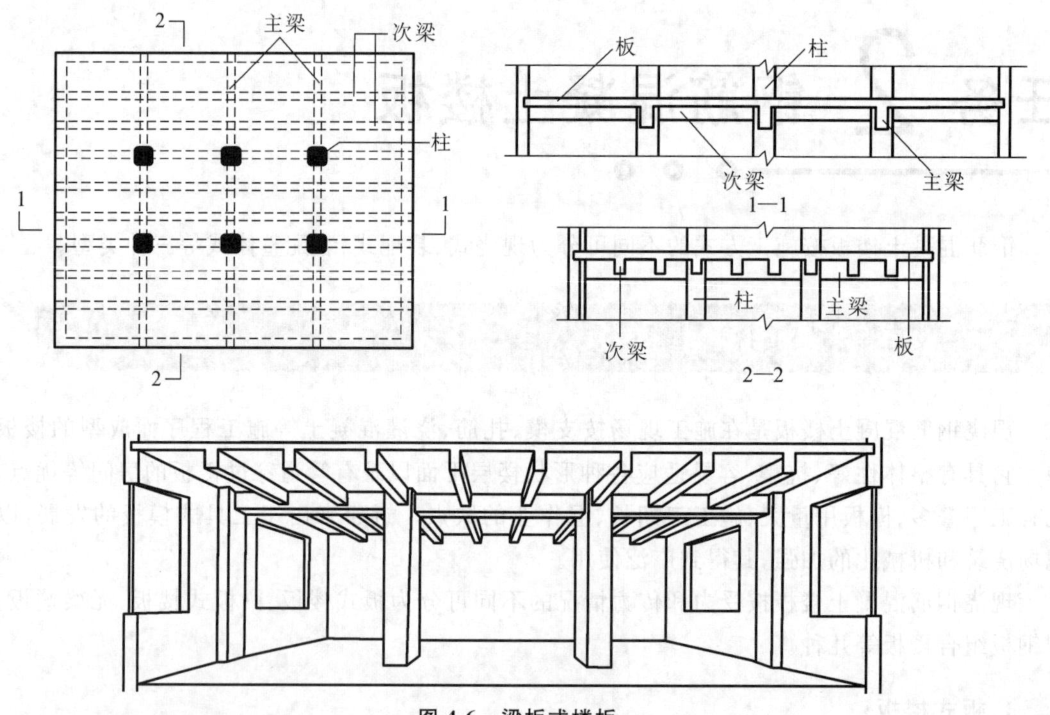


图 4-6　梁板式楼板

梁板式楼板通常在纵横两个方向都设置梁，分为主梁和次梁。主梁和次梁的布置应整齐有规律，并应考虑建筑物的使用要求、房间的大小形状以及荷载作用情况等。一般主梁沿房间短跨方向布置，次梁则垂直于主梁布置。对短向跨度不大的房间，可只沿房间短跨方向布置一种梁即可。梁应避免搁置在门窗洞口上。在设有重质隔墙或承重墙的楼板下部也应布置梁。另外，梁的布置还应考虑经济合理性。一般主梁的经济跨度为 5～8 m，主梁的高度为跨度的 1/14～1/8，主梁的宽度为高度的 1/3～1/2。主梁的间距即次梁的跨度，一般为 4～6 m，次梁的高度为跨度的 1/18～1/12，次梁的宽度为高度的 1/3～1/2。次梁的间距即板的跨度，一般为 1.7～

2.7 m，板的厚度最小为60～80 mm，一般为120 mm。

对平面尺寸较大且平面形状为方形或近于方形的房间或门厅，可将两个方向的梁等间距布置，并采用相同的梁高，形成井字形梁，此时无主梁和次梁之分，这种楼板称为井字梁式楼板或井式楼板（见图4-7），它是梁式楼板的一种特殊布置形式。井式楼板的梁通常采用正交正放或正交斜放的布置方式，由于布置规整，故具有较好的装饰性，一般多用于公共建筑的门厅或大厅。

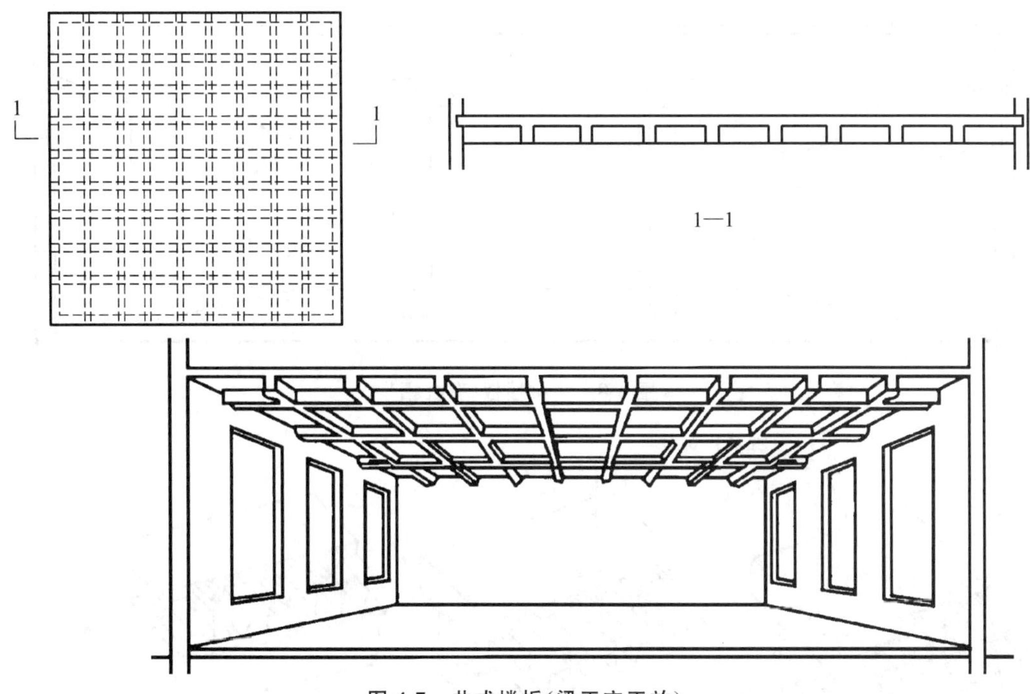


图4-7　井式楼板（梁正交正放）

### 3. 无梁楼板

无梁楼板是框架结构中将楼板直接支承在柱子和墙上的楼板，如图4-8所示。为了减少板跨，增大柱子的支承面积，一般在柱顶设柱帽和托板。无梁楼板的柱应尽量按方形网格布置，间距6 m左右较为经济。由于板跨较大，一般板厚应不小于120 mm。无梁楼板顶棚平整，室内净空高，采光、通风好，适用于荷载较大的商店、仓库及展览馆中。

### 4. 压型钢板组合楼板

压型钢板组合楼板实质上是一种压型钢板（简称钢衬板）与混凝土浇筑在一起的整体式楼板结构，如图4-9所示。钢衬板起到现浇混凝土的永久性模板作用，同时起着受拉钢筋的作用。有时根据使用功能和楼板的受力情况，在板内配置钢筋，适用于大空间、大跨度建筑的平面灵活布置。

钢衬板组合楼板主要由楼面层、组合板与钢梁等几部分组成，如图4-10所示。组合板的跨度为1.5～4.0 m，其经济跨度为2.0～3.0 m。

压型钢衬板有单层和双层之分。板宽500～1000 mm。钢衬板表面镀锌，板底涂一层塑料或油漆，起防腐保护作用。

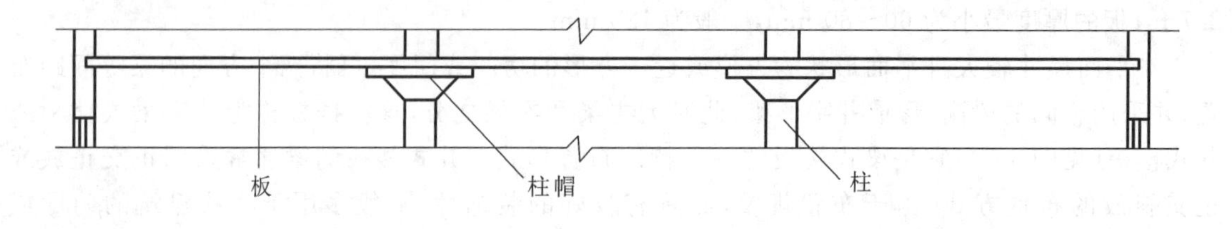


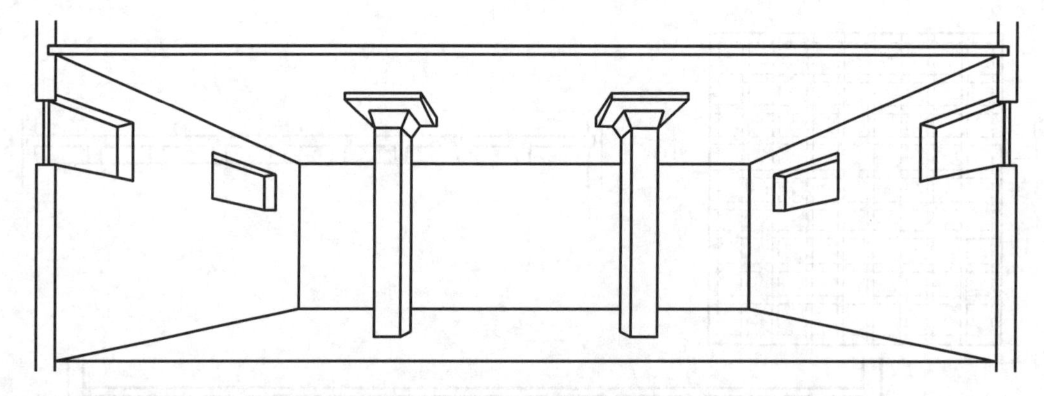

图 4-8 无梁楼板(有柱帽)

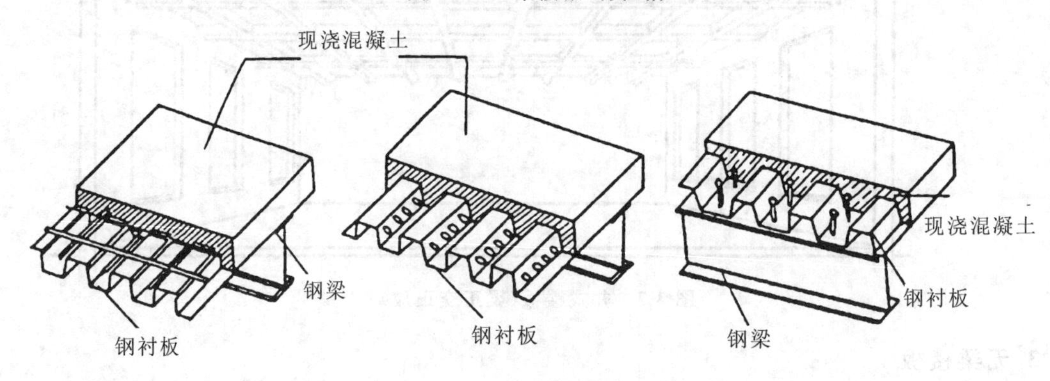


图 4-9 压型钢板组合楼板

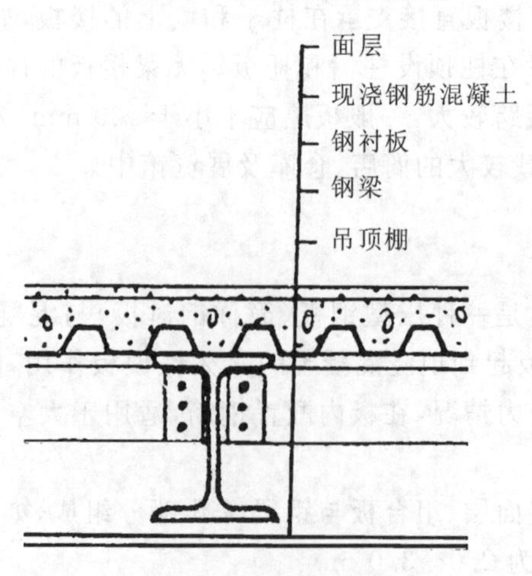


图 4-10 钢衬板组合楼板

## 二、装配式钢筋混凝土楼板

装配式钢筋混凝土楼板是指在构件预制加工厂或施工现场预先制作，然后运到工地进行安装的楼板，它的特点是提高了现场机械化施工水平，缩短了工期，促进了建筑工业化。因此，凡建筑设计中平面形状规则，尺寸符合模数要求的建筑物，应尽量采用预制楼板。

预制物件可分为预应力和非预应力两种。预应力构件与非预应力构件相比，具有节省钢材和混凝土、自重轻、造价低的特点。

### 1. 预制楼板构件的类型

1）实心平板

预制实心平板上下板面平整，制作简单，适用于跨度小的走廊板、小开间房间、楼梯平台板、阳台板等。板的两端支承在墙上或梁上，如图 4-11 所示。实心平板板跨一般在 2.4 m 以内，板厚为跨度的 1/30，一般为 50～80 mm，板宽约 500～900 mm。

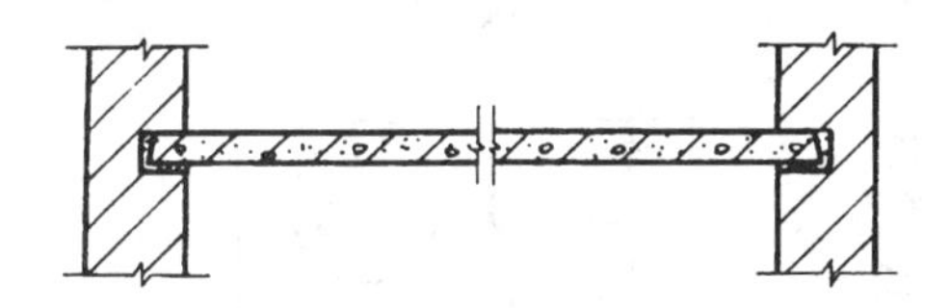

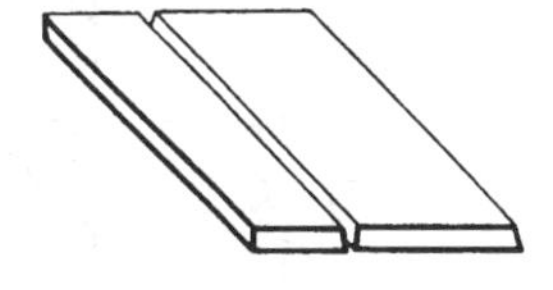

图 4-11　实心平板

2）槽形板

槽形板是一种梁板合一的构件。其板跨为 3.0～7.2 m，板宽为 600～1200 mm，板厚为30～35 mm，肋高为 150～300 mm。

搁置时，槽形板分为正置（指板肋向下）与倒置（指板肋向上）两种形式，如图 4-12 所示。正置时，板面平整，板底不平，若观瞻要求较高时可另作吊顶。倒置时，板底平整，板面需另作面板，槽内可填充轻质材料，以作为隔声或保温之用。

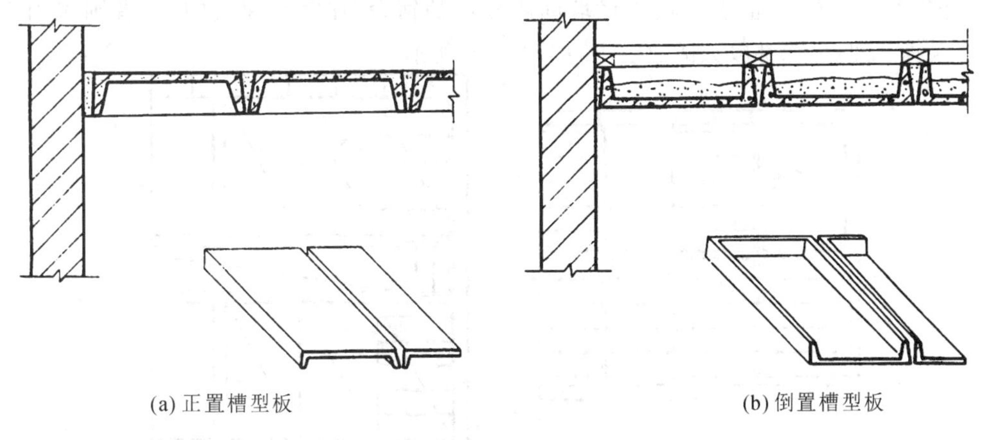

(a) 正置槽型板　　(b) 倒置槽型板

图 4-12　槽形板

3）空心板

空心板板腹抽孔，上下板面平整，常用于做楼面和天棚，较实心板刚度好。空心板孔洞形状分为方孔、椭圆孔和圆孔等。目前常用的多为圆孔，如图 4-13 所示。

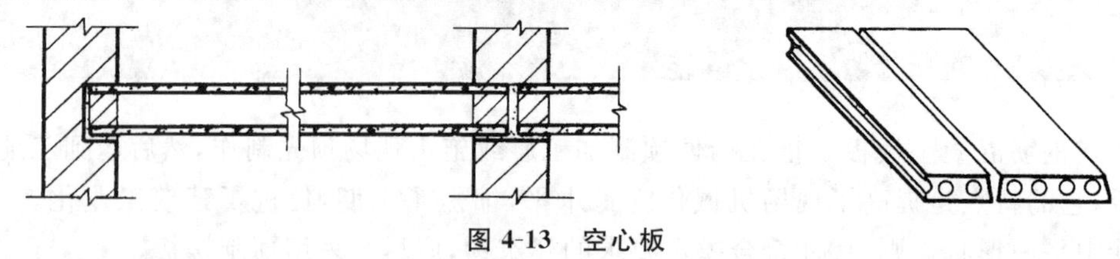

图 4-13　空心板

空心板有中型和大型之分，中型空心板板跨多在 4.5 m 以下，板宽有 500 mm、600 mm、900 mm、1200 mm，板厚 90～120 mm，圆孔直径为 50～70 mm，上表面板厚为 20～30 mm，下表面板厚为 15～20 mm。大型空心板板跨在 4.0～7.2 m 之间。板宽多为 1.5～4.5 m，板厚为 110～250 mm。

空心板安装好后，应将板四周的缝隙用细石混凝土灌注，以增强楼板的整体性，增加房屋的整体刚度和避免缝隙漏水。为了便于灌注板缝中的混凝土，板缝应做成上大下小的楔形。用木模生产空心板时，板的侧边外形为直线，用钢模生产空心板时，板的侧边外形为折线(见图4-14)，以增强板间的抗剪能力。

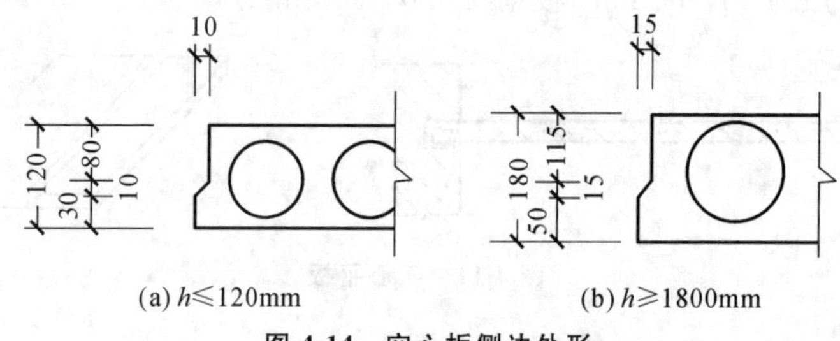


图 4-14　空心板侧边外形

### 2. 装配式钢筋混凝土楼板的结构布置与细部处理(以空心板为例)

1）楼板的结构布置

在进行楼板布置时，应根据空间的开间、进深尺寸来确定布置方案。通常板有搭于墙上和搭于梁上两种布置方法，前者多用于横墙间距较小的宿舍、住宅等建筑中，后者则多用于教学楼、办公楼等开间、进深都较大的建筑中，如图 4-15 所示。

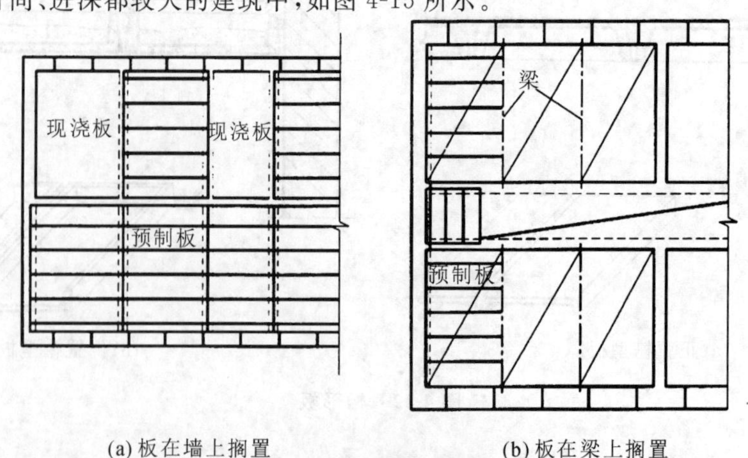


(a) 板在墙上搁置　　(b) 板在梁上搁置

图 4-15　预制楼板的结构布置

具体布置楼板时，一般要求板的规格、类型越少越好，以简化板的制作与安装。同时应避免出现板的三边支承情况，即板的纵边不得伸入墙内，否则板易产生裂缝。在排板时，当不能排满整个房间，与房间平面尺寸出现差额时可采用以下办法解决：当缝差在 60 mm 以内时，应适当调整板缝宽度；当缝差在 60～200 mm 时，用局部增加现浇板带的办法解决(见图 4-16)；当缝差超过 200 mm 时，则应重新考虑选择板的规格。

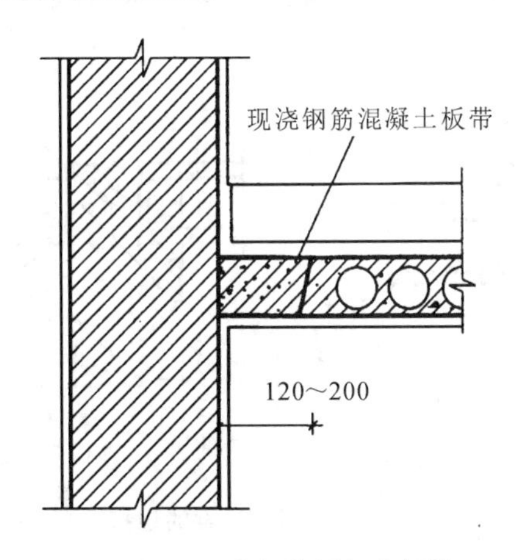


图 4-16　现浇钢筋混凝土板带

在梁板式结构布置中，梁的截面形式有矩形、T 形、十字形和花篮形等，如图 4-17 所示。矩形梁外形简单，施工方便。为了提高房间净空高度，可采用十字形梁和花篮梁。

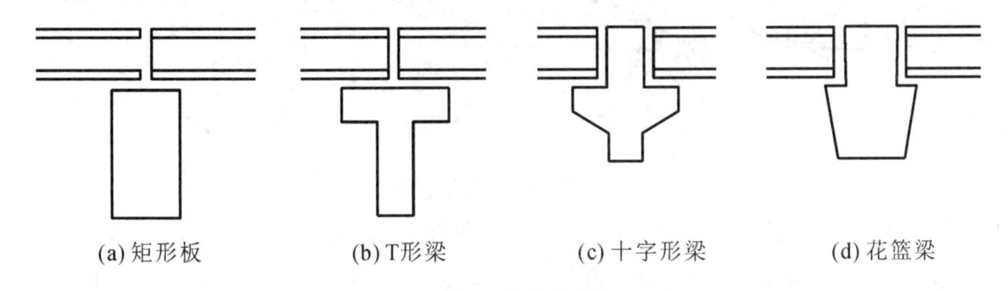


图 4-17　装配式梁的截面形式

在进行板的结构布置时，一般要求板的规格、类型越少越好。同时，板的布置应避免出现三边支承情况，否则在荷载作用下，板会产生裂缝，如图 4-18 所示。

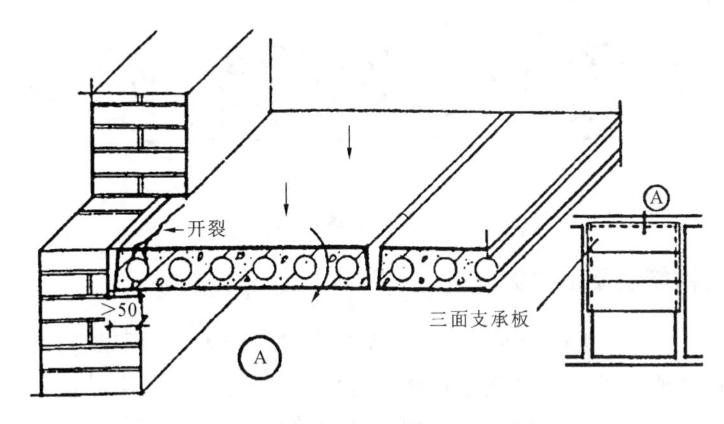


图 4-18　三面支承板

2）装配式楼板的搁置和板缝处理

板搁置在墙上或梁上时，应先在墙上抹 20 mm 厚不低于 M5 的水泥砂浆（俗称坐浆），将预制板搁置在砂浆上。板在砖墙上面搁置长度不小于 80 mm，在梁上的搁置长为不小于 60 mm，如图 4-19 所示。抗震地区，板端搁进外墙、内墙和梁上的长度分别不小于 120 mm、100 mm、80 mm。为了增强建筑物的整体刚度，板与墙、梁之间或板与板之间常用锚固钢筋予以锚固，如图 4-20 所示。

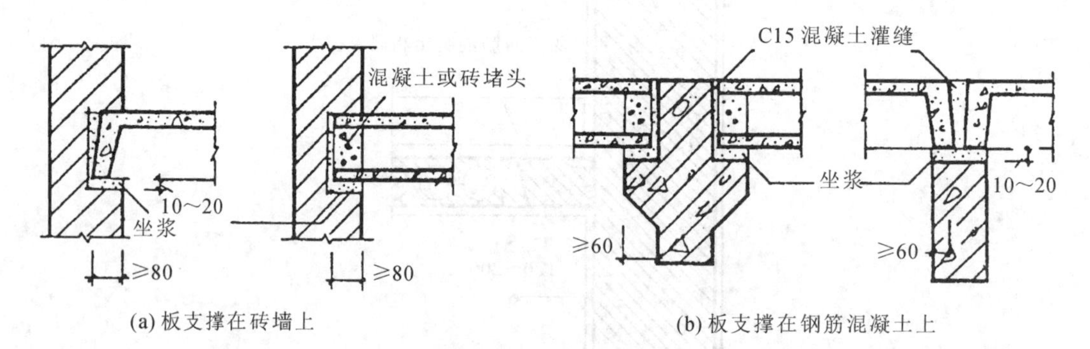


(a) 板支撑在砖墙上　(b) 板支撑在钢筋混凝土上

**图 4-19　板与墙、梁的连接**

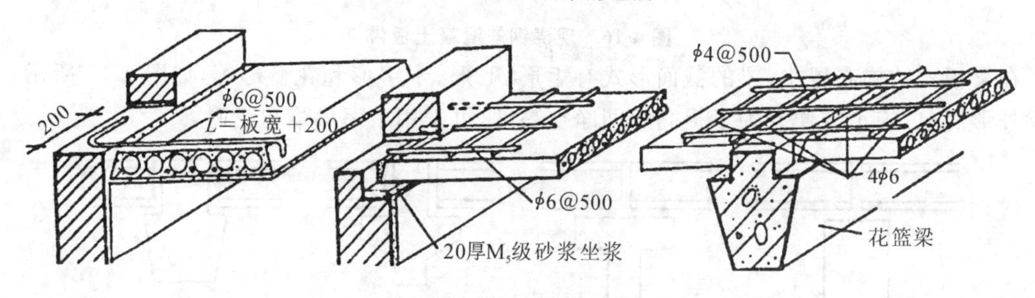


**图 4-20　锚固筋的位置**

板的接缝有端缝和侧缝两种。板的两端搁置在墙或梁上时，为了提高支承部分的抗压强度，在板两端支承部分内填以混凝土块，如图 4-19(a)所示。端缝一般需将板缝内灌以细石混凝土，使其相互连接。为了增强建筑物抗水平力的能力，可将板端露出钢筋交错搭接在一起，或加钢筋网片，然后用细石混凝土灌缝，以增强板的整体和抗震能力。侧缝一般有三种形式：V 形缝、U 形缝和凹槽缝，如图 4-21 所示。

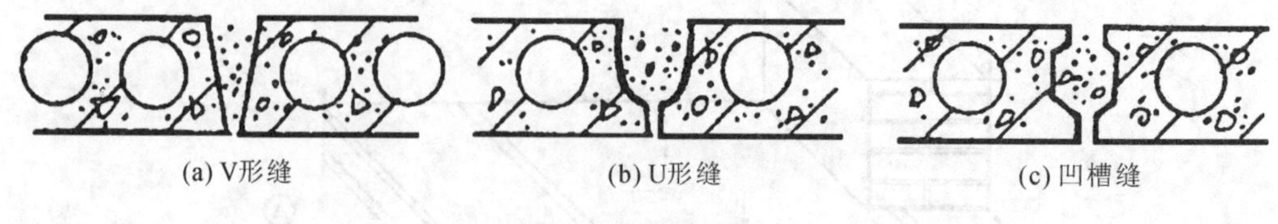

(a) V形缝　(b) U形缝　(c) 凹槽缝

**图 4-21　侧缝形式**

**3. 装配整体式钢筋混凝土楼板**

装配整体式楼板是在楼板中预制部分构件，然后在现场安装，再以整体浇筑的办法连接而成的楼板。如图 4-22 所示的叠合楼板是在预制薄板（预应力）上，现浇混凝土面层叠合而成的装配整体式楼板，又称预制薄板叠合楼板。预制薄板具有结构、模板、装修三方面的功能。现浇层内只需配置少量支座负筋，预制薄板底面平整、不必抹灰。楼板层中的管线均可事先埋在叠合层中。叠合楼板具有良好的整体性和连续性，具有板跨大、厚度小、自重轻等优点，目前广泛应用于住宅、宾馆、学校、办公楼、医院以及仓库等建筑中。

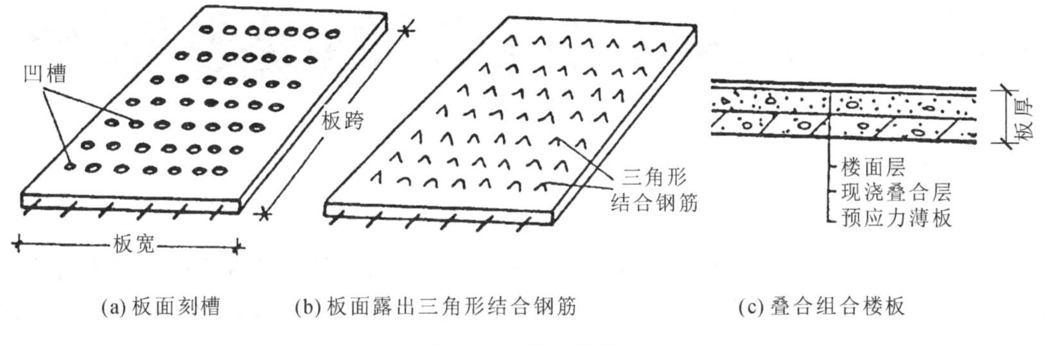


(a) 板面刻槽　(b) 板面露出三角形结合钢筋　(c) 叠合组合楼板

**图 4-22　叠合楼板**

# 任务 3 地面构造

楼板层的面层和地坪的面层通称为地面，属于室内装修的范畴。

## 一、对地面的要求

(1) 具有足够的坚固性：要求在各种外力作用下不易被磨损、破坏，且要求表面平整、光洁、易清洁和不起灰。

(2) 保温性能好：作为人们经常接触的地面，应给人以温暖舒适的感觉，所以要求面层的导热系数小，以便冬季在上面接触时不致于感到寒冷。

(3) 具有一定的弹性：当人们行走时不致于有过硬的感觉，同时，有弹性的地面对隔绝撞击声也有利。

(4) 其他一些特殊的要求：对有水作用的房间(如浴室、厕所等)，要求地层能抗潮湿，不透水；对遇火房间(如厨房、锅炉房等)，要求地面能防火、耐燃烧；对有酸、碱腐蚀的房间，则要求地面具有防腐蚀的能力。

## 二、地面的类型

地面的名称是依据面层所用的材料而命名的。按面层所用材料和施工方式的不同，常见地面可分为以下几类。

(1) 整体类地面：包括水泥砂浆地面、细石混凝土地面及水磨石地面等。

(2) 块材类地面：包括普通黏土砖、大阶砖、水泥花砖、缸砖、陶瓷地砖、陶瓷锦砖、人造石板、天然石板以及木地面等。

（3）卷材类地面：包括橡胶地毯、塑料地面及铺设地毯的地面等。

（4）涂料类地面：包括各种高分子合成涂料层等。

## 三、地面构造

### 1. 整体类地面

1）水泥砂浆地面

水泥砂浆地面简称水泥地面，它坚固耐磨、防潮防火、造价低廉，是目前使用最普通的一种低档地面。但水泥地面导热系数大，在严寒的冬天感到寒冷；吸湿能力差，在空气湿度较大时，容易返潮；还具有易起灰、不易清洁等缺点。

水泥砂浆地面分为双层构造和单层构造。双层作法分为面层和底层，在构造上常以15～20 mm厚1∶3水泥砂浆打底、找平，再以5～10 mm厚1∶2或1∶1.5的水泥砂浆抹面，如图4-23所示。单层构造是先在结构层上抹水泥浆结合层一道，再抹15～20 mm厚1∶2或1∶2.5的水泥砂浆一道。当前在地面构造中以双层水泥砂浆地面居多。

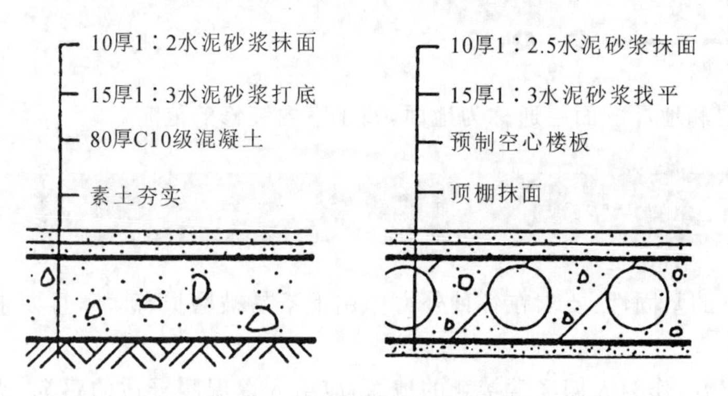


图4-23　水泥砂浆地面

2）细石混凝土地面

细石混凝土地面强度高，干缩值小，地面的整体性好，克服了水泥地面干缩较大、易起灰的缺点。细石混凝土地面是在结构层上浇30～40 mm厚、强度不低于C20的细石混凝土，浇好后随即用木板拍浆，待水泥浆液到表面时，再撒少量干水泥，最后用铁板抹光。

3）水磨石地面

水磨石地面表面平整光洁、整体性好、不易起灰、防水、易清洁、美观。但其造价较水泥地面高，更易返潮。常作为公共建筑的大厅、走廊、楼梯以及卫生间的地面。

水磨石地面均为双层构造，底层用10～15 mm厚的1∶3水泥砂浆打底、找平，按设计图案用1∶1水泥砂浆固定分格条（如玻璃条、铜条或铝条等），用于划分面层，以防止面层开裂，再用1∶2～1∶2.5水泥石碴浆抹面，浇水养护一周后用磨石机磨光，打蜡保护，如图4-24所示。水磨石按其面层的效果，可分为普通水磨石和美术水磨石。普通水磨石面层是用清水泥掺石子所制成的。美术水磨石是以白水泥或彩色水泥为胶结料，掺入不同粒径、形状和色彩的石子所制成。美术水磨石采用铜分格条。

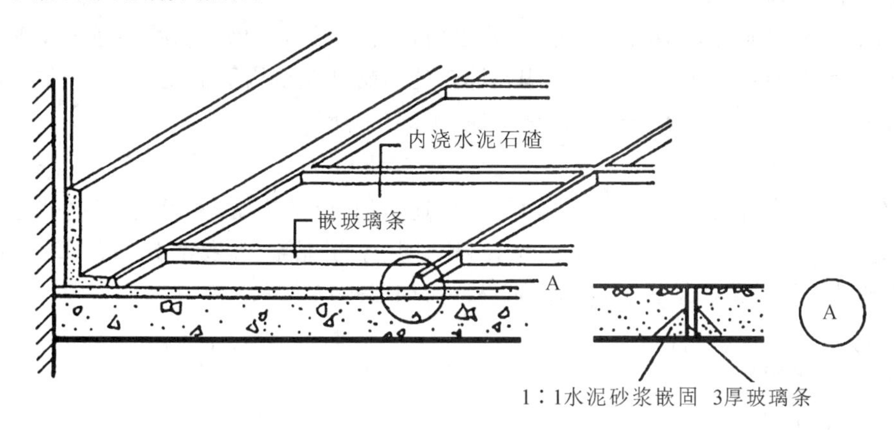


图 4-24 水磨石地面

**2. 块材类地面**

凡利用各种人造的或天然的预制块材、板材镶铺在基层上的地面称为块材地面，其主要有以下几种。

1）铺砖地面

其主要利用普通黏土砖或大阶砖铺砌的地面，多用于大量性民用建筑或临时性建筑中，对湿度较大的返潮地区，可以有所改善。

2）缸砖地面

缸砖是由陶土烧制而成的，颜色呈红棕色。缸砖质地坚硬、耐磨、防水、耐腐蚀，易于清洁，适用于卫生间、实验室及有防腐蚀性要求的地面。铺贴用 5～10 mm 厚 1∶1 水泥砂浆黏结，砖块之间有 3 mm 左右的灰缝，如图 4-25(a)所示。彩釉地砖以及无釉地砖其质地与外观具有与天然花岗岩相同的效果，都是理想的地面装饰材料。其构造做法与缸砖相同。

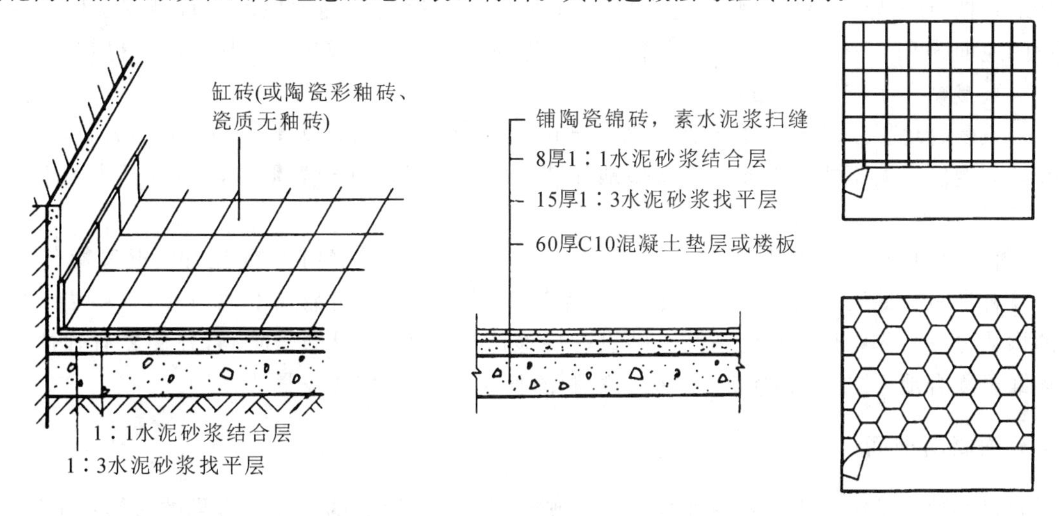


(a) 缸砖地面　　(b) 陶瓷锦砖地面

图 4-25 缸砖地面和陶瓷锦砖地面

3）陶瓷锦砖地面

陶瓷锦砖原称马赛克，其质地坚硬，经久耐用，色泽多样，耐磨、防水、耐腐蚀，适用于卫生间、厨房、化验室及精密工作间的地面。陶瓷锦砖的粘贴是在结构层上先以 1∶3 水泥砂浆打底找平，然后用 5 mm 厚 1∶1 水泥砂浆粘贴，如图 4-25(b)所示。

4）天然石板地面

天然石板包括大理石、花岗岩板等，由于它质地坚硬，色泽艳丽，美观，属于高档地面装饰材料。其构造作法是在结构层上先洒水润湿，再刷一层素水泥浆，紧接着铺一层 20～30 mm 厚 1∶3～4干硬性水泥砂浆作结合层，最后铺石板材，如图 4-26 所示。

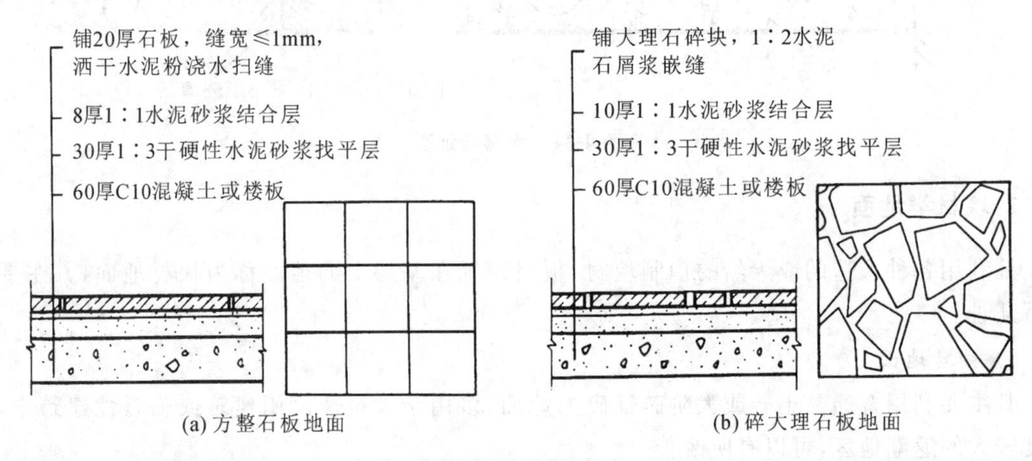


图 4-26　石板地面

5）木地面

木地面具有弹性和导热系数小、不起尘、易清洁等特点，是理想的地面材料。

木地面有架空式、实铺式、粘贴式三类。架空式木地面主要用于面层由于使用的要求，距基底距离较大的场合，通过地垄墙或砖墩的支撑，使木地面达到设计要求的标高。架空式木基层，包括地垄墙(或砖墩)、垫木、搁栅、剪刀撑及毛地板几个部分，实铺木地面是直接在实体基层上铺设的地面，如图 4-27(a)、(b)所示。粘贴式木地面是在结构层或垫层上找平后，再用黏结材料将木板直接贴上制成的，如图 4-27(c)所示。

木质复合地板是以中密度纤维板(厚 9 mm)或以多层实木粘贴(厚 9～15 mm)为基材，用特种高硬耐磨防火聚氨酯漆为漆面的新型地面装饰材料。目前其种类繁多，使用广泛，用于各种公共、居住建筑中。

复合地板具有耐烟头烫、防水、防变形、耐化学试剂污染、易清扫、抗重压和耐磨等特点。

复合地板的铺装方法有以下三种：①胶粘法；②打钉法，同实铺式木地面；③悬浮法。悬浮法的构造方法是先在比较平的基面上铺设一层泡沫塑料布，其目的是防潮，并使之有弹性。然后再铺设复合地板，地板的企口缝之间用特制的胶黏剂黏接，用锤捶紧密缝。

**3. 卷材料地面**

卷材料地面是粘贴或固定各种柔性卷材或半硬质板材而成的地面。常见的有塑料地毡、橡胶地毡以及多种地毡等。这些材料表面美观、干净、装饰效果好，具有良好的保温、消声性能。适用于公共建筑和居住建筑。

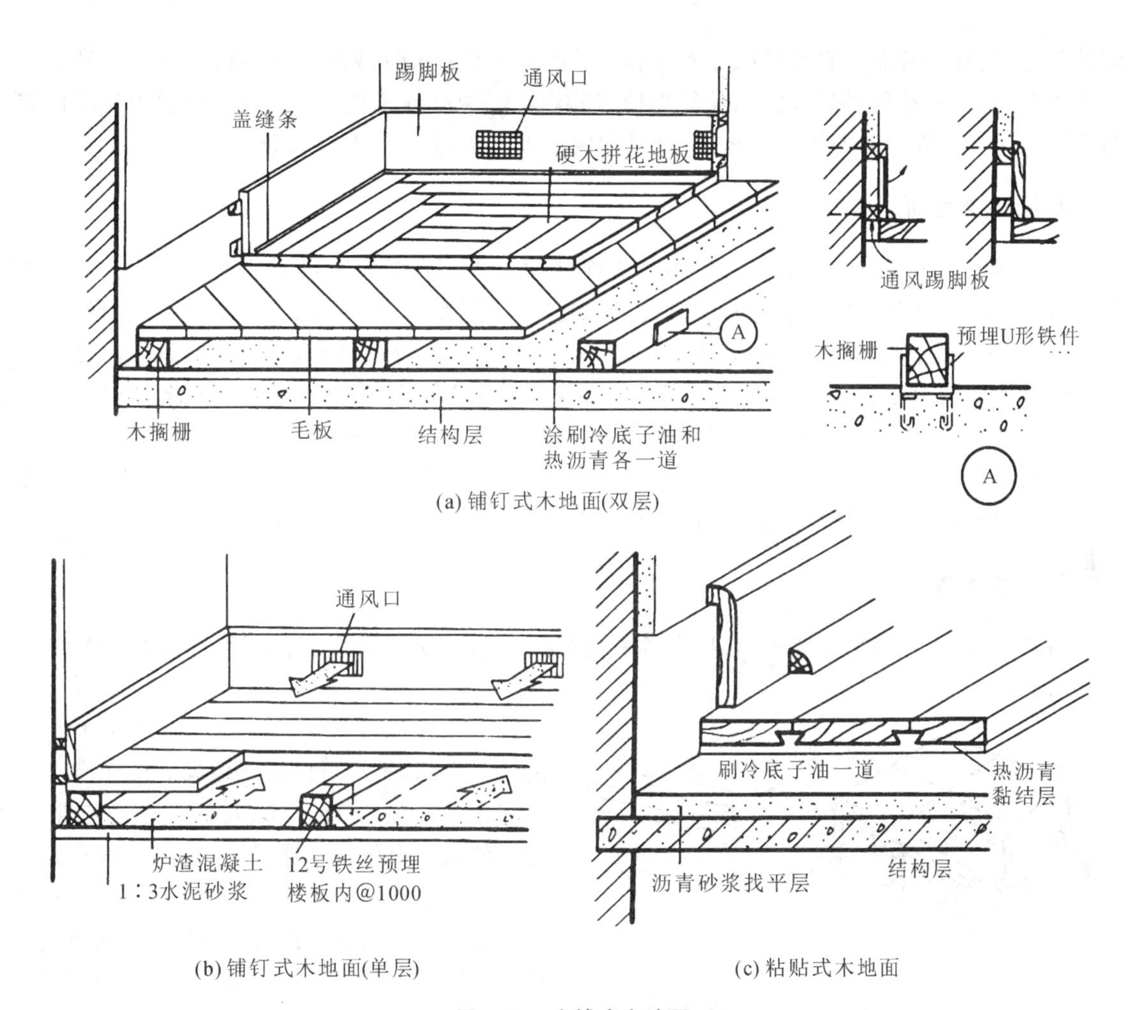


(a) 铺钉式木地面(双层)

(b) 铺钉式木地面(单层)

(c) 粘贴式木地面

**图 4-27　实铺式木地面**

塑料地毡是以聚乙烯树脂为基料,加入增塑剂、稳定剂、石棉绒等经塑化热压而成。塑料地毡借黏结剂粘贴在水泥砂浆找平层上即可。塑料地毯的拼接缝隙通常切割成V形,用三角形塑料焊条焊接,如图 4-28 所示。

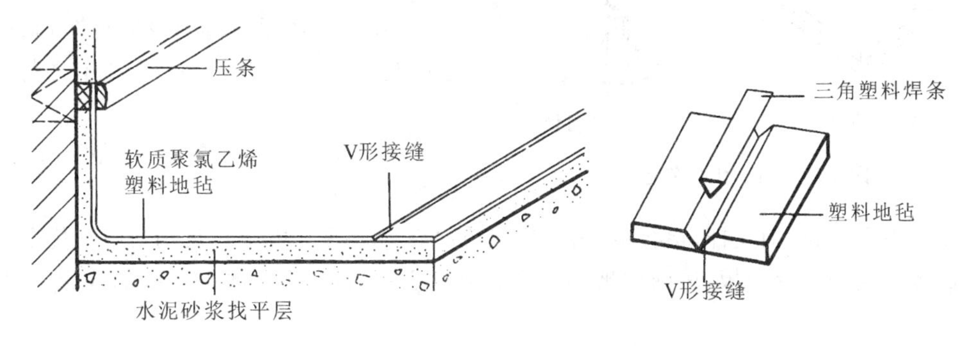


**图 4-28　塑料卷材地面**

橡胶地毡是以橡胶粉为基料,掺入软化剂,在高温高压下解聚后,再加入着色补强剂,经混炼、塑化压延成卷的地面装修材料。可以干铺,也可用黏结剂粘贴在水泥砂浆面层上。

地毯地面是用地毯作为饰面材料的地面。地毯具有吸声、隔声、防滑、弹性与保温性能好,

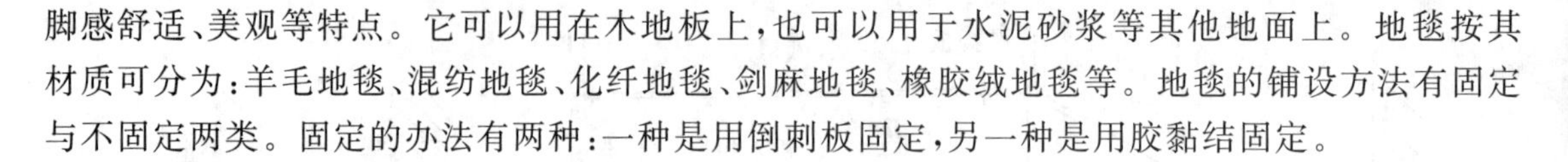

脚感舒适、美观等特点。它可以用在木地板上，也可以用于水泥砂浆等其他地面上。地毯按其材质可分为：羊毛地毯、混纺地毯、化纤地毯、剑麻地毯、橡胶绒地毯等。地毯的铺设方法有固定与不固定两类。固定的办法有两种：一种是用倒刺板固定，另一种是用胶黏结固定。

**4. 涂料类地面**

涂料地面是水泥砂浆或混凝土地面的表面处理形式。它对解决水泥地面易起灰、开裂、不美观等问题有着重要作用。常见的涂料包括水乳型、水溶型和溶剂型涂料。水乳型地面涂料有氯-偏共聚乳液涂料、聚醋酸乙烯厚质涂料及 SJ82-1 地面涂料等；水溶型地面涂料有聚乙烯醇缩甲醛胶水泥地面涂层、109 彩色水泥涂层以及 804 彩色水泥地面涂层等；溶剂型地面涂料有聚乙烯醇缩丁醛涂料、H80 环氧涂料、环氧树脂厚质地面涂层以及聚氨醇厚质地面涂层等。

作为涂料地面，要求水泥地面坚实、平整；涂料与面层黏结牢固；不允许有掉粉、脱皮、开裂等现象。同时，涂层色彩要均匀，表面要光滑、清洁，给人以舒适、明净、美观的感觉。

**5. 活动地板**

活动地板，亦称装配式地板，它是由各种规格型号和材质的面板块、桁条、可调支架等组合拼装而成。

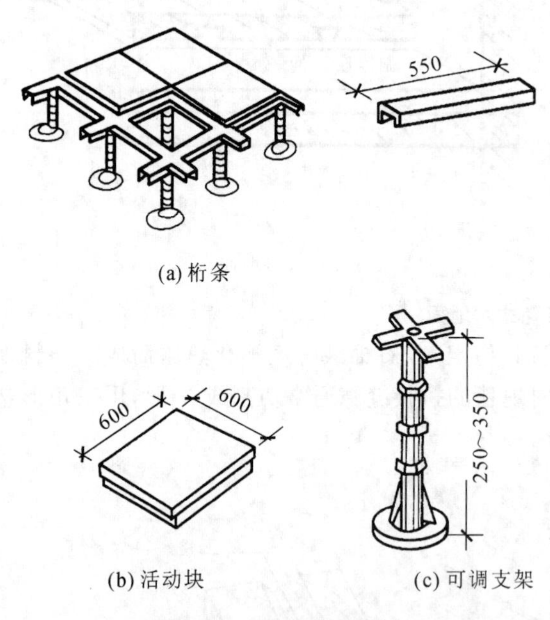


(a) 桁条

(b) 活动块

(c) 可调支架

**图 4-29　活动地板构造**

活动地板与基层地面或楼面之间所形成的架空空间，不仅可以满足敷设纵横交错的电缆和各种管线的需要，而且通过设计，在架空地板的适当部位设置通风口，还可以满足静压送风等空调方面的要求。

活动地板具有质量轻、强度大、表面平整、尺寸稳定、面层质感良好、装饰效果佳等特点。此外，还有防火、防虫鼠侵害、耐腐蚀等性能。适用于电子计算机房、载波机房、微波通信机房、电话自动交换机房、地面卫星机房、试验室、程控、调度室、广播室、有空调要求的会议室、高级宾馆客厅、自动化办公室、通信枢纽、电视发射台、军事指挥站及其他有防静电要求的场所等。

活动地板由可调支架、桁条及面板组成，如图 4-29 所示。

支架一般有金属、钢丝杆、铝合金、铸铁或优质冷轧钢板等。桁条有角钢、锌板、优质冷轧钢板等。面板底面用铝合金板，中间由玻璃钢浇制成空心夹层，表面由聚酯树脂加抗静电剂、填料制成的。

为了保护墙面，防止外界碰撞损坏墙面，或擦洗地面时弄脏墙面，通常在墙面靠近地面处设置踢脚线。踢脚线的材料一般与地面相同，故可看成是地面的一部分，即地面在墙面上的延伸部分。踢脚线通常凸出墙面，也可与墙面平齐或凹进墙面，其高度一般为 150～200 mm。踢脚线构造，如图 4-30 所示。

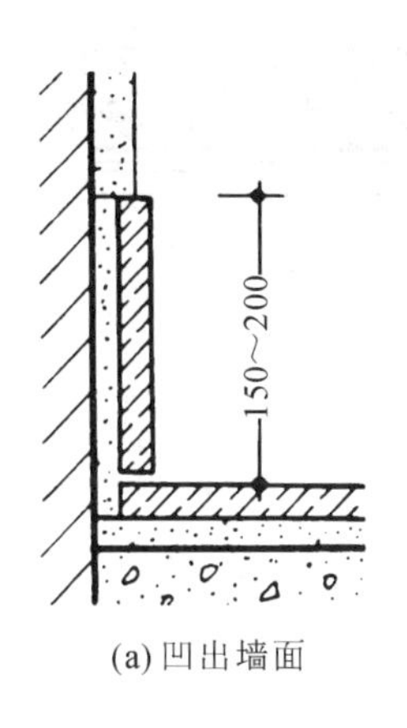

(a) 凹出墙面

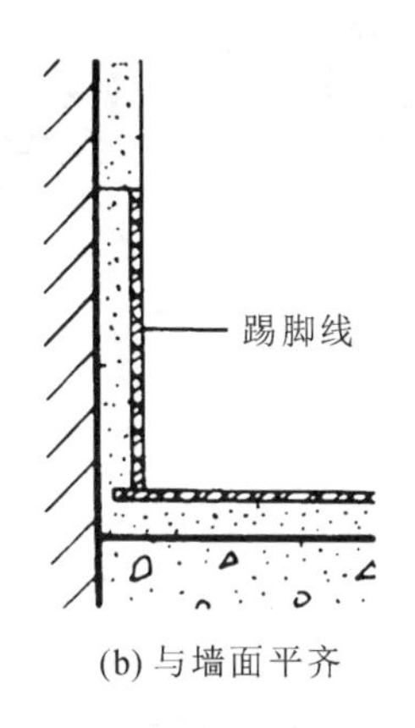

(b) 与墙面平齐

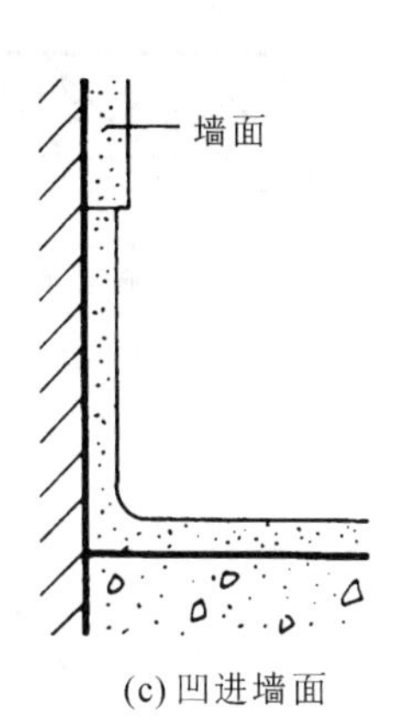

(c) 凹进墙面

**图 4-30　踢脚线构造**

# 任务 4 顶棚构造

顶棚也称天棚、天花板。在单层建筑中，它位于屋顶承重结构的下面；在多层或高层建筑中，它位于上一层楼板的下面。顶棚的构造设计与选择应从建筑功能、建筑声学、建筑照明、建筑热工、设备安装、管线敷设、维护检修、防火安全等多方面综合考虑。

一般顶棚多为水平式，但根据房间用途不同，顶棚可做成弧形、凹凸形、高低形、折线形等。依其构造方式不同，顶棚可分为直接式顶棚和悬吊式顶棚。标准较高的建筑，由于室内使用功能的要求，常将设备管线都安装在顶棚中，而采用悬吊式顶棚较为有利。

## 一、直接式顶棚

直接式顶棚是指在钢筋混凝土楼板下直接进行喷、刷、粘贴装修材料的一种构造方式。多用于大量性工业与民用建筑中。直接式顶棚装修常见的有以下几种处理。

### 1. 直接喷、刷涂料

当楼板底面平整时，可直接用浆喷刷。喷刷的材料有：大白浆、石灰浆或其他浅色的涂料。

### 2. 抹灰装修

当楼板底面不够平整，或室内装修要求较高，可在板底进行抹灰装修，抹灰的材料有：纸筋灰抹灰和水泥砂浆抹灰，如图 4-31(a)所示。

### 3. 贴面类装修

有些要求较高的房间或有保温、隔热、吸声要求的建筑物，顶棚面层可采用粘贴墙纸、墙布、装饰吸声板以及泡沫塑胶板等。这些材料可借助于黏结剂粘贴，如图 4-31(b)所示。

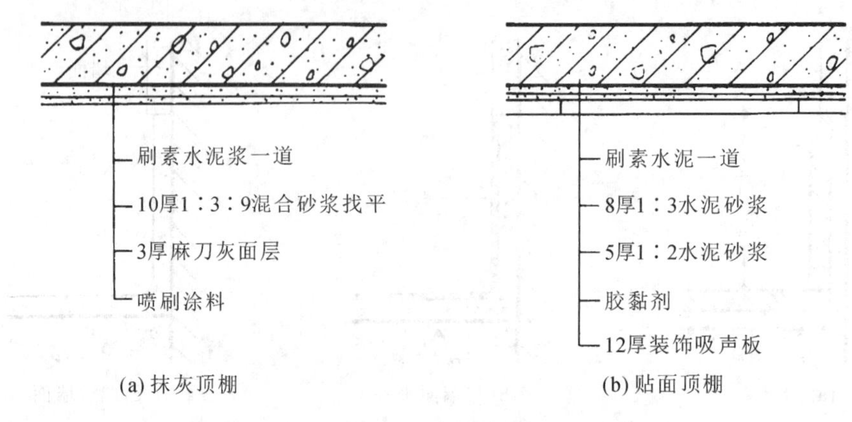


(a) 抹灰顶棚　　(b) 贴面顶棚

**图 4-31　直接式顶棚**

### 4. 结构顶棚

将屋盖结构暴露在外，不另做顶棚，称结构顶棚。例如，网架结构，构成网架的杆件本身很有规律，有结构本身的艺术表现力。如能充分利用这一点，有时能获得优美的韵律感。结构顶棚的装饰重点在于巧妙地组合照明、通风、防火、吸声等设备，以显示出顶棚与结构韵律的和谐，形成统一的、优美的空间景观。结构顶棚广泛用于体育建筑与展览厅等公共建筑。

## 二、悬吊式顶棚

悬吊式顶棚，又称为吊顶，使这种顶棚的装饰表面与屋面板、楼板等之间留有一定的距离。在现代建筑中，有许多设备管线和装置(如空调管、灭火喷淋、感知器、广播设备等)均需安装在顶棚。顶棚内部空间来设置管线设备以及有通风要求时，则应根据不同情况适当加大，必要时可铺设检查走道以免踩坏面层。

悬吊式顶棚由面层、顶棚骨架和吊筋这三个部分组成，如图 4-32 所示。面层的作用是装饰室内室间以及兼有其他功能(如吸声、反射等等)。面层的构造设计还要结合灯具、风口布置等一起进行。顶棚骨架主要由主龙骨、次龙骨、搁栅、次搁栅、小搁栅组成，其主要作用是承受吊顶面层的荷载，并把荷载传递给吊筋。吊筋的作用主要是承受吊顶面层和搁栅的荷载，并把力传递给屋顶或楼板的承重结构，如图 4-33 所示。

### 1. 顶棚骨架

顶棚骨架分为主搁栅和次搁栅，主搁栅是顶棚的承重结构，次搁栅是吊顶的基层。搁栅可用木材、轻钢、铝合金等材料制作。骨架断面由结构计算确定，常用的骨架尺寸如下。

木骨架断面主搁栅一般为 50 mm×70 mm，次搁栅为 50 mm×50 mm，吊筋的间距通常为 1 m。主搁栅间距通常为 1 m，次搁栅的间距要根据面层所用材料而定，一般不大于 600 mm，如图 4-34 所示。

轻钢骨架主搁栅一般为 12 号槽钢，间距可达 2 m 左右，次搁栅可用 35 mm×35 mm×35 mm的角钢，或用 1 mm 左右厚的铝板、薄钢板制成，如图 4-35 所示。

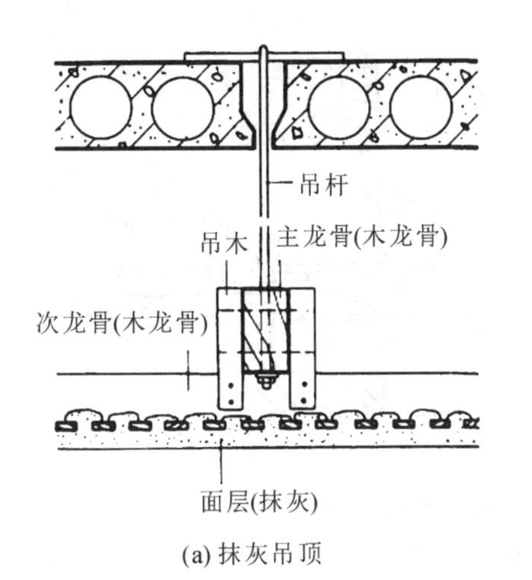


(a) 抹灰吊顶

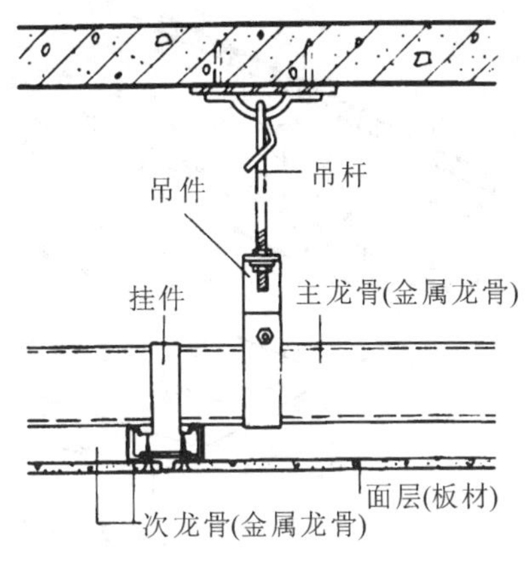


(b) 板材吊顶

**图 4-32　吊顶棚的组成**

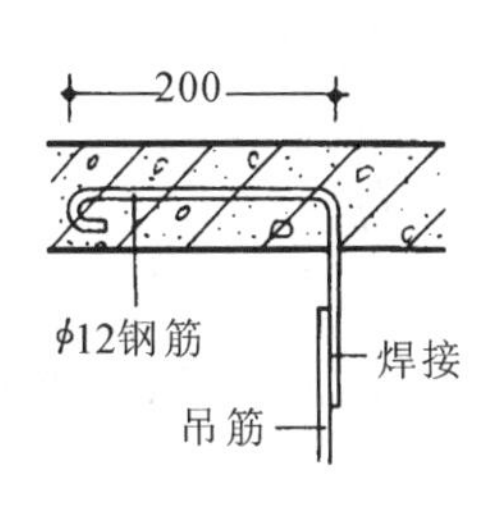


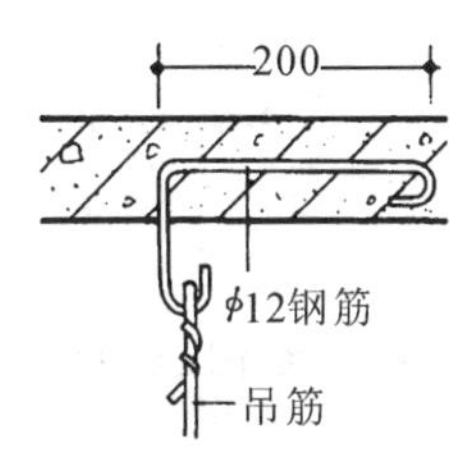


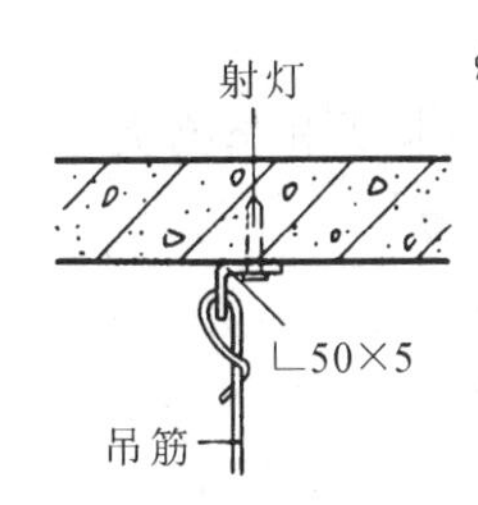


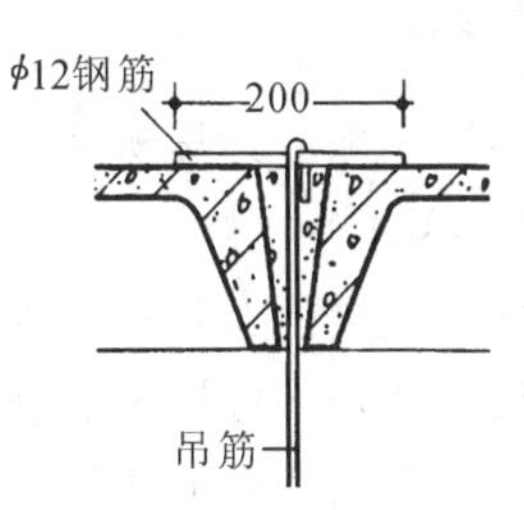


**图 4-33　吊筋与楼板的固定方式**

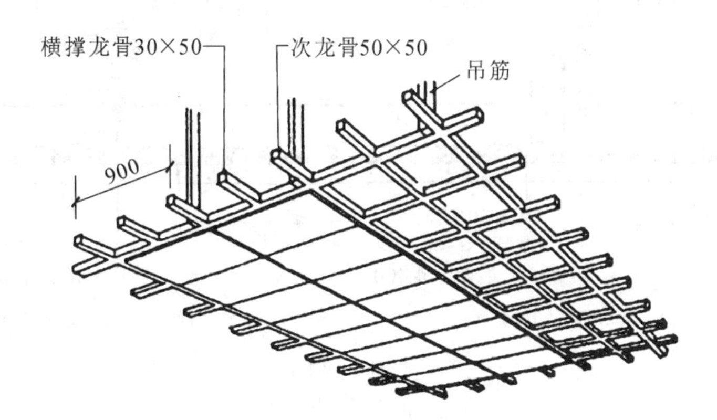


(a) 仰视图

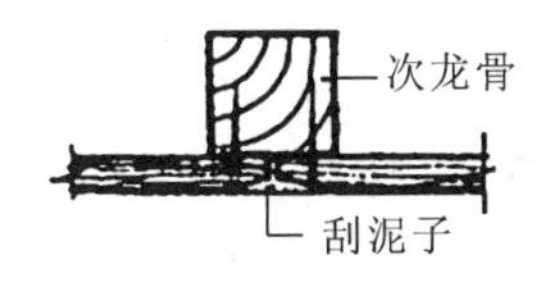


(b) 密缝

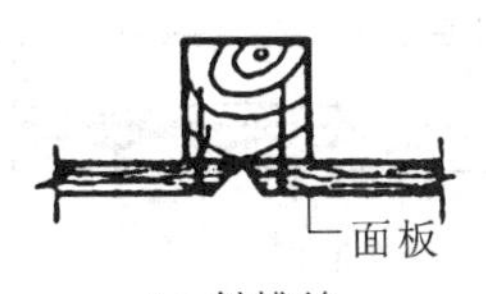


(c) 斜槽缝

(d) 立缝

**图 4-34　木基层吊顶构造**

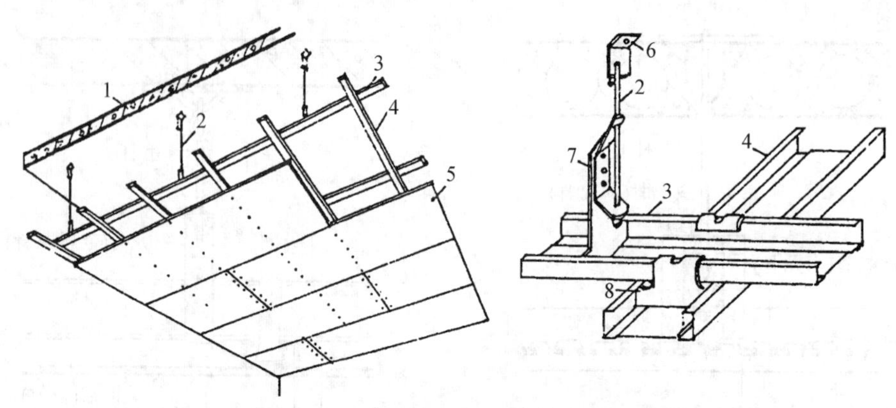


图 4-35　轻钢龙骨纸面石膏板顶棚构造

1—楼板；2—吊杆；3—主龙骨；4—次龙骨；5—纸面石膏板；6—固定于楼板上；7—吊挂件；8—插接件

**2. 面层**

面层一般分为抹灰类、板材类和格栅类等。

1）抹灰类顶棚

抹灰顶棚的龙骨可用木或型钢。

板条抹灰一般用木龙骨，如图 4-36(a)所示，这种顶棚构造简单、造价低、易变形、不防火、适用于装修要求较低的建筑。

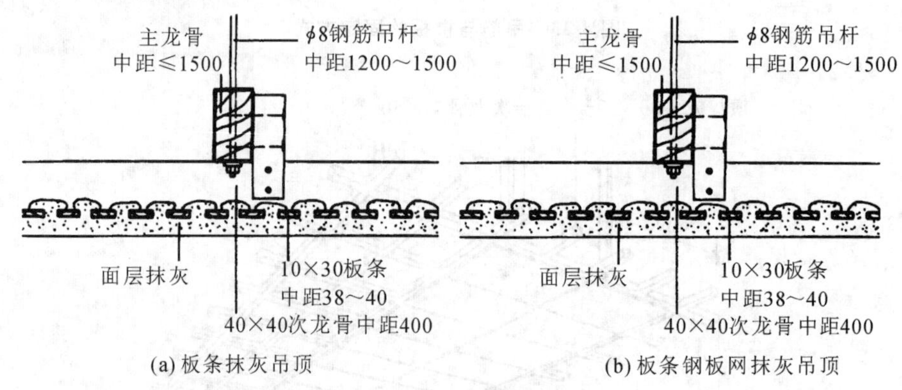


(a) 板条抹灰吊顶　　(b) 板条钢板网抹灰吊顶

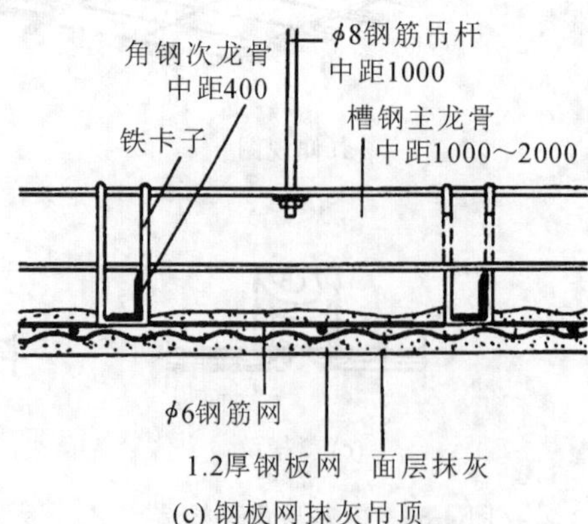


(c) 钢板网抹灰吊顶

图 4-36　板条抹灰面层

板条钢板网抹灰顶棚的做法是在前一种顶棚的基础上加钉一层钢板网以防止抹灰层开裂

脱落，如图 4-36(b)所示，适用于装修质量较高的建筑。

钢板网抹灰顶棚一般采用钢龙骨，其构造见图 4-36(c)。这种做法未使用木材，可提高顶棚的防火性、耐久性和抗裂性，多用于公共建筑的大厅顶棚和防火要求较高的建筑。

2) 板材类顶棚

板材类顶棚根据要求可选用不同的面层材料，如胶合板、纤维板、钙塑板、石膏板、塑料板、硅钙板、矿棉吸声板以及铝合金等轻金属板材。

面层板料与搁栅的连接方式可以为锚固式作法，即用钉钉，或用螺钉固定，或用射钉固定，还可以采用搁置式作法，即将板材直接搁在龙骨架的翼沿上。

具体的构造做法见图 4-37 至图 4-42。

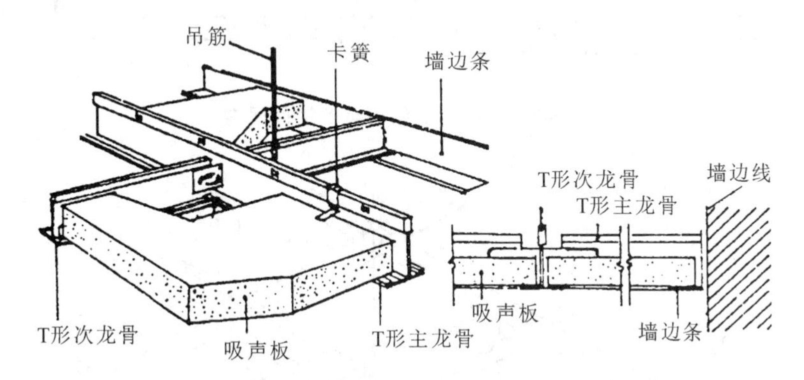


**图 4-37　暴露骨架构造**

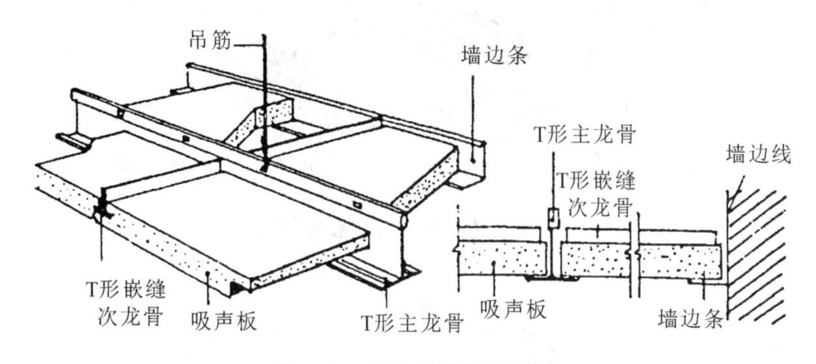


**图 4-38　部分暴露骨架构造**

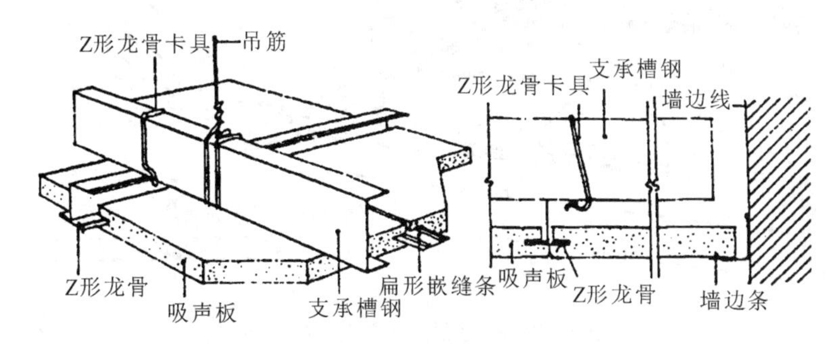


**图 4-39　隐蔽骨架构造**

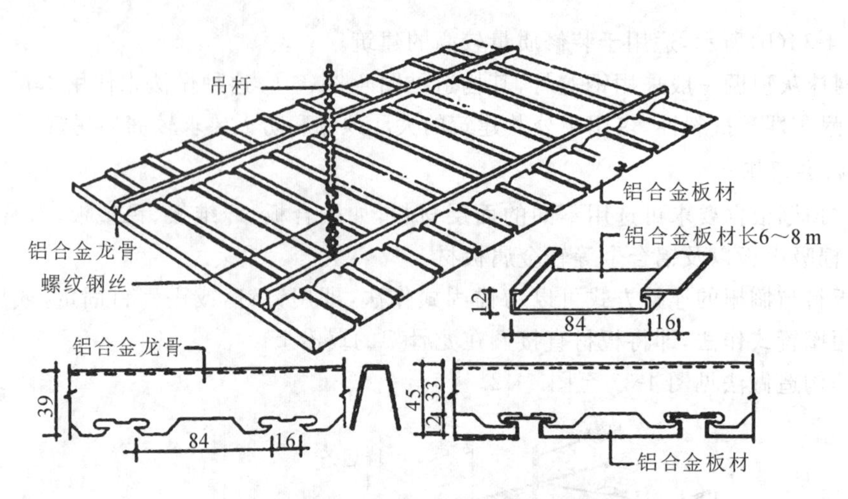


图 4-40　密铺式的铝合金条板顶棚构造

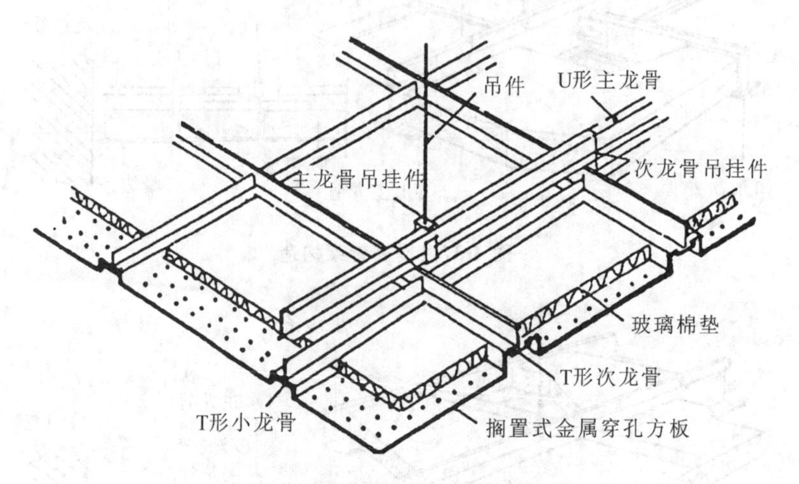


图 4-41　搁置式金属方板顶棚构造

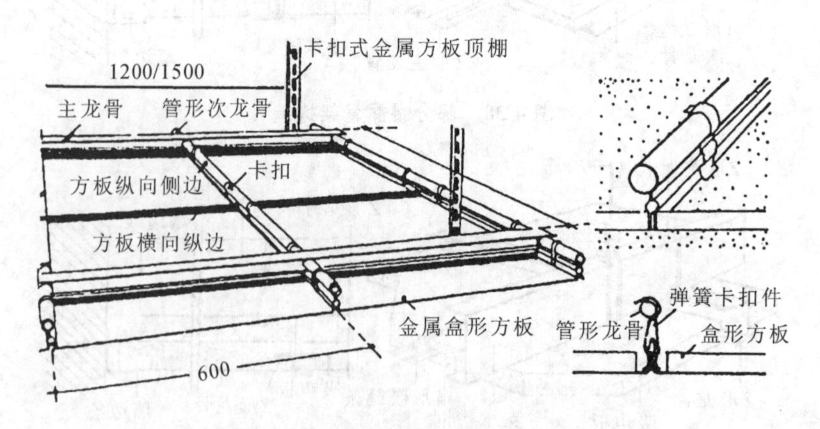


图 4-42　卡入式金属方板顶棚构造

# 任务 5 阳台与雨棚

## 一、阳台

阳台是楼房建筑中房间与室外接触的小平台。人们可以在阳台上休息、眺望、从事家务等活动。阳台由阳台板和栏板或栏杆组成。

### 1. 阳台的形式

按阳台板与外墙的相对位置可分为凸阳台、凹阳台、半凸半凹阳台、转角阳台等形式，如图4-43所示。按施工方式可分为现浇式钢筋混凝土阳台和装配式钢筋混凝土阳台，多与楼板采取一致的施工方式。按结构形式不同主要有搁板式、挑板式、挑梁式、压梁式等形式，阳台悬梁不宜过长，一般为1.2 m左右。

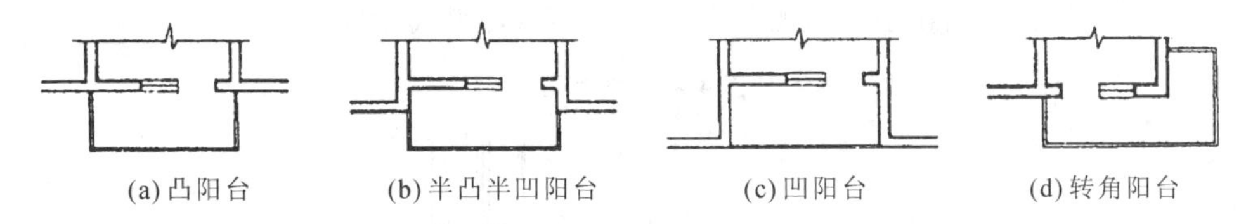


图 4-43 阳台平面形式

### 2. 阳台细部构造

(1) 阳台排水。阳台的地面一般比室内地面要低20～30 mm，并应设置雨水管和地漏，阳台地面应有1%～2%的排水坡度；多高层住宅有的还将屋面雨水管与连接阳台地漏的雨水管分开设置，使之排水通畅；此外考虑到居民安装空调，还可专门设置排除空调冷凝水的管子。

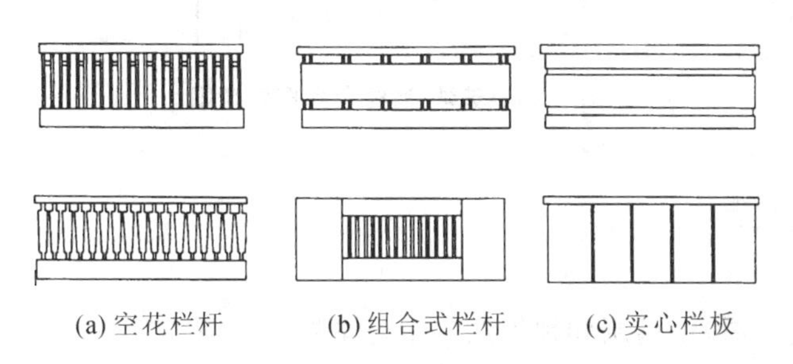


图 4-44 阳台栏杆形式

(2) 阳台栏板或栏杆栏板栏杆的作用为：① 承担人们倚扶的侧向推力，以保障人身安全；② 对整个建筑物起一定的装饰作用。为了倚扶舒适和安全，栏板栏杆净高不小于1.05 m，高层建筑的栏杆高度适当提高，但不宜超过1.2 m。阳台的镂空栏杆设计应防儿童攀登，垂直栏杆间净距不应大于 110 mm。栏板可分为砖砌与现浇混凝土或预制混凝土板，栏杆可分为金属栏杆和混凝土栏杆。扶手可用硬木、金属，也可用钢筋混凝土上直接做面层的办法。当扶手上需放置花盆时，其宽度至少为 250 mm。

## 二、雨棚

雨棚是建筑物入口处和顶层阳台上部用于遮挡雨水、保护外门免受雨水侵蚀的水平构件。雨棚多为钢筋混凝土悬挑构件，大型雨棚下常加立柱形成门廊。较小雨棚为挑板式，挑出长度一般以 1.0～1.5 m 较为经济，如图 4-45(a)所示。挑出长度较大时可采用其他结构形式，如钢筋混凝土挑梁式(见图 4-45(b))、钢网架结构、钢斜拉杆结构(见图 4-46) 等。采用钢筋混凝土雨棚时，为防止雨棚产生倾覆，通常将雨棚与入口处门上的过梁或圈梁现浇在一起。为保证雨棚板底平整，可将雨棚的挑梁设计成上翻梁形式。雨棚的排水要求与阳台基本相同。

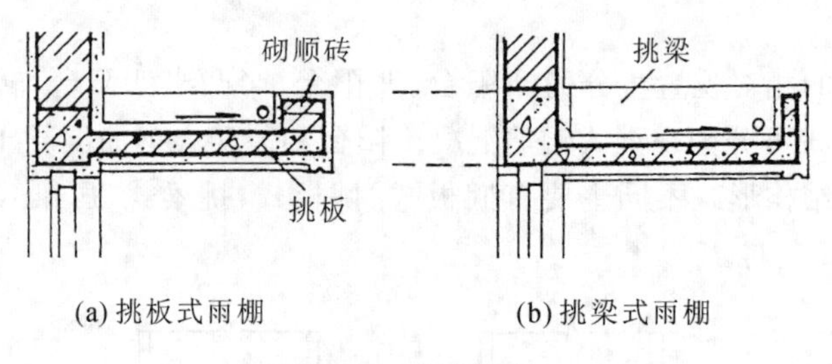


图 4-45　雨棚构造

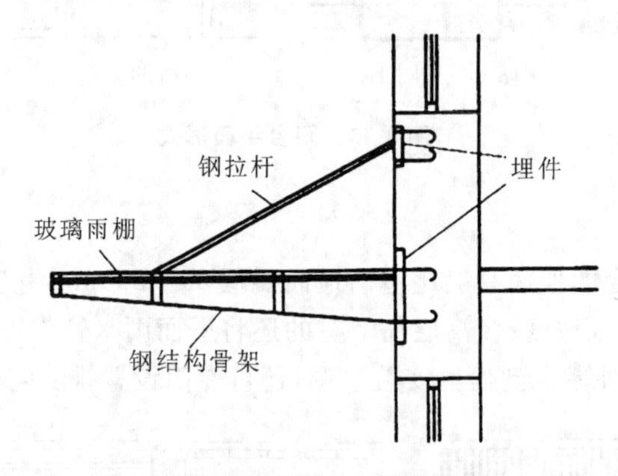


图 4-46　玻璃-钢组合雨棚示意图

## 项目小结

1. 楼板层主要由面层、结构层和顶棚层三个基本层次组成。
2. 地层主要由面层、垫层和基层三个基本构造层组成。
3. 民用建筑中常见的楼板类型有：木楼板层、钢筋混凝土楼板层、压型钢板式整浇楼板层。
4. 地层的类型有实铺地层和空铺地层。
5. 现浇钢筋混凝土楼板按受力和传力情况分板式楼板、梁板式楼板、无梁楼板、压型钢板组合楼板等几种。

6. 按面层所用材料和施工方式不同，常见地面可分为以下几类：整体类地面、块材类地面、卷材类地面、涂料类地面。

7. 依其构造方式不同，顶棚有直接式顶棚和悬吊式顶棚之分。

8. 直接式顶棚装修常见的有：直接喷、刷涂料；抹灰装修；贴面类装修；结构顶棚。

9. 悬吊式顶棚由面层、顶棚骨架和吊筋这三个部分组。顶棚骨架主要由主龙骨、次龙骨、搁栅、次搁栅、小搁栅组成。面层一般分为抹灰类、板材类和格栅类。

10. 按阳台板与外墙的相对位置可分为凸阳台、凹阳台、半凸半凹阳台、转角阳台等形式。

阳台按施工方式分为现浇式钢筋混凝土阳台和装配成钢筋混凝土阳台；按结构形式不同主要分为搁板式、挑板式、挑梁式、压梁式等形式。

11. 阳台的地面一般比室内地面要低 20～30 mm。

12. 阳台栏板栏杆净高不小于 1.05 m，高层建筑的栏杆高度适当提高，但不宜超过 1.2 m。

13. 阳台的镂空栏杆设计应防儿童攀登，垂直栏杆间净距不应大于 110 mm。

## 习　题

1. 楼板层和地层由哪些层次组成？各层的作用是什么？

2. 现浇钢筋混凝土楼板有哪些优缺点？按受力和传力情况可分为哪几种？各适用于什么情况？

3. 装配式钢筋混凝土楼板有哪些特点？常见预制板的类型有哪些？

4. 装配式钢筋混凝土楼板的支承梁有哪些形式？采用何种形式可以提高房间净空高度？

5. 什么是三面支承板？为什么预制板不宜出现三面支承情况？

6. 装配板的侧缝形式有几种？在布置板时出现较大侧缝时，应采用什么办法解决？

7. 空心板的两端构造怎么处理？为什么？

8. 作为地面应有哪些要求？

9. 常见地面可分几类？各种地面的构造如何？

10. 顶棚设计与选择应从哪几方面来考虑？

11. 顶棚有哪几种形式？

12. 常见的阳台有哪些类型？

13. 阳台的细部构造应注意哪些方面问题？

14. 用图表示雨棚构造。

# 学习情境 5

# 楼梯

**教学目标**

(1) 了解楼梯的类型和组成,能绘制楼梯平面布置图。
(2) 掌握楼梯的主要尺度,并能根据相关条件进行楼梯设计。
(3) 了解台阶、坡道的形式与构造。

# 任务1 概述

楼梯是房屋建筑中的垂直交通设施之一，可供人们在正常情况下进行垂直交通、搬运家具和在紧急情况下的疏散和撤离。在建筑中，布置楼梯的空间称为楼梯间。楼梯间应注意采光和通风，同时楼梯造型应考虑美观。

建筑物的垂直交通设施除楼梯以外，还包括坡道、台阶、电梯、自动扶梯及爬梯等，它们的主要区别在于坡度不同。垂直交通设施的选用，是由建筑物本身以及环境条件决定的，即由垂直方向尺寸与水平方向尺寸形成的坡度确定的。楼梯是建筑物中广泛使用的垂直交通设施之一。

## 一、楼梯的分类

根据不同的要求，如位置、使用性质、材料、楼梯间平面形式、楼梯的形式等，可将楼梯分为多种类型。

### 1. 按位置的不同来划分

根据楼梯在建筑物中所处的位置不同，可分为室内楼梯和室外楼梯两种。

### 2. 按使用性质的不同来划分

根据楼梯在建筑物中的使用性质不同，可分为主要楼梯、辅助楼梯、疏散楼梯、消防楼梯等。

### 3. 按材料的不同来划分

根据楼梯选用的主要材料不同，可分为木楼梯、钢楼梯、钢筋混凝土楼梯等。

### 4. 按楼梯间的平面形式来划分

根据建筑物中楼梯间的不同平面形式，可分为开敞楼梯间、封闭楼梯间、防烟楼梯间等三种形式，如图 5-1 所示。

(1) 封闭楼梯间适用于 24 m 及 24 m 以下的裙房和建筑高度不超过 32 m 的二类高层建筑以及 12 层至 18 层的单元式住宅、11 层及 11 层以下的通廊式住宅，如图 5-1(a)所示。楼梯间应靠近外墙，并应有直接天然采光和自然通风，且楼梯间应设乙级防火门，并应向疏散方向开启。

(2) 开敞楼梯间仅适用于 11 层及 11 层以下的单元式高层住宅，以及部分 5 层以下的多层公共建筑，具体要求详见《建筑设计防火规范》(GB 50016—2014)第 5.5.13 条。楼梯间应靠外墙并应有直接天然采光和自然通风，且要求开向楼梯间的户门应为乙级防火门，如图 5-1(b)所示。

(3) 防烟楼梯间适用于建筑高度超过 33 m 的住宅建筑。楼梯间入口处应设前室、阳台或凹

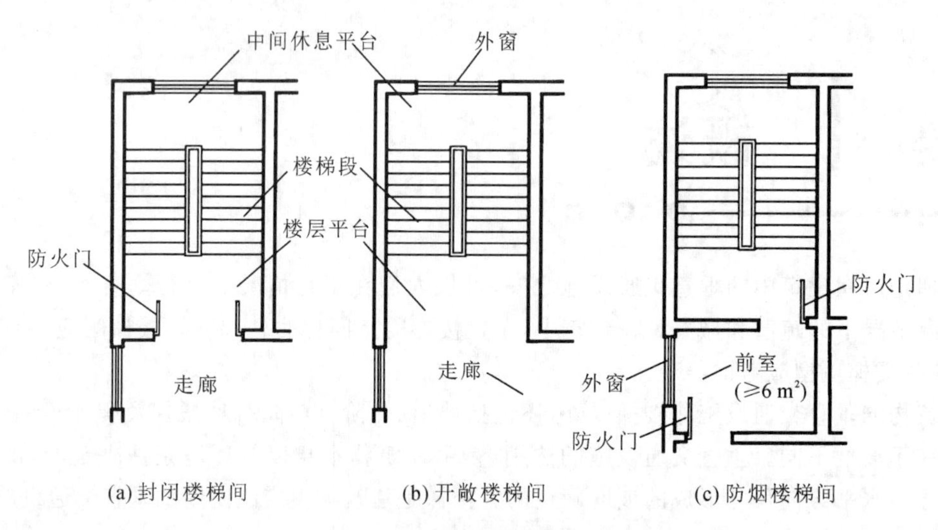


**图 5-1　楼梯间平面形式**

廊，如图 5-1(c)所示。公共建筑中前室的面积不应小于 6 $m^2$，居住建筑中前室的面积不应小于 4.5 $m^2$。前室和楼梯间的门均应为乙级防火门，并应向疏散方向开启。

**5. 按楼梯的形式来划分**

根据楼梯形式的不同，可分为直跑楼梯（分为单跑和双跑）、双跑折角楼梯、双跑平行楼梯、三跑楼梯、四跑楼梯、双分式楼梯、双合式楼梯、八角形楼梯、圆形楼梯、螺旋楼梯、弧形楼梯、交叉式楼梯、剪刀式楼梯等，如图 5-2 所示。

1）单跑直楼梯

这种形式的楼梯从楼下第一个踏步起一个方向直达楼上，它只有一个楼梯段，中间没有休息平台，其构造简单，楼梯间的宽度较小，长度较大，每跑级数较多（一般不超过 18 级），常用于层高较小的建筑中，也可以用于室外。

2）双跑直楼梯

这种形式的楼梯是在单跑直楼梯的基础上增设了中间休息平台，将一个梯段分成两个梯段，适用于层高较大的建筑，在公共建筑中常用于人流较多的室外入口处。

3）双跑平行楼梯

这种形式的楼梯是被普遍采用的一种楼梯形式。由于第二跑楼梯折回，所以占用楼梯间的长度较小，与一般建筑物的进深大体一致，便于进行建筑物平面布置。

4）双跑折角楼梯

这种楼梯形式常用于建筑物室内，适于布置在房间的一角，楼梯下的空间可以充分利用。

5）双分式和双合式楼梯

双分式和双合式楼梯相当于两个双跑式楼梯合并在一起。双分式楼梯第一跑为加宽的楼梯段，到中间休息平台后分成两个较窄的梯段；双合式楼梯与双分式楼梯正好相反，第一跑为两个较窄楼梯，到休息平台后合成一个较宽的楼梯。这种形式的楼梯常用于人流较多的办公楼、图书馆、旅馆等公共建筑，并可通过在楼梯间入口处悬挂上下指示牌，起到组织上下人流不致人流互相碰撞的作用。

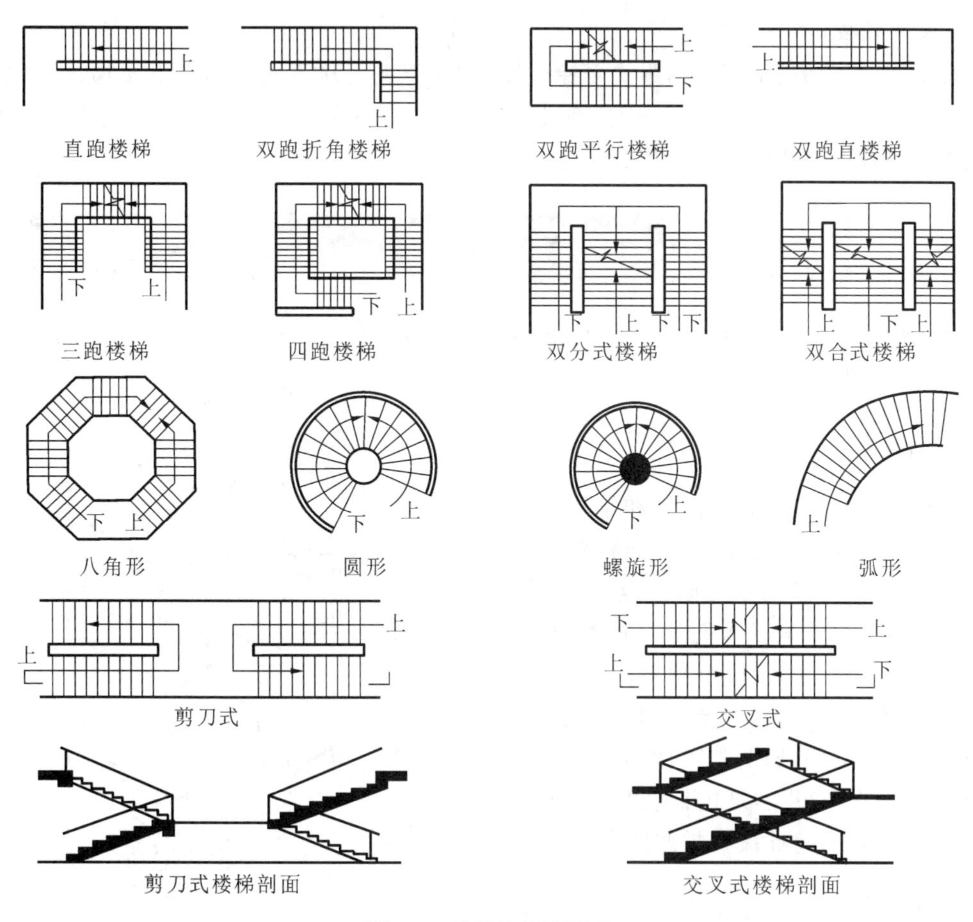


**图 5-2　楼梯的平面形式**

6）三跑式、四跑式楼梯

这种形式的楼梯一般用于楼层层高较大且楼梯间接近正方形的公共建筑。这种楼梯形式构成了较大的楼梯井，其中三跑式楼梯的楼梯井还可结合布置电梯间，但占地面积大。由于中间的楼梯井尺寸大，不适用于住宅、中小学等儿童经常上下楼梯的建筑，否则应设置安全措施。

7）螺旋形楼梯

这种形式的楼梯踏步围绕着一个单柱布置，平面投影呈圆形，所占建筑空间小，每个踏步呈扇形，内窄外宽，上下行走不便，适用于人流通行较少的地方，不能作为主要人流交通和疏散楼梯。

8）弧形楼梯

这种形式的楼梯因造型优美，可丰富室内空间艺术效果，适用于宾馆、大型影剧院等公共建筑的门厅中。它与螺旋楼梯不同之处在于：它围绕一个较大轴心空间旋转，其结构和施工难度大，造价较高。

9）剪刀式楼梯

这种形式的楼梯也称为桥式楼梯，是由两个双跑式楼梯对接，在梯段交叉处互通，它既增大了人流通行能力，又为人流变换行进方向提供了便利。适用于商场、影剧院、图书馆等人流较大的公共建筑。

10）交叉式楼梯

这种形式的楼梯是由两个单跑式楼梯交叉设置，行人可从不同方向上下楼梯，可以起到组织、引导人流的作用，适用于空间开敞、楼层人流多方向进入的公共建筑。交叉式楼梯与剪刀式楼梯主要的区别在于梯段交叉处是否互通。

## 二、楼梯的组成

建筑中楼梯所处的空间称为楼梯间。楼梯一般由楼梯梯段、楼梯平台、栏杆（栏板）和扶手三部分组成，如图 5-2 所示。

**1. 楼梯梯段**

楼梯梯段是楼梯的主要使用和承重部分，由若干个踏步组成。踏步的水平面称为踏面，其宽度为踏步宽；踏步的垂直面称为踢面，其高度称为踏步高。为了减轻人们上下楼时的疲劳和照顾人们行走的习惯，每个梯段的踏步数量最多不超过 18 级，最少不少于 3 级。若建筑内需要楼梯某一跑的级数超过 18 级，可在楼梯段中部加设休息平台；若建筑内需要楼梯某一跑的级数少于 3 级，可将此段楼梯改做成坡道。

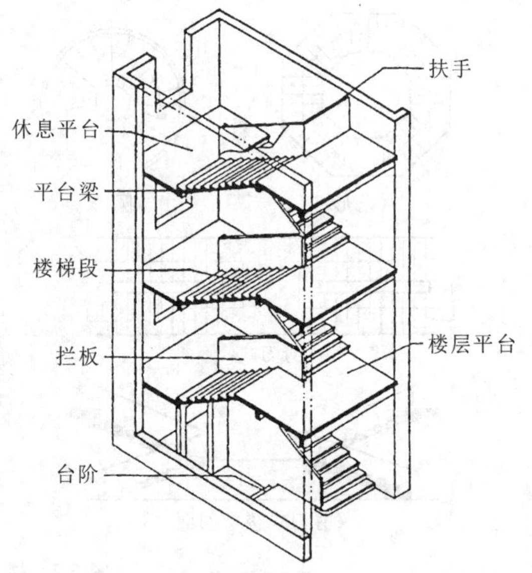


**图 5-3　楼梯的组成**

**2. 楼梯平台**

楼梯平台是指两楼梯段之间的水平板，按其所处位置的不同分为楼层平台和中间平台。连接楼地面与楼梯段端部的平台称为楼层平台，高度与楼层相同；而位于两层楼面之间的平台称中间平台。楼梯平台主要作用在于缓解疲劳，使人们在上下楼过程中得到暂时的休息，也用于解决楼梯段转换方向的问题，同时也起到楼梯梯段之间的联系作用。

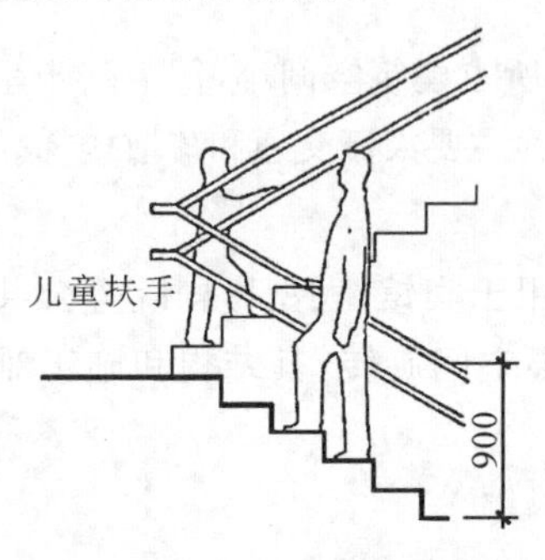


**图 5-4　栏杆和扶手**

**3. 栏杆（栏板）和扶手**

为了保证人们上下楼梯的安全，应在楼梯梯段的边缘和平台临空的一侧装设栏杆（栏板），栏杆（栏板）的上部起依扶作用的连续构件称扶手。

当楼梯梯段宽度不大时，可在临空的一侧设置栏杆扶手；当楼梯段净宽达三股人流时，应在两侧设扶手，靠墙一侧扶手距墙面净距应大于 40 mm；当梯段净宽达四股人流时，还应在楼梯梯段中间增设一道扶手。考虑到儿童上下的需要，楼梯栏杆（栏板）上除了设置供成人使用的扶手外，还应在其中部设置第二扶手，以供儿童使用，如图 5-4 所示。

## 三、楼梯设置的要求

设有电梯或自动扶梯的建筑,也必须同时设置楼梯。楼梯既是楼房建筑中的垂直交通枢纽,也是进行安全疏散的主要工具。

楼梯应具有足够的通行宽度和满足消防疏散的能力。公共建筑和走廊式住宅一般应设置两部楼梯,单元式住宅可以例外。2～3层的建筑(医院、疗养院、托儿所、幼儿园除外)符合表5-1中的要求时,可设一部疏散楼梯。建筑高度不大于27 m,每层建筑面积不超过650 $m^2$,且住一户门至安全出口的距离小于15 m时可设置一部楼梯。

楼梯间的位置应醒目易找,不宜放在建筑物的角部和边部,以便于传递荷载,并应有直接的采光和自然通风。楼梯间的门应开向人流疏散的方向,底层应有直接对外的出口;当底层楼梯需要经过大厅才能到达出口时,楼梯间距出口处不得大于14 m,同时还应避免垂直交通与水平交通在交接处拥挤、堵塞等。

**表5-1　设置一部楼梯的条件**

| 耐火等级 | 最多层数 | 每层最大建筑面积 $m^2$ | 人　　数 |
| --- | --- | --- | --- |
| 一、二级 | 3层 | 500 | 第二层与第三层人数之和不超过50人 |
| 三级 | 3层 | 200 | 第二层与第三层人数之和不超过25人 |
| 四级 | 2层 | 200 | 第二层人数不超过15人 |

楼梯的设置必须满足如下要求。

### 1. 功能方面的要求

其主要是指楼梯数量、宽度尺寸、平面式样、细部做法等均应满足功能要求。

### 2. 结构和构造方面的要求

楼梯应有足够的承载能力(住宅按1.51 kN/$m^2$,公共建筑按3.5 kN/$m^2$考虑),足够的采光能力(采光系数不应小于1/12),较小的变形(允许挠度值为1/400)等。因此一般居住建筑、公共建筑大多采用钢筋混凝土楼梯,楼梯四周必须有坚固的墙、柱或框架支承。

### 3. 防火、安全方面的要求

楼梯间距、数量均应符合有关规定。楼梯间四周至少有一面墙体为防火墙体;楼梯间的墙内侧不能有凸出部分,如柱、墩、散热器等,以免阻碍人流;除必要的门外,不得直接向楼梯间内开窗。对防火要求高的建筑物,特别是高层建筑,应设计成封闭式楼梯间或防烟楼梯间。室外安全楼梯经过的墙上不准开窗,以免疏散时窗内火焰窜出阻碍交通。

### 4. 施工和经济方面的要求

楼梯的设置还应满足施工和经济方面的要求。

# 任务 2 楼梯的尺度及设计

楼梯的尺度主要包括楼梯坡度、踏步尺寸、梯段宽度、梯段长度、平台宽度、栏杆扶手高度以及楼梯净空高度等。

## 一、楼梯的尺度

### 1. 楼梯坡度

两层以上的建筑物设置的垂直交通设施，包括坡道、楼梯、电梯、自动扶梯、爬梯等，它们的主要区别在于坡度不同，如图 5-5 所示。

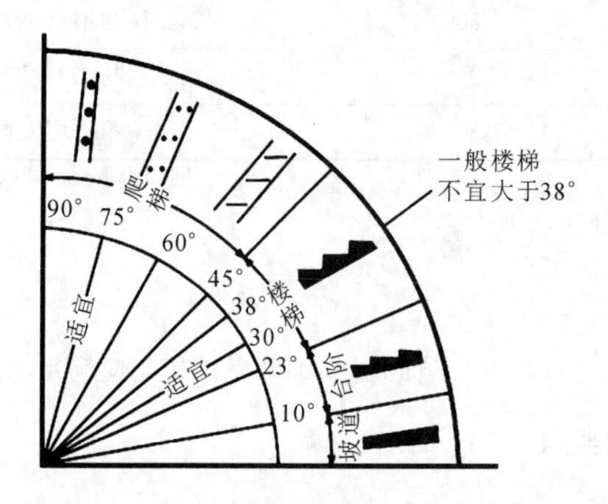


图 5-5 坡度范围

坡度的表示方法有两种：① 用斜面与水平面的夹角表示；② 用斜面在垂直面上的投影高度和在水平面上的投影宽度之比来表示，夹角表示法较为常用。

台阶和坡道的坡度应小于 23°。占地面积较大、坡度在 6°以下的属于平缓的坡道，大于此限值的应设有防滑措施。通常在建筑物的入口处设置踏步，称为台阶，如果还需要行车的，宜设置坡道。有些建筑如医院、疗养院、幼儿园在没有电梯的情况下，由于特殊需要，常设置坡道联系上、下层。当建筑物同一层地面有高差时，也需设置台阶。因此，坡道、台阶是楼梯的一种特殊形式。

楼梯是楼层间的主要交通设施，也是建筑主要构件之一，坡度范围为 23°～45°。公共建筑，使用的人员情况复杂且楼梯使用较频繁，坡度应比较平缓，一般采用 26°左右；住宅类建筑，使用人员较少，也不是很频繁，坡度可以陡些，常采用 30°左右坡度。

电梯的坡度为 90°，高层建筑，由于上下交通间距大，故主要靠电梯上下垂直交通。

自动扶梯的坡度有 30°、27°和 35°，其适用于人流量较大的大型公共建筑或高级宾馆。

爬梯的坡度范围为45°～90°，其中常用角度为59°、73°和90°，多用于专用楼梯(如工作梯、消防梯等)。

**2. 踏步尺寸**

楼梯的坡度陡，楼梯间的进深(水平投影长)就短，可以减小楼梯间所占面积，但行走不舒适，反之则行走较为舒适，但增加了楼梯间的进深，增加了建筑面积和造价。因此构造上应根据建筑物的使用性质和层高合理确定楼梯的坡度。对于使用频繁，人流密集的公共建筑，其坡度宜平缓些；对于使用人数较少的居住建筑或某些辅助性楼梯，其坡度可适当陡些。楼梯坡度，就是踏步的高宽之比。踏步的尺寸包括的踏面宽度($b$)和踢面高度($h$)，可参考下列经验公式。

$$b + h = 450 \text{ mm}$$

$$b + 2h = 600 \text{ mm} \sim 620 \text{ mm}$$

式中：$h$——踏步踢面高，mm；

$b$——踏步踏面宽，mm。

其中，600～620 mm为一般人的平均步距。

实验表明，当踏面宽$b$为300 mm，踢面高$h$为150 mm时，人的行走最为舒适。

一般楼梯的踏步尺寸，应符合表5-2的规定。

**表5-2　楼梯踏步的最小宽度和最大高度(mm)**

| 楼梯类别 | 最小宽度 | 最大高度 |
|---|---|---|
| 住宅公用楼梯 | 250 | 175 |
| 幼儿园、小学等楼梯 | 220 | 130 |
| 电影院、剧场、体育馆、商场、医院等楼梯 | 280 | 160 |
| 其他建筑物楼梯 | 260 | 170 |
| 专用服务楼梯、住宅户内楼梯 | 220 | 200 |

当踏面尺寸较小时，可以采取加做踏口或使踢面倾斜的方式加宽踏面，同时又不增加楼梯段的实际长度，如图5-6所示。踏口的挑出尺寸为20 mm，这个尺寸过大时行走也不方便。

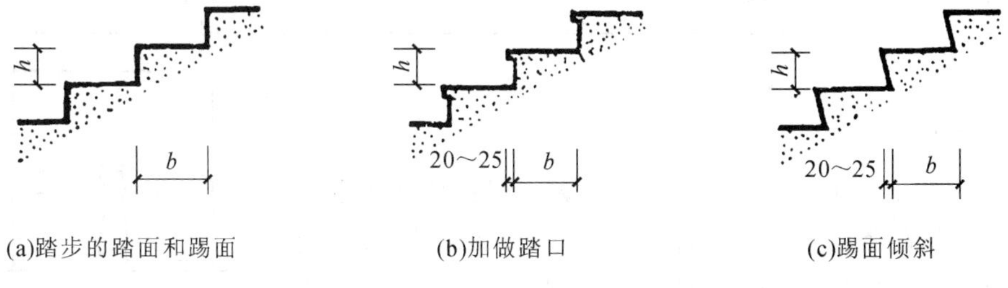


(a)踏步的踏面和踢面　(b)加做踏口　(c)踢面倾斜

**图5-6　踏步的尺寸**

**3. 梯段宽度**

梯段宽度是指楼梯扶手中心线至墙边缘的距离，或两个扶手中心距，通常梯段宽度($B$)应根据通行人流量的大小和安全疏散的要求来确定。

梯段净宽除应符合防火规范的规定外，供日常主要交通用的公共楼梯的楼梯段净宽，应根

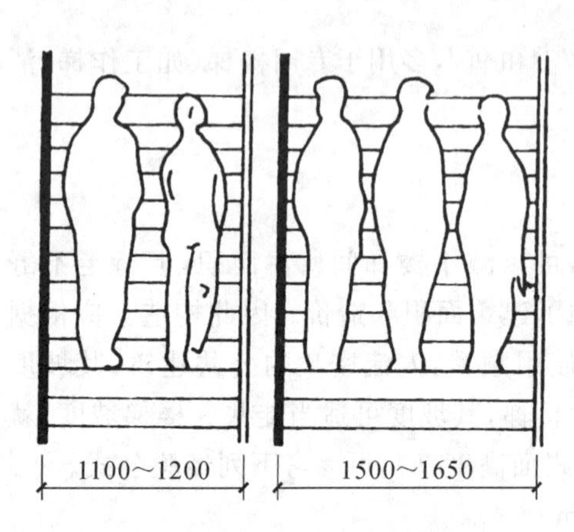

图 5-7　梯段宽度与人流股数的关系

据建筑物的特征，按人流股数确定，一般公共建筑梯段宽度应至少保证两股人流通行。正常情况下每股人流的宽度为 0.55 m+(0～0.15 m)，其中(0～0.15 m)为人流在行进中的摆幅。楼段宽度和人流股数关系要处理恰当，如图 5-6 所示。用于安全疏散的楼梯，其最小净宽不应小于1.1 m，一边设栏；层数不超过六层的单元住宅，楼梯段最小宽度不小于 1 m。住宅户内楼梯，当一边临空时，净宽不小于 0.75 m；两边为墙时，净宽不小于 0.9 m。

按安全防火规范规定，学校、商场、车站、办公楼等一般民用建筑的安全疏散楼梯总宽度应通过计算确定，其宽度每百人不得小于表 5-3 规定。

表 5-3　楼梯的宽度指标(m/百人)

| 耐火等级 / 宽度指标 / 层数 | 一、二级 | 三级 | 四级 |
|---|---|---|---|
| 1～2 层 | 0.65 | 0.75 | 1.00 |
| 3 层 | 0.75 | 1.00 | — |
| ≥4 层 | 1.00 | 1.25 | — |

对高层建筑，楼梯段的最小宽度，一般不低于表 5-4 要求。

表 5-4　高层建筑楼梯段的最小宽度

| 建筑物名称 | 梯段最小宽高/m |
|---|---|
| 教学楼 | 1.5 |
| 医院 | 1.35 |
| 住宅、地下室 | 1.1 |
| 其他高层建筑 | 1.2 |

**4. 平台宽度**

楼梯平台分为中间平台和楼层平台。为了保证楼梯的通行能力和非正常情况下的安全疏散，以及搬运家具设备的方便，楼梯平台宽度($D$)应不小于梯段宽度($B$)，如图 5-8 所示。当楼梯段的踏步数为单数时，计算平台宽度的计算点应算至楼梯段踏步较长的一边，且楼层平台宽度应大于中间平台宽度。

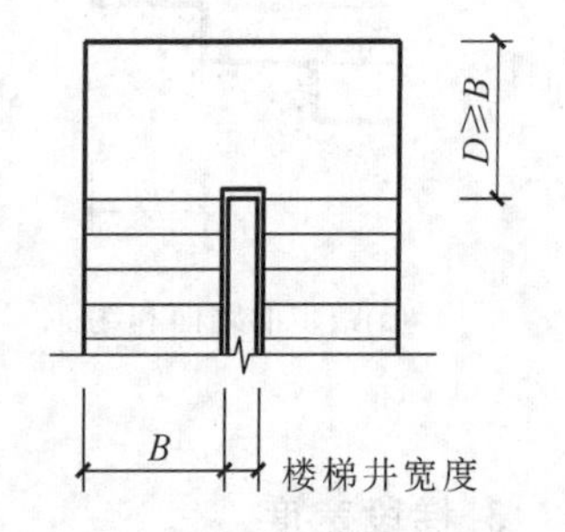

图 5-8　平台宽度和梯段宽度的关系

**5. 梯井宽度**

上下两个楼梯段之间形成的空隙称为楼梯井，此空隙从底层到顶层贯通。梯井宽度是指两梯段之间的水平距离，如图 5-8 所示。公共建筑楼梯井的宽度以不小于 150 mm 为宜。住宅、中小学校等楼梯井的宽度不宜大于 200 mm，若不能满足要求则必须采取防止儿童攀滑的安全措施。

**6. 梯段长度**

梯段长度($L$)是楼梯段的水平投影长度，梯段长取决于踏面宽度($b$)和梯段踏步数量($n$)。梯段长度 $L=(n-1)\times b$。

**7. 栏杆和扶手高度**

扶手高度是指踏面中心至扶手顶面的垂直距离。室内楼梯栏杆扶手高度一般不宜小于 900 mm，如图 5-9 所示，靠楼梯井水平一侧栏杆长度超过 500 mm 时，其高度应不小于 1050 mm；室外楼梯栏杆高度应不小于 1050 mm；高层建筑的栏杆高度应再适当提高，但不宜超过 1200 mm。儿童用扶手不应高于 600 mm，为防止儿童穿过栏杆空隙而发生危险，栏杆垂直杆件间的净距不应大于 110 mm，且不得选用易攀登的构造措施。

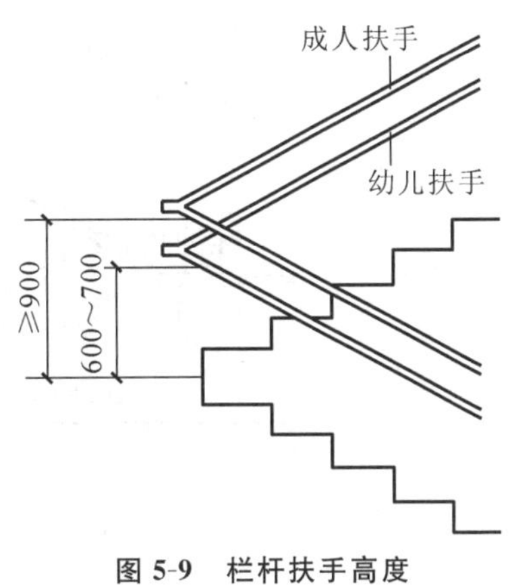


图 5-9　栏杆扶手高度

**8. 楼梯的净空高度**

楼梯的净空高度包括楼梯段的净空高度和平台过道处的净空高度。楼梯段的净空高度为自踏步前缘线(包括最低和最高一级踏步前缘线以外 300 mm 范围内)处至正上方突出物下缘间的垂直高度。净空高度是保证人或家具搬运通过时所需的竖向高度，该高度应保证人的上肢向上伸直时不致触及上部结构，其高度不得小于 2200 mm。平台过道处的净高不得小于 2000 mm，如图 5-10 所示。

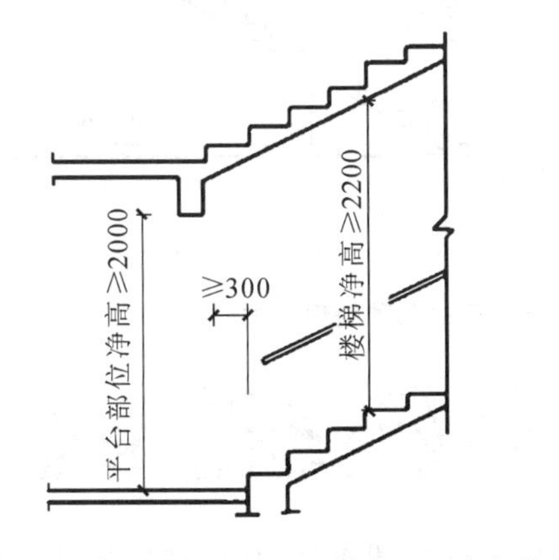


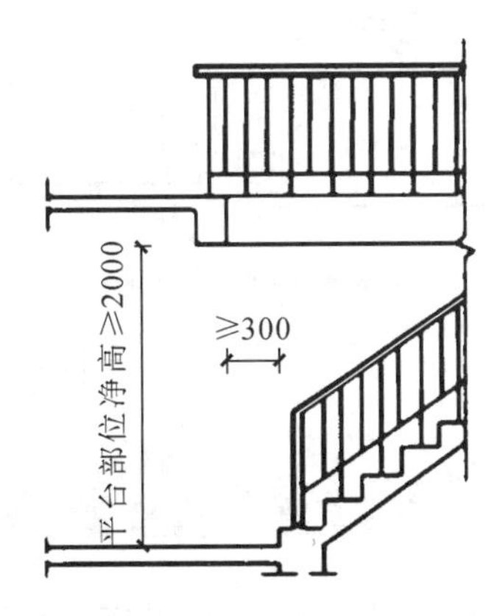


图 5-10　梯段及平台部位净高要求(单位：mm)

当楼梯平台下做通道或出入口时，为了满足净空高度要求，通常采取以下几种办法解决。

(1) 将底层第一楼梯段加长，做成不等跑楼梯段，如图 5-11(a)所示。这种处理方法只有楼梯间进深较大时采用，此时应注意保证平台上面的净空高度。

(2) 增大室内外高差，楼梯段长度保持不变，降低楼梯间入口处室内地面标高，如图 5-11(b)

所示。这种处理办法的楼梯构造简单，但提高了整个建筑物高度。

(3) 结合前两种方法，既增加部分室内外高差，又做成不等跑楼梯段，如图 5-11(c)所示。

(4) 底层采用直跑楼梯，直接上至二楼，但楼梯段长而延伸至室外，这种方式常用于少雨地区的住宅建筑，如图 5-10(d)所示。

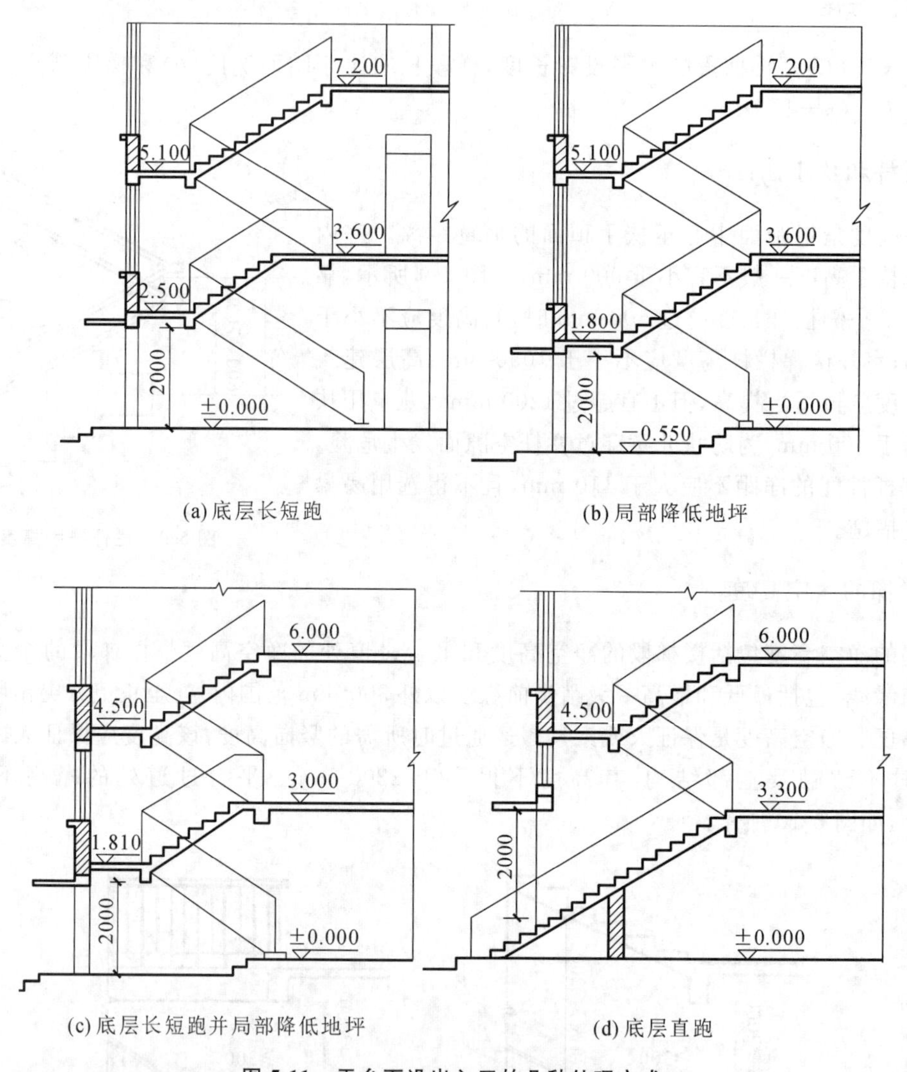


图 5-11 平台下设出入口的几种处理方式

## 二、楼梯的设计

在楼梯设计中，楼梯间的层高、开间、进深尺寸为已知条件，在设计中应注意区分是封闭式楼梯还是开敞式楼梯，如图 5-12 所示。

### 1. 楼梯的设计步骤

(1) 根据建筑物的类别确定踏步尺寸，即确定楼梯的坡度。

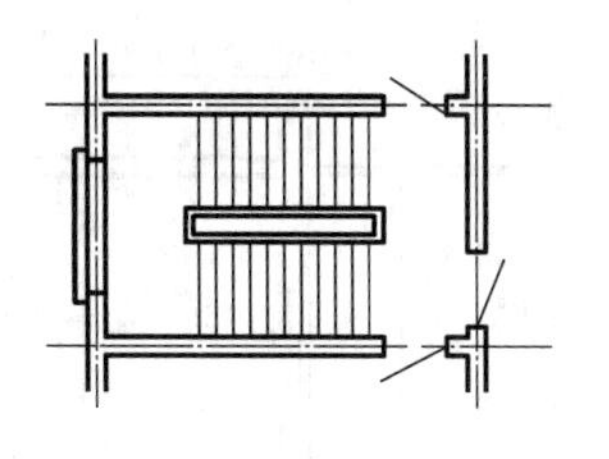
(a) 封闭式平面

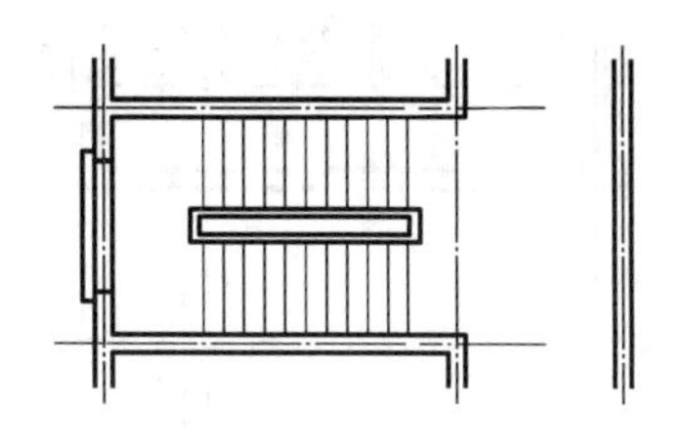
(b) 开敞式平面

图 5-12　平面形式

(2) 根据建筑物的层高，计算每层级数，即踏步数量 $n=H/h$（$H$ 为楼层高，$h$ 为踏步高），踏步数应为整数。

(3) 确定楼梯间的平面形式，若首层平台下要求通行时，可根据图 5-11 采取措施。

(4) 楼梯段的水平投影长度 $L$，即 $L=(n-1)\ b$。

(5) 确定楼梯段宽度 $B$。

(6) 选定平台的宽度 $D\geqslant B$，确定平台的标高。

(7) 绘制楼梯平面图及剖面图。

**2. 楼梯设计案例**

某六层学生宿舍楼的层高为 3300 mm，楼梯间开间尺寸 4000 mm，进深尺寸 6600 mm。楼梯平台下作出入口，室内外高差 600 mm。根据已知条件设计楼梯。

(1) 据已知条件可以初步确定楼梯为双跑对折式楼梯。

(2) 该建筑为学生宿舍，楼梯通行人数较多，楼梯的坡度应平缓些，初选踏步高 $h=150$ mm，踏步宽 $b=300$ mm。

(3) 楼梯井根据已知条件确定宽度为 60 mm，已知开间尺寸 4000 mm，减去两个半墙厚 120 ×2 mm 和楼梯井宽 60 mm，计算出楼梯段宽度 $B$，即：

$$B=(4000-120\times 2-60)/2=1850\ \text{mm}>550\times 2=1100\ \text{mm}$$

梯段宽度满足通行两股人流的要求。

(4) 确定踏步级数。

建筑的层高除以踏步高：3300/150=22 级。初步确定为等跑楼梯，每个楼梯段的级数 $n=22/2=11$ 级。

(5) 确定平台宽度。

平台宽度要不小于梯段宽度，即楼梯平台宽度 $D\geqslant 1850$ mm。

(6) 确定梯段长度 $L$，验算楼梯间进深尺寸是否够用。

楼梯间确定为开敞式楼梯间，第一级踏步起跑位置，距走廊或门口边要有规定的过渡空间（550 mm）。

$$300\times 10+1850+550=5400\ \text{mm}<6600-120\times 2=6360\ \text{mm}$$

楼梯间进深满足要求。

(7) 进行楼梯净空高度计算。

首层平台下净空高度等于平台标高减去平台梁高，考虑平台梁高为 350 mm。

$$150\times 11-350=1300\ \text{mm}$$

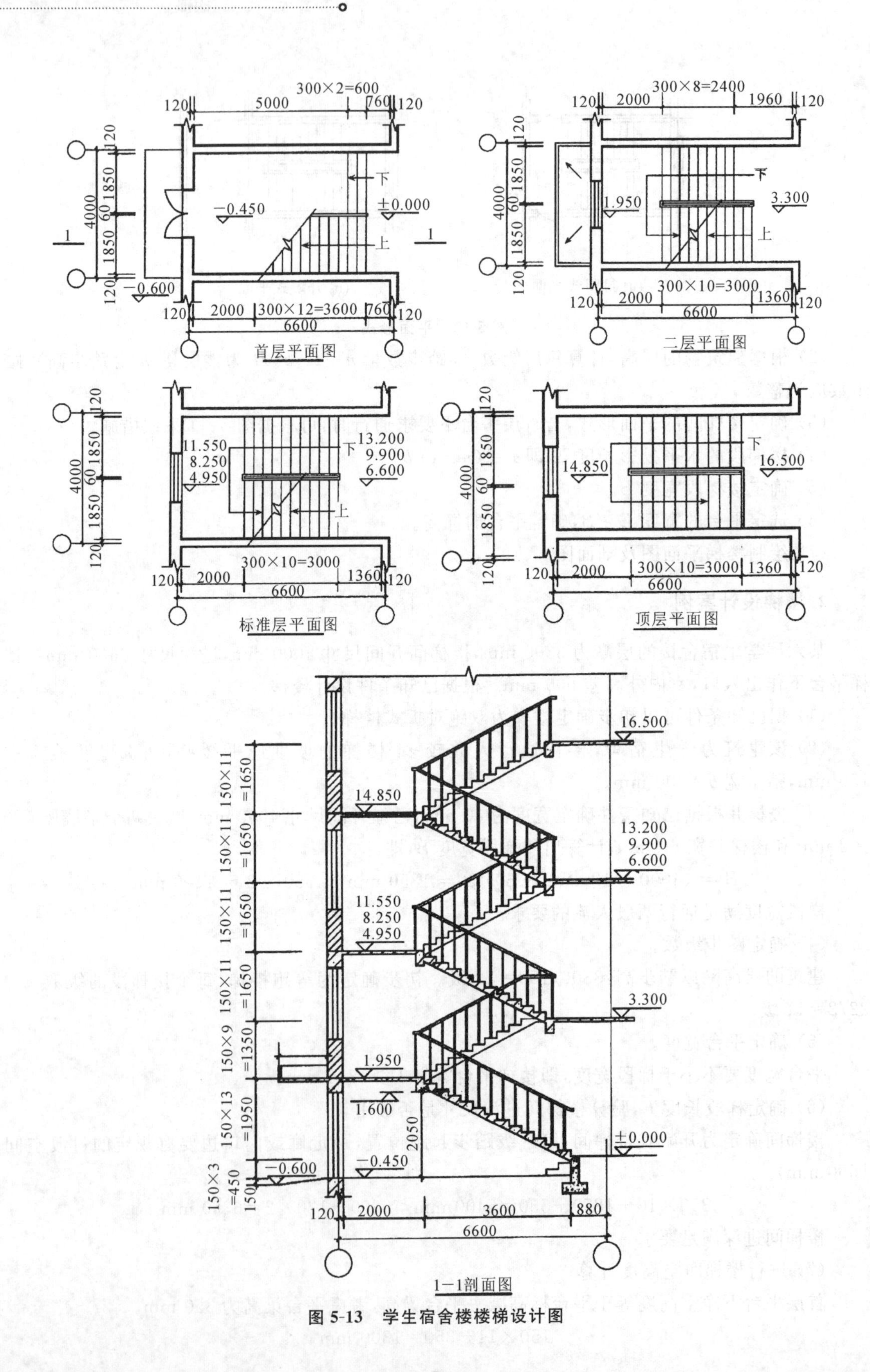


图 5-13 学生宿舍楼楼梯设计图

不满足 2000 mm 的净空高度要求。应采取以下两种措施：① 将首层楼梯做成不等跑楼梯，第一跑为 13 级，第二跑为 9 级；② 利用室内外高差，本例室内外高差为 600 mm，由于楼梯间地坪和室外地面还必须有至少 100 mm 的高差，故利用 450 mm 高差，设 3 个踏步高为 150 mm 的踏步。此时平台梁下净空高度为：150×13＋450－350＝2050m，满足净空要求。

下面进一步验算进深尺寸是否满足要求：

$$300\times12+1850+550=5450\ \text{mm}<6600-120\times2=6360\ \text{mm}$$

楼梯间进深满足要求。

(8) 根据上述案例设计数据绘制楼梯设计，如图 5-13 所示。

# 任务 3 钢筋混凝土楼梯构造

钢筋混凝土楼梯具有坚固、耐久、防火性能好等特点，所以在建筑工程中应用较广泛。钢筋混凝土楼梯按施工工艺的不同可分为现浇整体式楼梯和预制装配式楼梯两大类。

## 一、现浇整体式钢筋混凝土楼梯

现浇整体式钢筋混凝土楼梯是在现场支模，绑扎钢筋和浇筑混凝土而成的。其特点是整体性好、坚固耐久、抗震性能较好，但施工工序多、工期较长、消耗模板较多、受外界环境因素影响较大等。适用于施工现场无起重设备、抗震要求高的建筑。

现浇整体式钢筋混凝土楼梯根据楼梯段传力的特点不同可以分为板式楼梯和梁板式楼梯两种。

### 1. 板式楼梯

板式楼梯的传力关系有两种：① 荷载由楼梯板传给平台梁，再由平台梁传到墙上，如图 5-14(a)所示；② 不设平台梁，将平台板和楼梯段联在一起，荷载直接传到墙上，如图 5-14(b)所示。这种楼梯底面光洁平整，结构简单，便于施工支撑及装修，但因为不设斜梁，板的厚度较大，材料消耗多，常用于楼梯段的水平投影长度在 3m 以内的建筑。

板式楼梯荷载的传递过程为：荷载→梯段板→(平台梁)→楼梯间的墙(柱)。

### 2. 梁板式楼梯

梁板式楼梯是由踏步板、楼梯斜梁、平台梁和平台板组成。当楼梯踏步受到荷载作用时，踏步板把荷载传递给斜梁，斜梁把荷载传递给与之相连的上下平台梁，而后传到墙上。当有楼梯间墙时，踏步板的一端由斜梁支承，另一端可支承在墙上；当没有楼梯间墙时，踏步板两端应由两根斜梁支承。与板式楼梯相比，梁板式楼梯可以缩小板跨，减小板厚，结构合理，适用于各种长度的楼梯，其缺点是模板比较复杂，当楼梯段斜梁截面尺寸较大时，造型显得笨重。

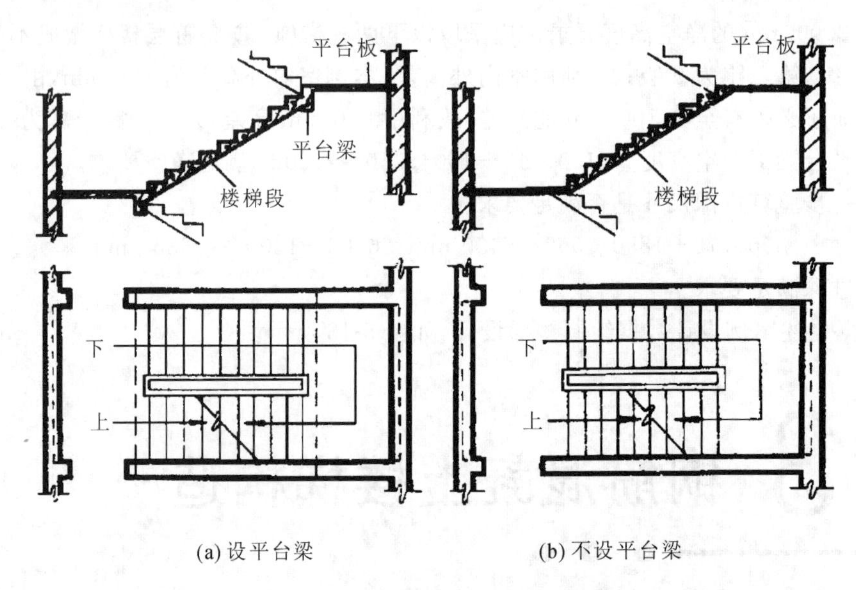


(a) 设平台梁　　(b) 不设平台梁

**图 5-14　现浇钢筋混凝土板式楼梯**

梁板式楼梯荷载传递过程为:荷载→梯段板→斜梁→平台梁→楼梯间的墙(柱)。

梁板式楼梯按结构布置方式不同可分为双梁式楼梯和单梁式楼梯。

1) 双梁式楼梯

现浇整体式钢筋混凝土双梁式楼梯的斜梁一般有两根,布置在踏步板的两侧,斜梁的布置有两种形式:① 斜梁在踏步板下,踏步明露,称明步楼梯,如图 5-15(a)所示;② 梁在踏步板上面,下面平整,踏步包在梁内,称暗步楼梯,如图 5-15(b)所示。目前大多数住宅建筑采用明步楼梯做法。

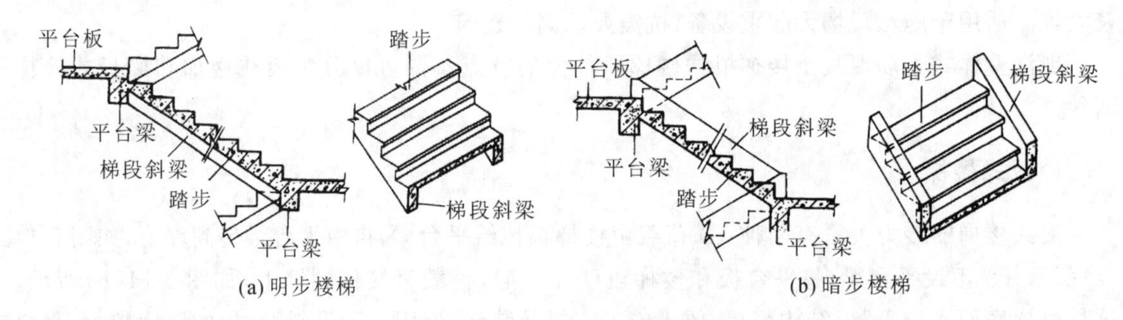


(a) 明步楼梯　　(b) 暗步楼梯

**图 5-15　钢筋混凝土梁板式楼梯**

2) 单梁式楼梯

在现浇整体式钢筋混凝土梁板式楼梯结构中,单梁式楼梯是公共建筑中采用较多的一种结构形式。这种楼梯的每个楼梯段由一根斜梁支承。斜梁布置方式有两种:① 单梁悬臂式楼梯,是将斜梁布置在踏步的一端,而将踏步的另一端向外悬臂挑出;② 将斜梁布置在踏步的中间,让踏步从梁的两侧挑出,称为单梁挑板式楼梯,单梁楼梯受力复杂,斜梁不仅受弯,而且受扭,特别是单梁悬臂式楼梯,更为明显。但这种楼梯外形轻巧、造型美观、空间感好,常用于公共建筑的外部楼梯。

## 二、预制装配式钢筋混凝土楼梯

预制装配式钢筋混凝土楼梯根据构件尺度的不同可分为小型构件和中、大型构件装配式两大类。

### 1. 小型构件装配式楼梯

小型构件装配式楼梯是将楼梯分成若干个构件，使每个构件小而轻，容易制作，便于安装，但施工工序多，速度较慢，需要较多的人力和湿作业，适用于安装机具起重量较小的情况。一般是把踏步和支承结构分开预制。

### 2. 中、大型构件装配式楼梯

中、大型构件装配式楼梯，主要是为了减少预制构件的种类和数量，简化施工过程，加快施工速度，减轻劳动强度，但施工时必须利用吊装工具。

# 任务 4 楼梯细部构造

楼梯细部主要包括踏步面层和防滑措施、栏杆栏板和扶手等。

## 一、踏步面层及防滑构造

楼梯是供人行走的垂直交通设施，使用率较高，而楼梯踏步面层应便于行走、耐磨、防滑并易于清洁。踏步面层的材料，视装修要求而定，一般与门厅或走道的楼地面面层材料一致。常用的有水泥砂浆、水磨石、大理石和缸砖等，如图 5-16 所示。

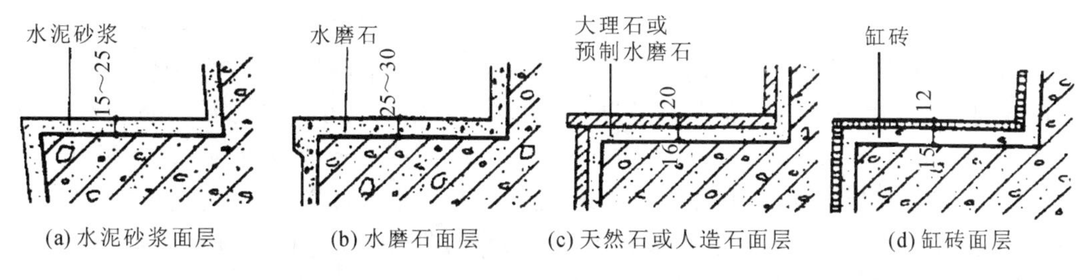

(a) 水泥砂浆面层　(b) 水磨石面层　(c) 天然石或人造石面层　(d) 缸砖面层

**图 5-16　踏步面层构造**

考虑行人在楼梯上的行走安全，为防止行人使用楼梯时滑跌，踏步表面应采取一定的防滑措施，特别是人流量大或踏步面层光滑的楼梯，必须对踏步表面进行防滑处理。通常在踏步近踏口处设防滑条，防滑条采用金刚砂、马赛克、铜条、铜板、铝合金条、塑料条或橡胶条等摩擦阻力较大的材料。也可用带槽的金属材料等包踏口，既防滑又起保护作用。在踏步两端近栏杆

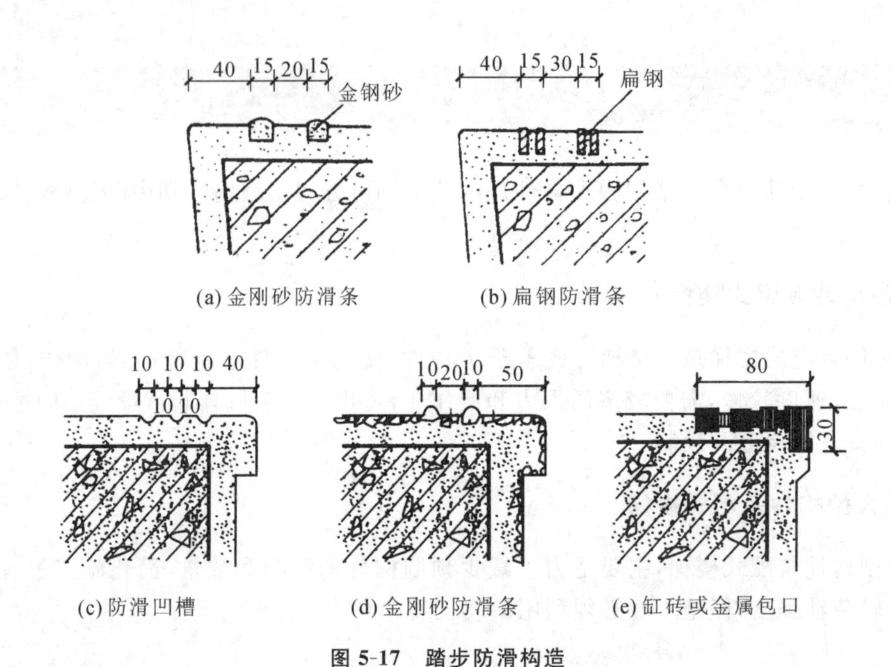


(a) 金刚砂防滑条　(b) 扁钢防滑条

(c) 防滑凹槽　(d) 金刚砂防滑条　(e) 缸砖或金属包口

**图 5-17　踏步防滑构造**

(或墙)处,一般不设防滑条。其常见做法见图 5-17。装修标准较高的建筑,也可采用地毯、防滑塑料或橡胶贴面。

## 二、栏杆和扶手

栏杆扶手是楼梯边沿处的围护构件,具有防护和倚扶功能,并兼起装饰作用。栏杆扶手通常只在楼梯梯段和平台临空一侧设置。梯段宽度达三股人流时,应在靠墙一侧增设扶手,即靠墙扶手;梯段宽度达四股人流时,须在中间增设栏杆扶手。栏杆扶手的设计,应考虑坚固安全、适用、美观等。

**1. 栏杆**

楼梯栏杆有空花栏杆、栏板式栏杆和组合式栏杆三种。

1) 空花栏杆

空花栏杆一般采用圆钢、方钢、扁钢和钢管等金属材料做成,通过榫接、焊接或铆接成一定的图案,从而既起防护作用,又有一定的装饰效果。常用的栏杆断面尺寸为圆钢 $\phi$16 mm～$\phi$25 mm,方钢 15 mm×15 mm～25 mm×25 mm,扁钢(30～50) mm×(3～6) mm,钢管 $\phi$20 mm～$\phi$50 mm。

有儿童活动的场所如幼儿园、住宅等建筑,为了防止儿童穿过栏杆空挡发生危险,栏杆垂直杆件间的净距不应大于 110 mm,且不应采用易于攀登的花饰。空花栏杆的形式如图 5-18 所示。

栏杆与梯段应有可靠的连接,连接方法主要有以下几种。

(1) 预埋铁件焊接:将栏杆的立杆与梯段中预埋的钢板或套管焊接在一起,如图 5-19(a)所示。

(2) 螺栓连接:用螺栓将栏杆固定在梯段上,固定方式有若干种,如用板底螺帽栓紧贯穿踏板的栏杆等,见图 5-19(b)。

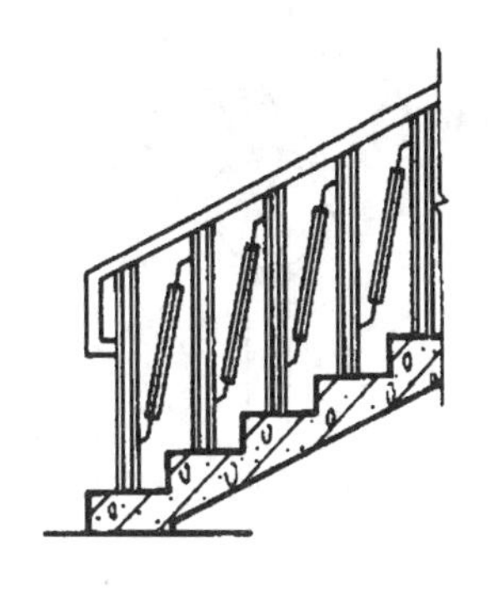

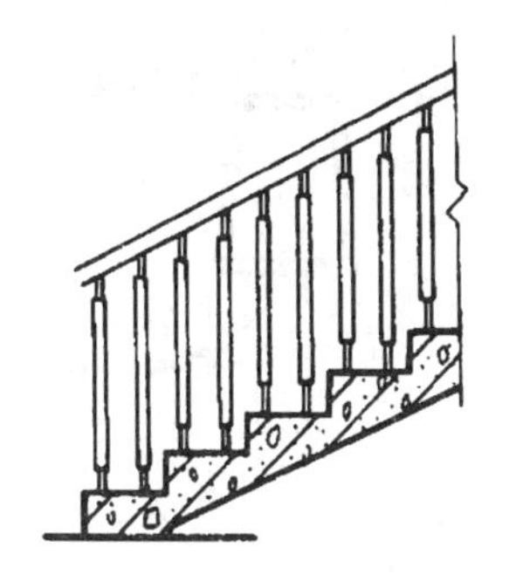

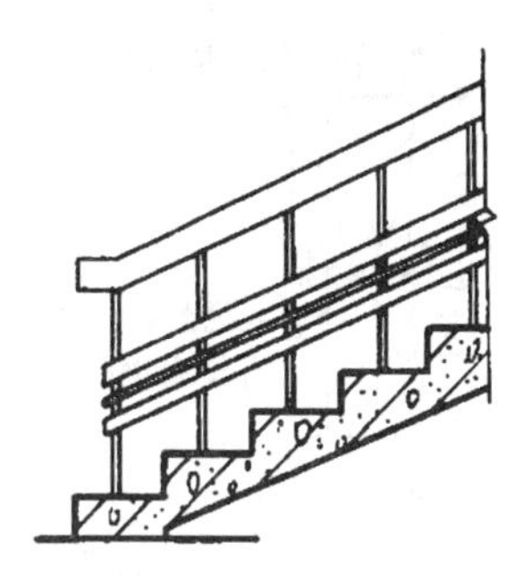

图 5-18　空花栏杆形式示例

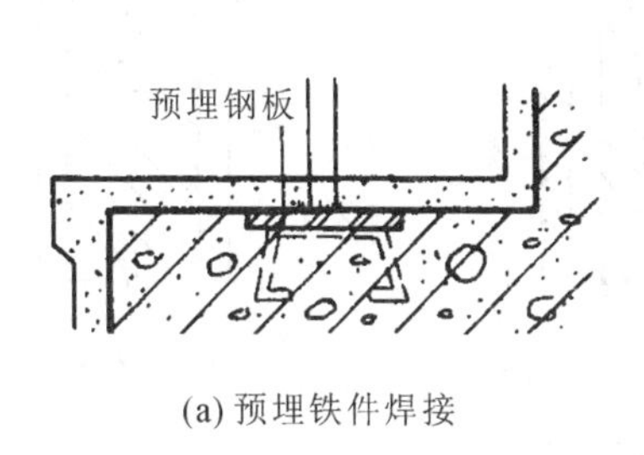


(a) 预埋铁件焊接

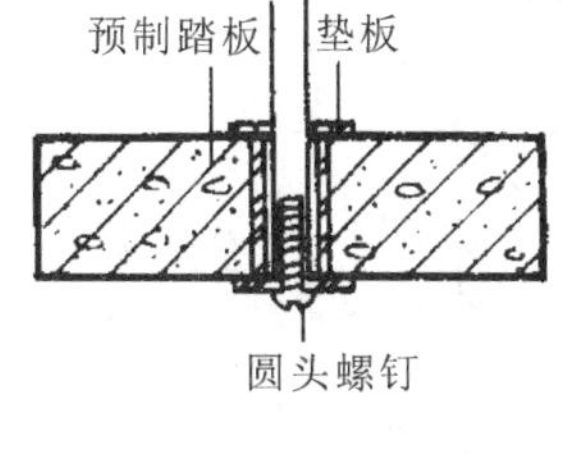


(b) 螺栓连接

图 5-19　栏杆与梯段的连接

2）栏板式栏杆

栏板式栏杆通常采用现浇或预制的钢筋混凝土板、钢丝网水泥板或砖砌栏板，也可采用具有较好装饰性的有机玻璃、钢化玻璃等作栏板。

3）组合式栏杆

组合式栏杆是将空花栏杆与栏板组合而成的一种栏杆形式。空花栏杆多用金属材料制作，栏板可用钢筋混凝土板或砖砌栏板，也可用有机玻璃、钢化玻璃和塑料板等。

**2. 扶手**

扶手位于栏杆顶部。空花栏杆顶部的扶手一般采用硬木、塑料和金属材料制作，其中硬木扶手应用最普遍。当装修标准较高时，可用金属扶手（钢管扶手、铝合金扶手等）。扶手的断面形式和尺寸应便于手握抓牢，扶手顶面宽度一般为 40～90 mm，如图 5-20(a)、(b)、(c)所示。栏板顶部的扶手可用水泥砂浆或水磨石抹面而成，也可用大理石板、预制水磨石板或木板贴面而成，如图 5-20(d)、(e)、(f)所示。

靠墙扶手是通过连接件固定于墙上。连接件通常直接埋入墙上的预留孔内，也可用预埋螺栓连接。连接件与扶手的连接构造同栏杆与扶手的连接。

楼梯顶层的楼层平台临空一侧，应设置水平栏杆扶手，扶手端部与墙应固定在一起。一般在墙上预留孔洞，将连接扶手和栏杆的扁钢插入洞内，用水泥砂浆或细石混凝土填实，也可将扁钢用木螺丝固定于墙内预埋的防腐木砖上。若为钢筋混凝土墙或柱，则可预埋铁件焊接，如图 5-21 所示。

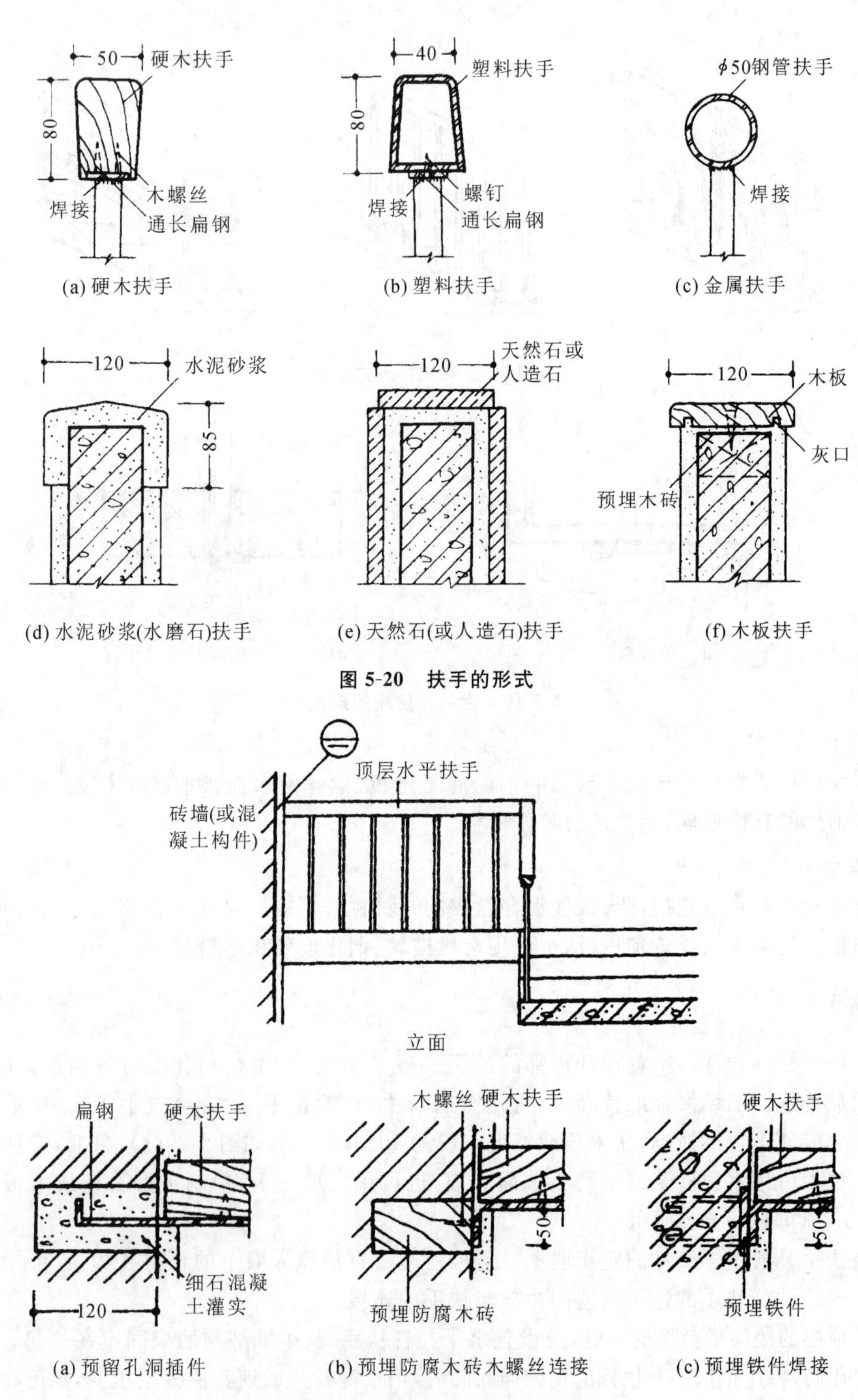


(a) 硬木扶手　(b) 塑料扶手　(c) 金属扶手

(d) 水泥砂浆(水磨石)扶手　(e) 天然石(或人造石)扶手　(f) 木板扶手

**图 5-20　扶手的形式**

(a) 预留孔洞插件　(b) 预埋防腐木砖木螺丝连接　(c) 预埋铁件焊接

**图 5-21　扶手端部与墙(柱)的连接**

# 任务 5 台阶与坡道

垂直交通设施除了楼梯外，还有台阶、坡道以及爬梯等，其他垂直交通设施不能取代楼梯的安全疏散作用。

室外台阶和坡道是建筑物入口处连接室内外不同地面标高之间的交通联系部件。一般较常采用台阶，当有车辆或室内外高差较小时，则采用坡道。

## 一、台阶

台阶主要用于解决建筑物室内外地面或楼层不同标高处的高差。台阶由踏步和平台组成，其踏步尺寸可略宽于楼梯踏步的尺寸，踏步宽度不宜小于 300 mm，踏步高度不宜大于 150 mm。台阶的长度一般大于门的宽度。台阶的形式按照在建筑物中所处位置可分为室内台阶和室外台阶；按照平面形式可分为单面踏步式、三面踏步式、单面踏步带方形石和双面踏步带垂带石等形式。大型公共建筑还可采用可通行汽车的坡道与踏步相结合，形成大台阶，如图 5-22 所示。在人流密集的场所，当台阶高度超过 0.7 m 时，应设有护栏设施。

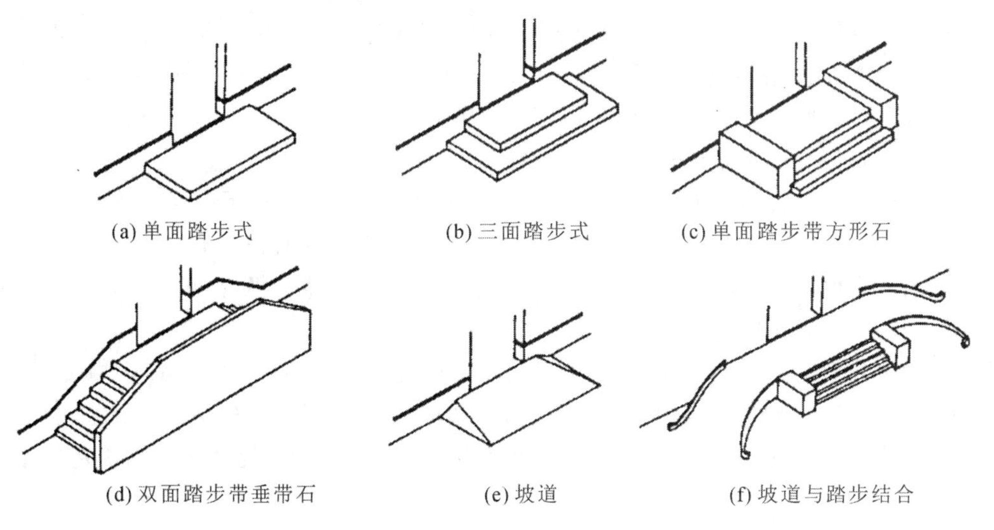


**图 5-22 常用台阶、坡道形式**

台阶的构造与地面相似，包括面层和垫层。面层可以采用地面面层材料（如水泥砂浆、水磨石、缸砖等），北方地区冬季室外地面较滑，台阶表面应较为粗糙。垫层基本上选用混凝土。北方季节性冰冻地区，为避免台阶遭受冻害，在混凝土垫层下加设砂垫层。台阶的构造如图 5-23(a)、(b)、(c)所示。

为了避免沉陷和寒冷地区的土壤冻胀影响，可采用架空式台阶（将台阶支承在梁上或地垄墙上）和分离式台阶（台阶单独支承在独立的地垄墙上）两种处理方式。寒冷地区台阶下为冻胀土，应当用砂类、砾石类土换去冻胀土，以减轻冻胀的影响，然后再做台阶。单独设立的台阶必须与主体分离，中间设沉降缝，以保证相互间的自由升降，如图 5-23(d)、(e)、(f)所示。

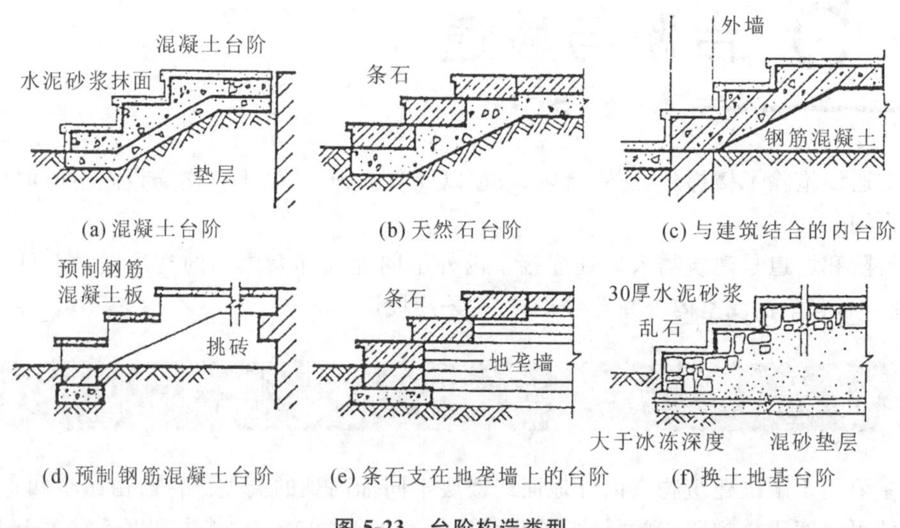


图 5-23 台阶构造类型

## 二、坡道

坡道可分为人行坡道和车行坡道，通常不能混合使用。其坡度过大行人通行不便，坡度过小占地面积大。一般人行坡道坡度为 1∶6～1∶12 左右；室内坡道坡度不宜大于 1∶8，室外不宜大于 1∶10；无障碍坡道坡度不应大于 1∶12；坡道的净宽度不应小于 0.90 m；每段坡道允许高度 0.75 m，允许水平长度 9.0 m，否则应在坡道中间设置深度不小于 1.20 m 的休息平台；在坡道转弯时应设置深度不小于1.50 m的休息平台。

坡道两侧应分别设置高度为 0.65 m 和 0.90 m 的双层扶手，且扶手应保持连贯，在起点和终点处，应水平延伸 0.30 m 以上，当坡道侧面临空时，在栏杆下端宜设置高度不小于 50 mm 的安全挡台。当室内坡度长度超过 15 m 时，宜在坡道的中间设置休息平台，平台的深度与坡道的宽度应按使用功能所需缓冲空间而定。

坡道的构造一般与地面构造相似，坡道材料要采用抗冻性好和表面结实的材料(如混凝土、天然石)等。为了保证行人和车辆的安全，坡道表面应防滑，在坡道表面设置防滑条、防滑锯齿或刷防滑涂料等，同时也应注意冰冻线的位置以及主体建筑沉降的问题。坡道的构造如图 5-24 所示。

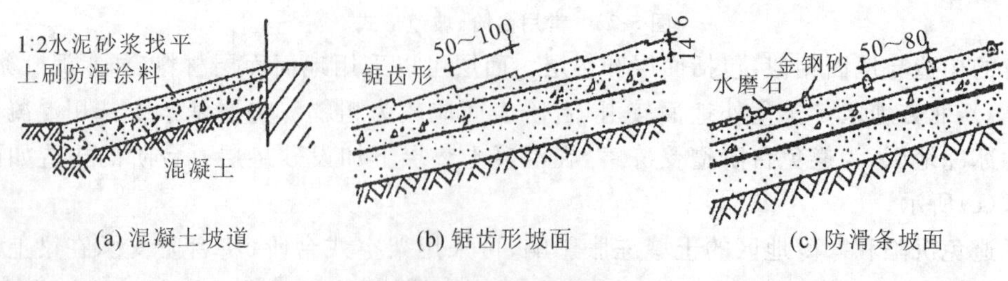


图 5-24 坡道的构造

## 项目小结

(1) 本章介绍了建筑中的垂直交通设施,包括楼梯、台阶、坡道等。一般建筑中,当采用其他形式的垂直交通设施时,也必须设置楼梯。

(2) 楼梯一般由楼梯梯段、楼梯平台、栏杆(栏板)和扶手三部分组成。

(3) 楼梯根据不同的分类依据可以分为不同种类的楼梯,其中根据楼梯的形式不同划分的楼梯形式较为重要。

(4) 楼梯各部分有不同的尺度,主要包括楼梯坡度、踏步尺寸、梯段宽度、梯段长度、平台宽度、梯井宽度、栏杆扶手高度以及楼梯净空高度等内容。

(5) 通过本章的学习,可以根据已知的楼梯间尺寸对楼梯的细部尺寸进行设计与验算,并绘制出相关的楼梯详图。

(6) 钢筋混凝土楼梯按施工工艺的不同可分为现浇整体式楼梯和预制装配式楼梯两大类。其中,现浇整体式钢筋混凝土楼梯根据楼梯段传力的特点不同可以分为板式楼梯和梁板式楼梯两种;预制装配式钢筋混凝土楼梯根据构件尺度的不同可分为小型构件和中、大型构件装配式两大类。

(7) 楼梯的细部构造包括踏步面层和防滑措施、栏杆和栏板、扶手等。

(8) 本章介绍了室外台阶和坡道,室外台阶和坡道是设在建筑物出入口的垂直设施,用于解决建筑物室内外的高差问题。台阶按构造可分为实铺和架空两种。

## 习　题

1. 楼梯的主要作用是什么?由哪几部分组成?

2. 楼梯按不同的分类方式可以分为哪些楼梯?

3. 楼梯梯段宽度有何规定?梯段宽度与平台宽度二者之间尺寸关系如何?

4. 楼梯净空高度有哪些要求?当底层楼梯平台下做通道,净空高度不满足要求时,应该有哪些处理方法?

5. 楼梯栏杆高度有何规定?

6. 现浇整体式钢筋混凝土楼梯的结构形式有哪些?各有什么特点?

7. 预制装配式钢筋混凝土楼梯有哪几种类型?

8. 楼梯踏步面层常用材料有哪些?踏步的防滑措施有哪些?

9. 台阶的平面形式有哪几种?台阶由哪几部分组成?

# 学习情境6

# 屋顶

**教学目标**

(1) 了解屋顶设计任务、屋面排水、屋面防水及屋面保温隔热设计的主要内容。

(2) 重点掌握:卷材防水屋面、刚性防水屋面、涂膜防水屋面的泛水构造,刚性防水屋面分格缝的设置原则及构造。

(3) 能根据防水、排水及保温隔热要求正确绘制平屋顶平面。

# 任务1 概述

## 一、屋顶的组成和要求

### 1. 屋顶组成

屋顶组成包括以下几个部分。

(1) 屋面。

(2) 承重结构。

(3) 保温、隔热层。

- 保温层:在寒冷地区,为防止室内热量透过屋顶散失而设置的构造层。
- 隔热层:炎热地区的夏季,太阳辐射强,为隔绝太阳辐射进入室内而设置的构造层。

(4) 顶棚。

### 2. 屋顶的设计要求

(1) 基本要求:首先是能抵御风、霜、雨、雪的侵袭,应防止雨水渗漏是屋顶的基本功能要求,我国现行的《屋面工程技术规范》(GB 50345—2012)根据建筑物的类别,将屋面划分为两个等级,各等级均有不同的设防要求和防水做法(见表6-1);其次,屋顶应具有良好的保温隔热性能。

**表6-1 屋面防水等级和设防要求、防水做法**

| 项目 | 屋面防水等级 | |
|---|---|---|
| | Ⅰ | Ⅱ |
| 建筑类别 | 重要建筑和高层建筑 | 一般建筑 |
| 设防要求 | 两道防水设防 | 一道防水设防 |
| 防水做法 | 卷材防水层和卷材防水层、卷材防水层和涂膜防水层、复合防水层 | 卷材防水层、涂膜防水层、复合防水层 |

(2) 结构要求:屋顶是房屋的承重结构,应有足够的强度和刚度,以保证房屋的结构安全,并防止因过大的结构变形引起防水层开裂、漏水。

(3) 建筑艺术要求:屋顶是建筑外部形体的重要组成部分,屋顶的形式对建筑的造型极具影响,因此应注重屋顶形式及其细部的设计,以满足人们对建筑艺术方面的需求,如图6-1和图6-2所示。

图 6-1　建筑艺术外观实例(一)

图 6-2　建筑艺术外观实例(二)

## 二、屋顶形式

屋顶形式与建筑的使用功能、屋顶材料、结构类型及建筑造型要求有关，由于这些因素不同，可形成不同形式的屋顶。

### 1. 平屋顶

平屋顶是围护构件，也是承重构件，应具有多方面的功能，在构造上形成多种材料叠合的多层次做法。屋顶有一定的排水坡度，通常将坡度小于5%的屋顶称为平屋顶，如图 6-3 所示。

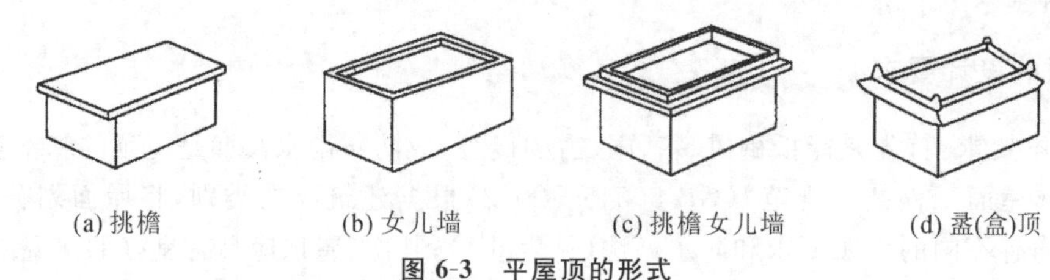


图 6-3　平屋顶的形式

### 2. 坡屋顶

坡屋顶是我国传统的屋面形式，如图 6-4 所示，在民居建筑中广泛采用。某些公共建筑结合景观环境或建筑风格的要求也常采用。其屋面防水材料为小青瓦和平瓦，排水坡度一般为 20°～30°。坡屋顶的实例如图 6-5 和图 6-6 所示。

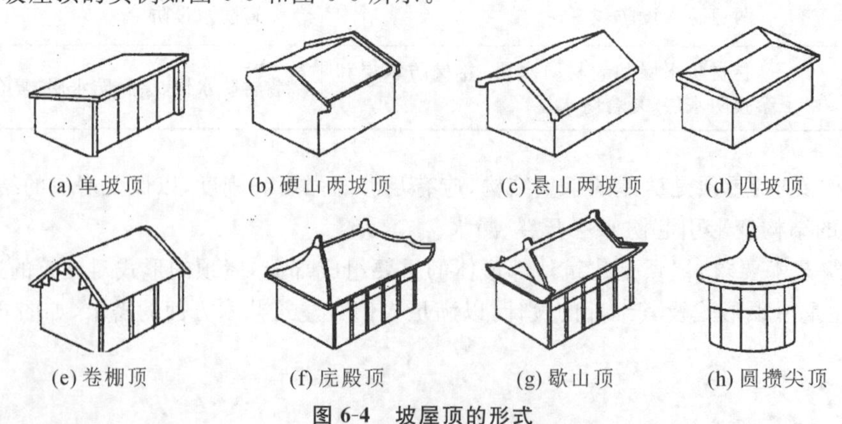


图 6-4　坡屋顶的形式

图 6-5　坡屋顶实例(一)

图 6-6　坡屋顶实例(二)

**3. 其他形式的屋顶**

其他形式的屋顶如球面、曲面、折面等特殊形状的屋顶，如图 6-7 所示。这类屋顶施工复杂，造价较高。其常用于大跨度的公共建筑，如影剧院、体育馆、车站等，如图 6-8、图 6-9 和图 6-10 所示。

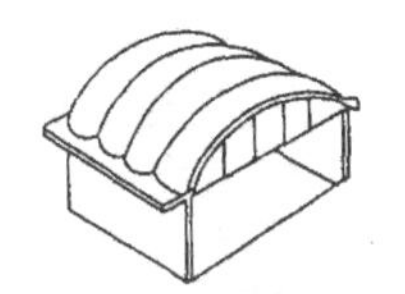

(a) 双曲拱屋顶

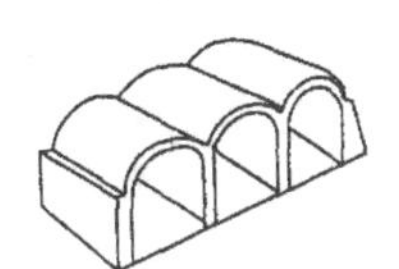

(b) 砖石拱屋顶

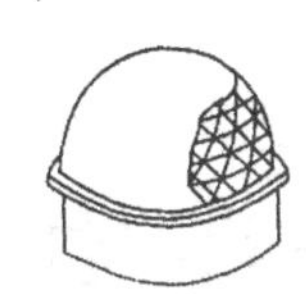

(c) 球形网壳屋顶

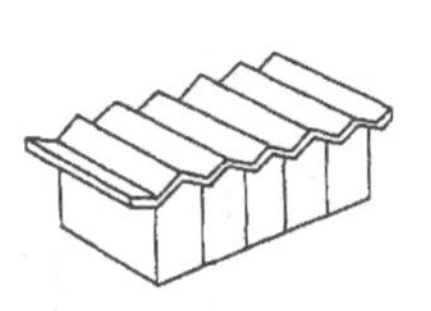

(d) V形网壳屋顶

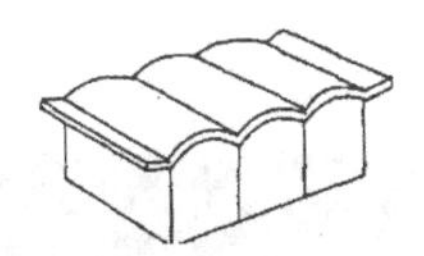

(e) 筒壳屋顶

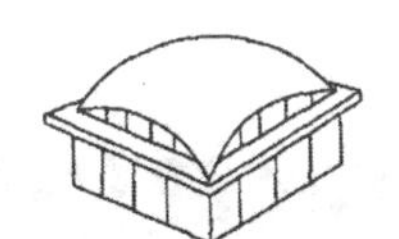

(f) 扁壳屋顶

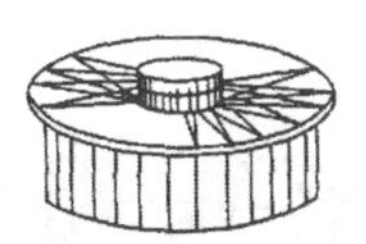

(g) 车轮形悬索屋顶

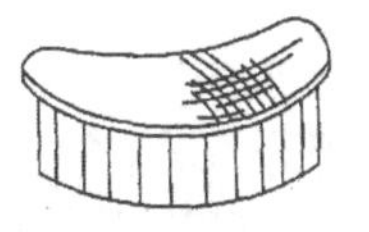

(h) 鞍形悬索屋顶

图 6-7　其他形式的屋顶

图 6-8　其他形式屋顶实例(一)

图 6-9　其他形式屋顶实例(二)

图 6-10　其他形式屋顶实例(三)

## 三、屋面的排水坡度

**1. 坡度的影响因素**

(1) 屋面覆盖材料。屋面覆盖材料的面积越小、接缝越多、厚度越大，屋面排水坡度越大，反之则小。

(2) 雨水量的多少。

(3) 结构形式。

(4) 建筑造型。

**2. 屋面坡度的表示方法**

(1) 角度法。较大的坡度如坡屋顶,常用角度法表示。它是屋面与水平面的夹角,单位为,如 $\alpha=25°$、$30°$等。

(2) 斜率法。斜率法表示的坡度为屋顶斜面的垂直投影高度与水平投影长度之比。

$$坡度\ i = H/L = H:L$$

例如,1∶3、1∶20、1∶50 等,可用于坡屋顶和平屋顶。

(3) 百分比法。百分比法表示的坡度为屋顶斜面的垂直投影高度与水平投影长度的百分比表示。

$$i = (H/L) \times 100\%$$

例如,$i=1\%$、$2\%$、$3\%$等,主要用于平屋顶。

# 任务 2 平屋顶构造

## 一、平屋顶排水

由于平屋顶的屋面坡度小,为了迅速排除屋面雨水,在屋面设计时,应选择适宜的排水坡度、确定排水方式及做好排水的组织设计。

**1. 排水坡度的形成**

平屋顶排水坡度小于 5%,一般可通过两种方法实现,即材料找坡和结构找坡,如图 6-11 所示。

1) 材料找坡(又称垫置坡度)

屋面板水平搁置,在板上用轻质材料垫置坡度,即利用垫置材料在板上的厚度不一,形成一定的排水坡度。

(1) 找坡层位置:位于结构层和保温层之间。

(2) 找坡材料:常用轻质材料如水泥焦渣、石灰炉渣等。若设置保温层,也可用保温材料来垫置坡度。

(3) 优缺点:其优点就是室内可得平整的顶棚;缺点是找坡层会增加屋顶结构的荷载。

(4) 适用范围:适用于排水坡度为 5%以内的平屋顶。

2) 结构找坡(又称搁置坡度)

将屋面板倾斜搁置,利用结构本身起坡至所需坡度,不用在屋面上另加找坡材料。

(1) 优点：省工、省料、构造简单(缺少找坡层)。

(2) 缺点：室内顶棚是倾斜的，使用上不习惯，往往需设吊棚，加以改善。

(3) 适用范围：适用于室内美观要求不高或设有吊顶的建筑，故跨度较大的平屋顶，只能采用结构找坡。

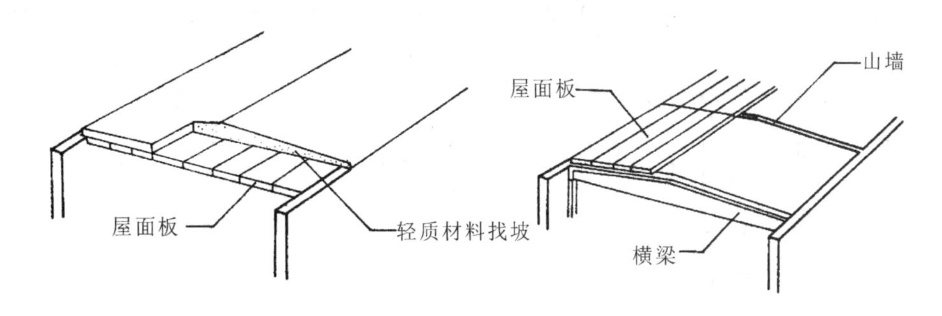


图 6-11 排水坡度的形成

### 2. 平屋顶排水方式的选择

平屋顶排水方式分为无组织排水和有组织排水两大类。

1) 无组织排水(又称自由落水)

无组织的排水是指屋面雨水自由地从檐口滴落至室外地面。

(1) 优点：构造简单、造价低、不易漏雨和堵塞。

(2) 缺点：屋面雨水自由落下会溅湿墙面。

(3) 适用范围：自由落水这种排水方式适用于少雨地区或低层建筑；对于标准较高的低层建筑或临街建筑，不宜采用这种排水方式。

2) 有组织排水

有组织排水的特点：应使屋面流线简捷；檐沟或天沟流水通畅；雨水口负荷适当且布置均匀。有组织排水分为内排水和外排水两种，其优缺点如下。

(1) 优点：将屋面雨水有组织地排至室外地面，避免了檐口落下的雨水污染墙面。

(2) 缺点：若处理不好，易出现堵塞和漏雨，且构造复杂，造价较高。对于建筑物较高或降水丰富地区的建筑应采用有组织排水。

3) 要求

(1) 屋面流水线不宜过大。屋面宽度较小时可做成单坡排水；当屋面宽度较大时，如 12 m 以上宜采用双坡排水。

(2) 雨水的负荷。每个雨水口排除 150～200 $m^2$ 的屋面集水面积。

(3) 檐沟或天沟应做纵向坡度。使沟内雨水迅速排至雨水口，纵坡一般为 0.5%至 1%，用石灰炉渣等轻质材料垫置坡度。

(4) 檐沟宽度。檐沟净宽不小于 200 mm，分水线处最小深度大于 80 mm。

### 3. 有组织排水常用排水方案

有组织排水通常采用檐沟外排水、女儿墙外排水及内排水方案。

1）檐沟外排水

常采用平屋顶挑檐结构形式，如图 6-12 所示。

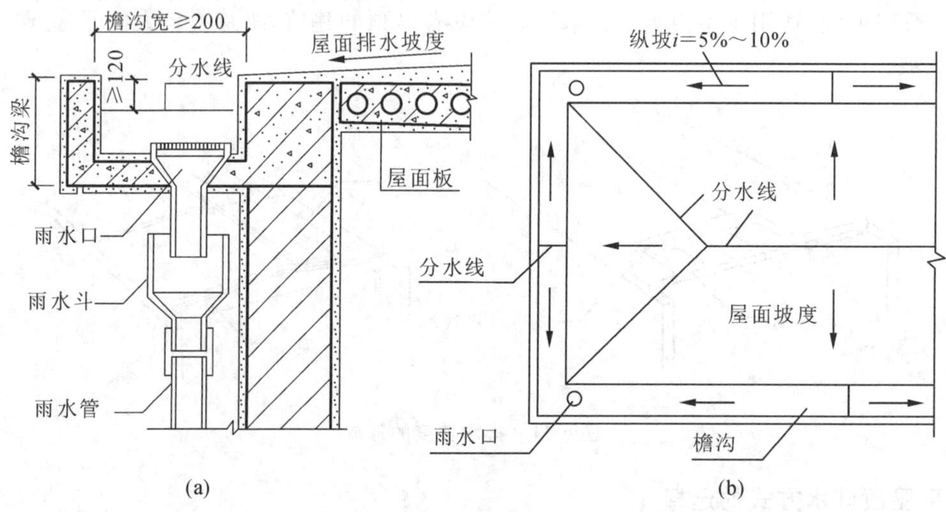


图 6-12　檐沟外排水

2）女儿墙外排水

当房屋周围的外墙升高超过屋面时，形成封檐口，此段墙称为女儿墙。在女儿墙与屋面交接处应做成纵向坡度，用垫坡材料做成坡度为 0.5%～1%，形成自然天沟。平屋顶女儿墙外排水方案施工简便，造价经济，建筑体形简洁，是常用的排水形式，如图 6-13 所示。

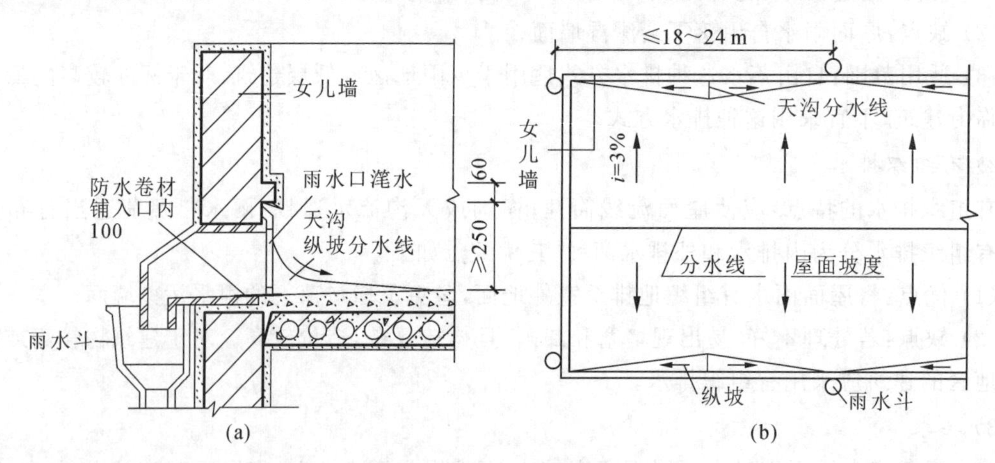


图 6-13　女儿墙外排水

3）内排水

屋面向内倾斜，坡度方向与外排水相反。雨水由屋面天沟汇集，沿天沟纵坡流向雨水口，经雨水口排入室内落水管，经室内地沟排至室外。该种排水方式构造复杂，极易造成渗漏。

适用范围：适用于规模较大的多跨度建筑、高层建筑及严寒地区（冬季易冻结，堵塞落水管，故不宜采用外排水）的建筑。

**4. 确定水落管规格及间距**

（1）水落管材料：常用的有铸铁、镀锌铁皮、塑料、PVC、石棉水泥和陶土等，目前多采用铸铁和塑料水落管。

(2) 水落管的直径:常用的有 50 mm、75 mm、100 mm、125 mm、150 mm、200 mm 等几种规格,一般民用建筑最常用的水落管直径为 100 mm,面积较小的露台或阳台可采用 50 mm 或 75 mm 的水落管。

(3) 水落管的位置:应在实墙面处,雨水口间距 10～18 m,如女儿墙外排水间距一般为不大于 15 m,檐沟外排水间距一般不大于 18 m,管径 100 mm。房屋有高差时,高处屋面集水面积小于 100 $m^2$,可直接排入低跨屋面,但出水口应采取防护措施。高屋面集水面积大于 100 $m^2$,应单独设置水落管自成排水系统,如图 6-14 所示。

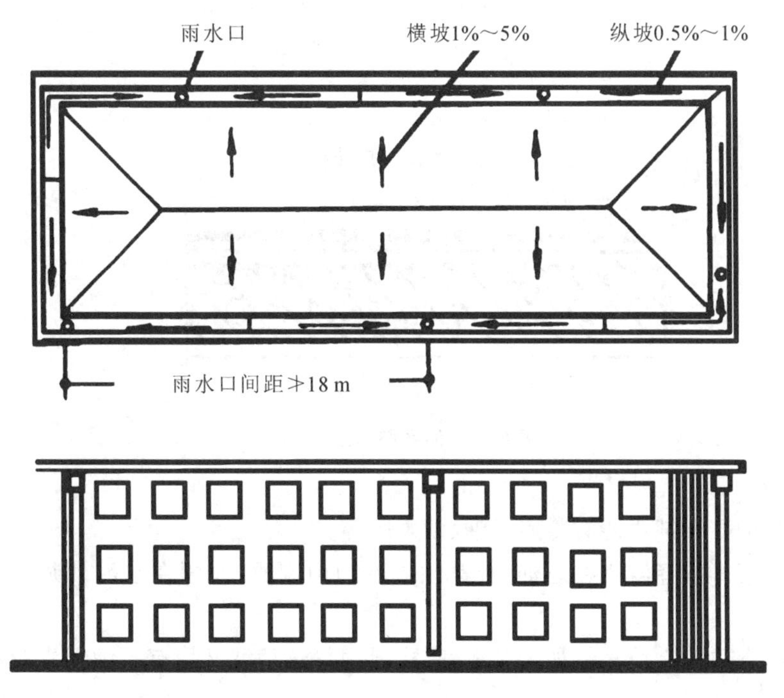


图 6-14　雨水口布置

## 二、平屋顶柔性防水构造

平屋顶防水主要包括柔性防水和刚性防水。柔性防水是指将柔性的防水卷材或片材,用胶结材料粘贴在屋面上,形成一个大面积的封闭防水覆盖层。其具有一定延伸性,能较好地适应结构温度变形,因此称柔性防水屋面,也叫卷材防水屋面。

### 1. 防水材料

1) 卷材

(1) 沥青类防水卷材:传统上用得最多的是纸胎石油沥青油毡。沥青油毡防水屋面的防水层容易产生起鼓、沥青流淌、油毡开裂等问题,从而导致防水质量下降和使用寿命缩短,近年来在实际工程中已较少采用,如图 6-15 所示。

(2) 高聚物改性沥青类防水卷材:高聚物改性沥青类防水卷材是以高分子聚合物改性沥青

为涂盖层，以纤维织物或纤维毡为胎体，以粉状、粒状、片状或薄膜材料为覆面材料制成的可卷曲片状防水材料。

(3) 合成高分子防水卷材。

凡以各种合成橡胶、合成树脂或二者的混合物为主要原料，加入适量化学助剂和填充料加工制成的弹性或弹塑性卷材，均称为高分子防水卷材。

高分子防水卷材具有重量轻，适用温度范围宽(－20～80 ℃)，耐候性好，抗拉强度高([2～18.2 MPa])，延伸率大(大于45%)等优点。

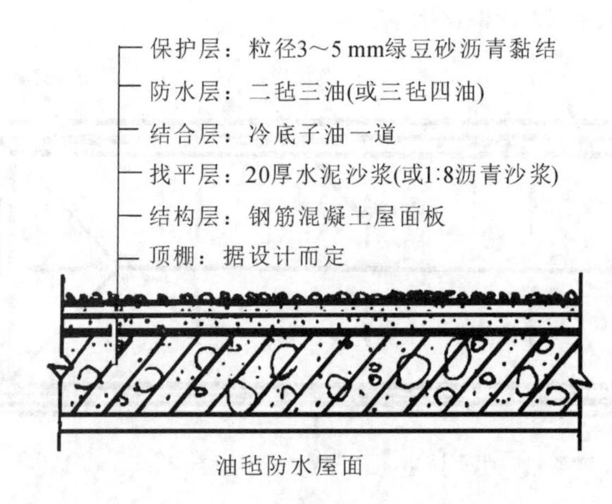


**图 6-15 油毡防水屋面**

2) 卷材黏合剂

用于沥青卷材的黏合剂主要有冷底子油、沥青胶等。

冷底子油是将沥青稀释溶解在煤油、轻柴油或汽油中制成，涂刷在水泥砂浆或混凝土层面作打底用。

沥青胶是在沥青中加入填充料加工制成，有冷、热两种，每种又均有石油沥青胶和煤油沥青胶两种。

**2. 柔性防水屋面构造层次**

1) 结构层

多为钢筋混凝土屋面板，可以是现浇板或预制板。

2) 找坡层

对于水平搁置屋面板，层面排水坡度的形成常采用材料找坡，用 1∶8 的水泥焦渣或石灰炉渣，根据找坡材料的厚度不一，形成排水坡度。

3) 找平层

防水卷材应铺设在平整而坚固的基层上，以避免油毡凹陷或断裂，故在松散的找坡材料上设置找平层，找平层一般采用 20 mm 厚 1∶3 水泥砂浆，也可采用 1∶8 的沥青砂浆。找平层宜留分格缝，缝宽为 20 mm；分格缝应留在预制板支承端的拼缝处，其纵向的最大间距不宜大于 6 m；分格缝上应附加 200～300 mm 的油毡。若在预制屋面板结构找坡层上，因施工铺板难以保证平整，找平层厚度应为 15～30 mm。

4）结合层

结合层的作用是使卷材与基层胶结牢固。沥青类卷材通常用冷底子油作结合层，高分子卷材则多用配套基层处理剂。

5）防水层

沥青卷材防水层，如沥青油毡防水层是由多层油毡和沥青玛𤧛脂交替黏合形成。非永久性的简易建筑屋面防水层采用两层油毡和三层沥青胶，简称二毡三油；一般民用建筑应采用三毡四油，如图 6-16 所示。

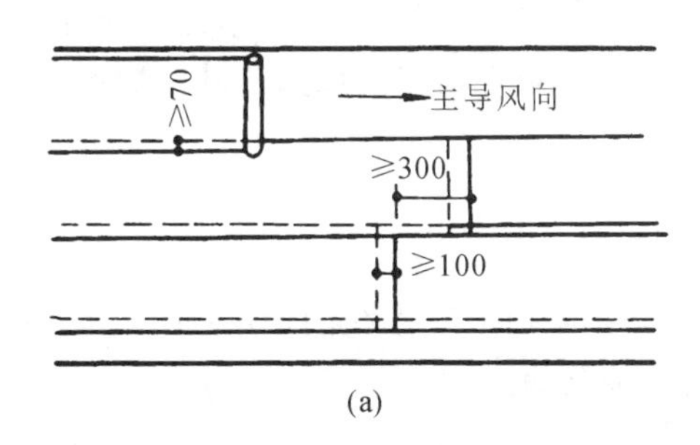

(a)

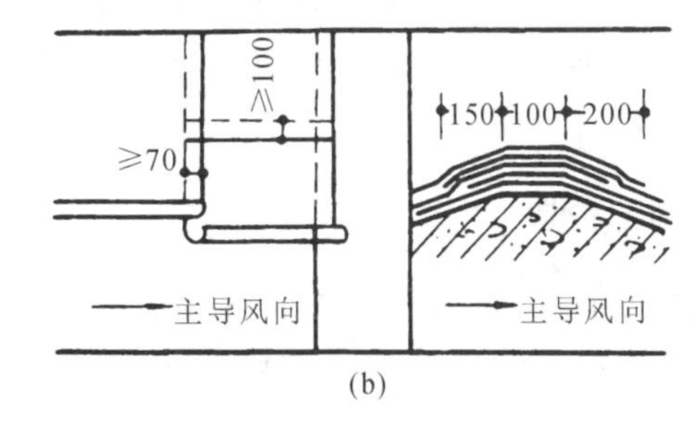

(b)

图 6-16 油毡铺设

高聚物改性沥青防水卷材的铺贴方法有冷粘法及热熔法两种。冷粘法是用胶黏剂将卷材粘贴在找平层上，或利用某些卷材的自黏性进行铺贴。

高分子卷材防水层的铺贴方法以三元乙丙卷材防水层为例来介绍。三元乙丙是一种常用的高分子橡胶防水卷材，其构造做法是：先在找平层（基层）上涂刮基层处理剂（如 CX-404 胶等），要求薄而均匀，待处理剂干燥不粘手后即可铺贴卷材。卷材一般应由屋面低处向高处铺贴。卷材可平行或垂直于屋脊方向铺贴。屋面坡度与油毡铺贴方法的关系见表 6-2。防水屋面的实例如图 6-17 所示。

表 6-2 屋面坡度与油毡铺贴方法的关系

| 屋面坡度 | 油毡铺贴方法 |
|---|---|
| 小于 3% | 平行于屋脊 |
| 3%～5% | 平行或垂直于屋脊 |
| 大于 15%或屋面易受震动 | 垂直于屋脊 |

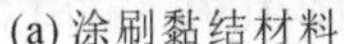
(a) 涂刷黏结材料

(b) 铺设防水卷材

图 6-17 防水屋面实例

6）保护层

（1）不上人屋顶保护层做法。上撒粒径为3～5 mm的小石子，称为绿豆砂作保护层。小石子要求耐风化、颗粒均匀、色浅，可反射太阳辐射，降低屋面温度，价格较低。绿豆砂施工时应预热，温度为100 ℃左右，趁热铺撒，使其与沥青黏结牢固。

（2）上人屋顶保护层做法。上人屋顶保护层起着双重作用，既保护油毡，又是地面面层，因此要求平整耐磨。

① 现浇细石混凝土保护层厚30～40 mm，每2 m留一条分格缝，缝内嵌油膏或沥青。

② 铺贴块材保护层用水泥砂浆或干砂铺，块材为预制混凝土板、大阶砖、水泥花砖、缸砖等。

③ 架空保护层用砖砌砖墩，用砂浆铺设预制混凝土板，板上勾缝或抹面。其保护效果较好，但自重大，造价较高，故采用不多。

**3. 细部构造**

油毡屋面防水层是一个大面积、封闭的整体。如果在屋顶上开设孔洞，有管道穿出屋面，或屋顶四周边缘封闭不牢，都会破坏油毡屋面的整体性，成为防水的薄弱环节，造成渗漏。因此必须对这些细部进行构造处理。

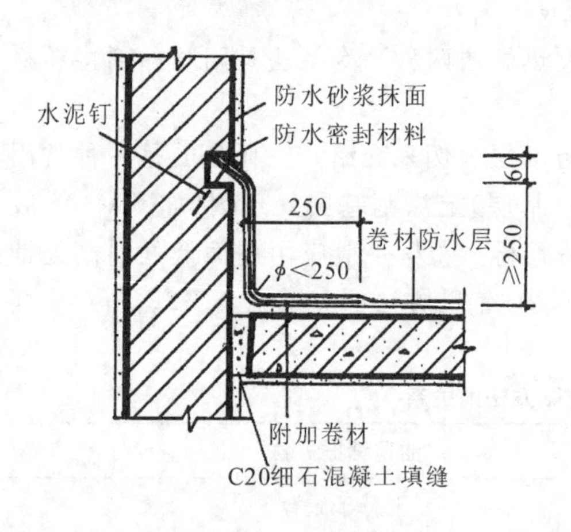


**图6-18　泛水收头**

1）泛水构造

泛水是指屋面与垂直墙面相交处的防水处理。例如，女儿墙、山墙、烟囱、变形缝、高低屋面的墙面与屋面交接处，均需进行泛水构造处理，防止交接缝出现漏水，如图6-18所示。

泛水的构造要点和做法如下。

（1）泛水高度：泛水处于迎水面时，其高度不小于250 mm。

（2）将屋面油毡铺至垂直墙面上，形成油毡泛水，并加铺一层油毡。

（3）泛水处抹成圆弧形，圆弧半径$R$=50～100 mm。

（4）做好油毡收头处理。

（5）做好油毡收头盖缝处理。

2）檐口构造

挑檐口按形式可分无组织排水和檐沟外排水。其防水构造的要点是做好油毡的收头，使屋顶四周的油毡封闭，避免雨水侵入。

（1）无组织排水檐口构造。

檐口的收头通常采用油膏嵌实，上洒绿豆砂保护层，檐口抹滴水浅，使雨水迅速垂直落下。因油膏有一定弹性，可适应油毡的温度变化，不可用砂浆等硬性材料。

（2）檐沟外排水檐口构造。

挑檐沟的油毡收头处理，一般在檐沟边缘预留钢筋将油毡压住，再用砂浆或油膏盖缝。此外，在檐沟内加铺一层油毡，增强防水性能；将沟内转角处水泥砂浆抹成圆弧形，防止油毡折断；

抹好檐沟外侧滴水，如图 6-19 所示。

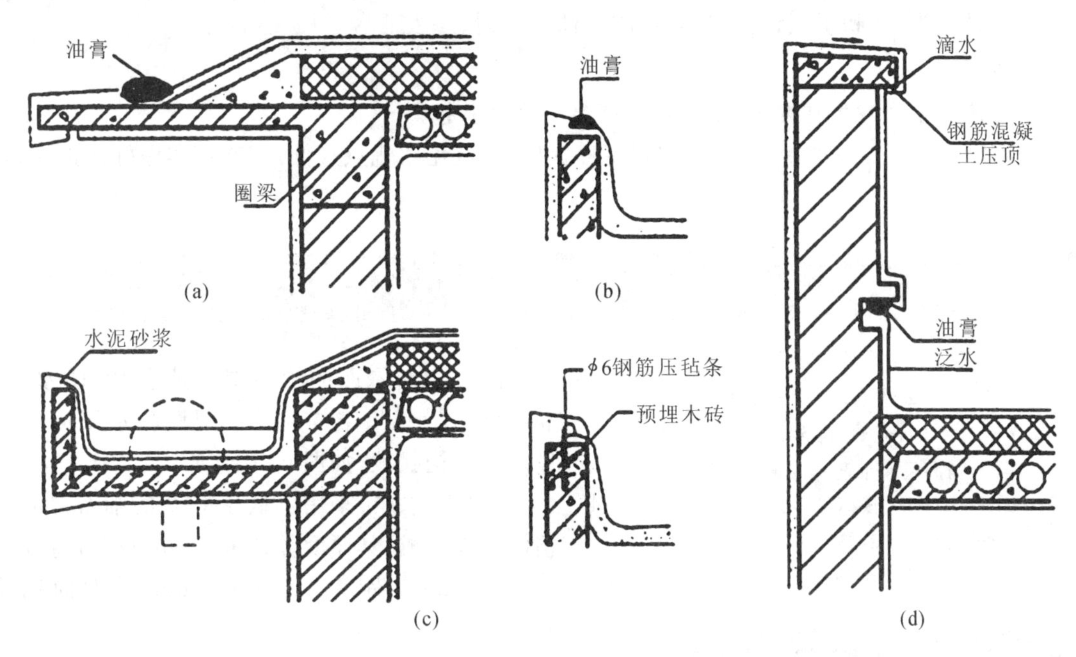


**图 6-19　檐沟外排水檐口构造**

3）雨水口构造

雨水口构造是指在檐口或天沟上开设洞口，通过雨水口构件，使屋面雨水排至雨水管。对雨水口的要求为：排水通畅，防止渗漏和堵塞。

### 4. 油毡屋面质量问题及改进措施

1）油毡鼓泡

(1) 鼓泡原因。

油毡防水层下面存有水分，经夏季太阳照射，高温使水分蒸发成气体，水蒸气在油毡下体积膨胀形成气泡。

水分来源：① 室内水蒸气渗透过屋面结构层；② 施工过程中留下的，如水泥砂浆找平层未干燥，或找坡层潮湿而残留的水分。

(2) 改进措施。

① 施工措施：控制施工用水量，等找平层干燥后方能做油毡防水层，并保证找坡层干燥，避免雨季施工。

② 构造措施：通常采用排气空铺油毡，即第一层热沥青不满刷，将其刷成点状或条状，使油毡与基层不完全黏合，让气体有流动的间隙，并在屋面适当位置设排气管，使水蒸气排除。这种措施主要用于屋面较大或设有保温层时采用。

2）油毡开裂

油毡开裂包括规则开裂和不规则开裂两类。

(1) 规则开裂：此种开裂最为严重，裂缝位置在屋面板的支承端，由结构层受力变形所致。

其改进措施为：① 增加强屋面板的刚度；② 屋面板支承端干铺油毡。

(2) 不规则开裂:主要是找平层开裂引起。

改进措施为:在找平层设分格缝,可减少油毡开裂。

3) 沥青流淌

沥青流淌主要发生在夏季,由沥青在高温下熔化引起。

改进措施为:① 在熬制沥青时,控制沥青软化点(避免软化点过低);② 切实做好保护层,防止沥青流淌。

## 三、刚性防水屋面

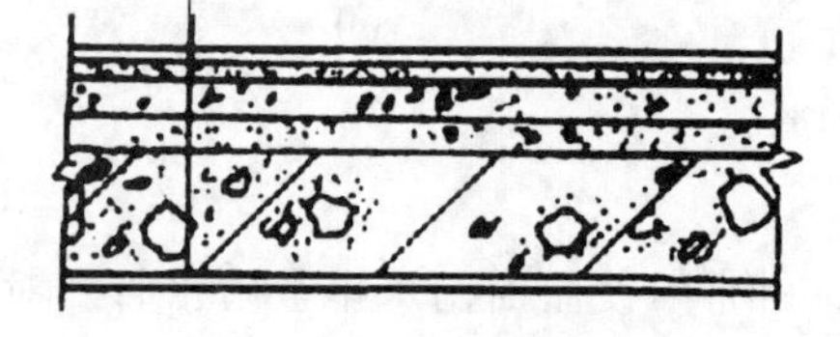


图 6-20 刚性防水屋面

刚性防水屋面的构造层一般包括:防水层、隔离层、找平层、结构层等。刚性防水屋面应尽量采用结构找坡,如图 6-20 所示。

(1) 防水层:采用不低于 C20 的细石混凝土整体现浇而成,其厚度≮40 mm,并应配置直径为 $\phi4\sim\phi6$ mm 间距为 100~200 mm 的双向钢筋网片。

(2) 隔离层:隔离层位于防水层与结构层之间,其作用是减少结构变形对防水层的不利影响。可采用铺纸筋灰、低标号砂浆,或在薄砂层上干铺一层油毡等做法。

(3) 找平层:当结构层为预制钢筋混凝土板时,其上应用 1∶3 水泥砂浆做找平层,厚度为 20 mm。若屋面板为整体现浇混凝土结构时则可不设找平层。

(4) 结构层:屋面结构层一般采用预制或现浇的钢筋混凝土屋面板。

## 四、涂膜防水屋面

涂膜防水屋面是用防水材料刷在屋面基层上,利用涂料干燥或固化以后的不透水性来达到防水的目的。涂膜防水主要适用于防水等级为Ⅲ、Ⅳ级的屋面防水,也可用于Ⅰ、Ⅱ级屋面多道防水设防中的一道防水,见表 6-3。

涂膜防水材料的分类:按其溶剂或稀释剂的类型可分为溶剂型、水溶性、乳液型等种类;按施工时涂料液化方法的不同则可分为热熔型、常温型等种类。

表 6-3 涂料屋面构造的层次

| 涂料屋面构造的层次 | |
|---|---|
| 找平层 | 在屋面板上用 1∶2.5~1∶3 的水泥砂浆做 15~20 mm 厚的找平层并设分格缝,分格缝宽 20 mm,其间距≯6 m,缝内嵌填密封材料。 |
| 底涂层 | 将稀释涂料(防水涂料:0.5~1.0 的离子水溶液=6∶4 或 7∶3)均匀涂布于找平层上作为底涂,干后再刷 2~3 度涂料。 |

续表

| 涂料屋面构造的层次 | |
|---|---|
| 中涂层 | 中涂层要铺贴玻纤网格布，有干铺和湿铺两种施工方法：在已干的底涂层上干铺玻纤网格布，展开后加进行粘固定，当铺过两个纵向搭接缝以后依次涂刷防水涂料2～3度，待涂层干后按上述做法铺第二层网格布，然后再涂刷1'2度。 |
| 面层 | 面层根据需要可做细砂保护层或涂覆着色层。细砂保护层是在未干的中涂层上抛撒20厚浅色细砂并辊压，着色层可使用防水涂料或耐老化的高分子乳液作黏合剂，加上各种矿物养料配制成成品着色剂，涂布于中涂层表面。 |

# 任务3 坡屋顶构造

## 一、承重结构

瓦屋面的承重结构一般可分为桁架结构、梁架结构和山墙承檩三种。

瓦屋面按屋面基层的组成方式也可分为有檩和无檩体系两种。无檩体系是将屋面板直接搁在山墙、屋架或屋面梁上，瓦主要起造型和装饰的作用。在有檩体系中，檩条常用木材、型钢或钢筋混凝土制作。木檩条的跨度一般在4 m以内，断面为矩形或圆形。钢筋混凝土檩条的跨度一般为4 m。其断面有矩形、T形和L形等。

屋架可用木、钢筋混凝土制作。

## 二、平瓦屋面

瓦屋面的防水层即为各种瓦材。瓦屋面的名称随瓦的种类而定，如平瓦屋面、小青瓦屋面、石棉水泥瓦屋面等，如图6-21所示。

平瓦一般由黏土浇结而成。瓦宽230 mm，长380～420 mm，瓦的四边有榫和沟槽。

平瓦屋面的做法。根据基层的不同，有三种常见做法：冷摊瓦屋面、木(或混凝土)望板瓦屋面、钢筋混凝土挂瓦板瓦屋面。平瓦屋面的坡度不宜小于1∶2(约26°)，多雨地区还应酌情加大，如图6-22所示。

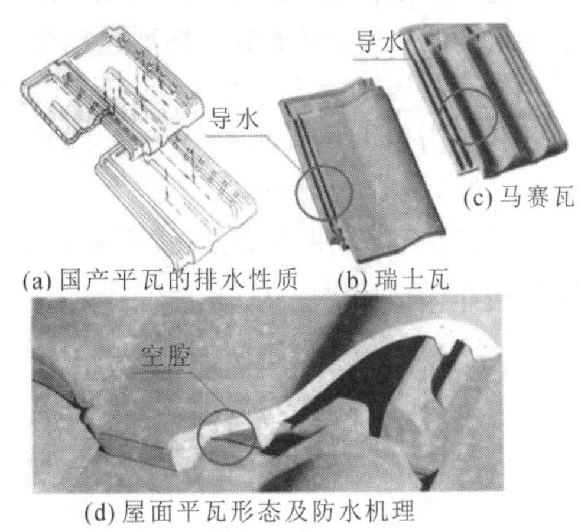

(a) 国产平瓦的排水性质　(b) 瑞士瓦　(c) 马赛瓦

(d) 屋面平瓦形态及防水机理

图6-21　平瓦屋面

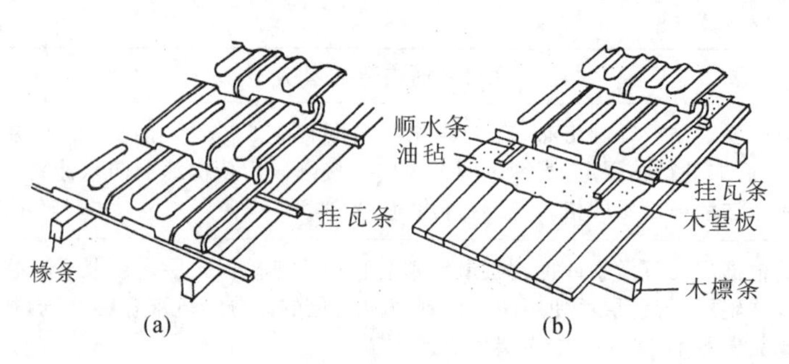


图 6-22　平瓦屋面的做法

## 三、金属瓦屋面

图 6-23　金属瓦屋面

金属瓦屋面是用镀锌铁皮或铝合金瓦做防水层的一种屋面，主要用于大跨度建筑的屋面。彩色压型钢板屋面简称彩板屋面，根据彩板的功能构造可分为单层彩板和保温夹芯彩板，如图 6-23 所示。

### 1. 单彩板

单彩板屋面大多数将彩板直接支承于檩条上，一般为槽钢、工字钢或轻钢檩条。檩条间距视屋面板型号而定，一般为 1.5～3.0 m。

屋面板的坡度大小与降雨量、板型、拼缝方式有关，一般不小于 3°。

### 2. 保温夹芯板屋面

保温夹芯板是由彩色涂层钢板作表层，不燃材料作芯材，通过加压加热固化制成的夹芯板。

保温夹芯板屋面坡度为 1/6～1/20，在腐蚀环境中屋面坡度应≥1/12。

(1) 保温夹芯板板缝处理。

夹芯板与配件及夹芯板之间，全部采用铝拉铆钉连接，铆钉在插入铆孔之前应预涂密封胶，拉铆后的钉头用密封胶封死。顺坡连接缝及屋脊缝以构造防水为主，材料防水为辅；横坡连接缝采用顺水搭接，防水材料密封，上下两块板均应搭在檩条支座上，屋面坡度≤1/10 时，上下板的搭接长度为 300；屋面坡度>1/10 时，上下板的搭接长度为 200。

(2) 保温夹芯板檩条布置。

一般情况下，应使每块板至少有三个支承檩条，以保证屋面板不发生挠曲。在斜交屋脊线处，必须设置斜向檩条，以保证夹芯板的斜端头有支承，如图 6-24 所示。

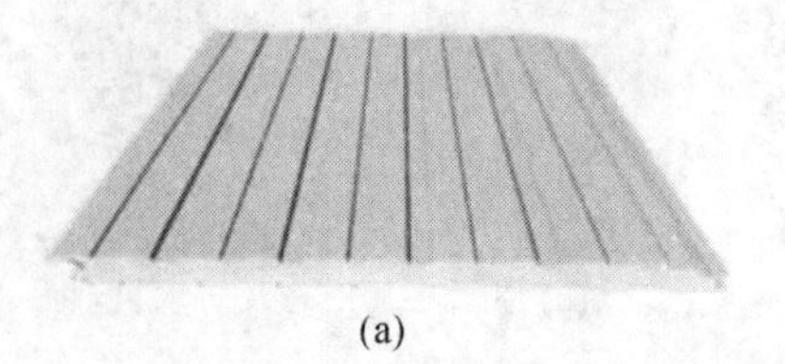

(a)

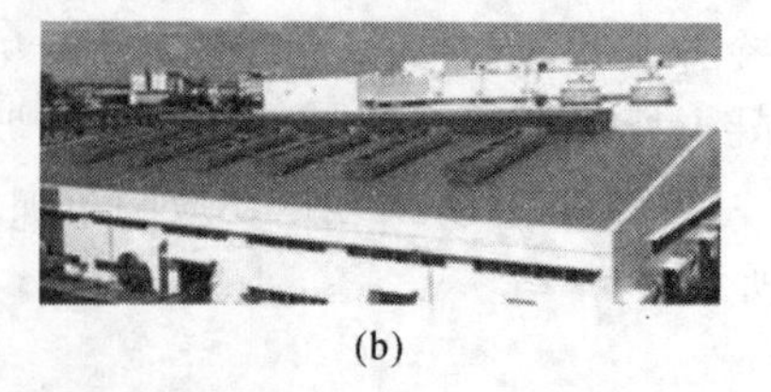

(b)

图 6-24　保温夹芯板屋面檩条设置

# 任务 4 屋顶保温与隔热

## 一、屋顶保温

在寒冷地区或装有空调设备的建筑中，屋顶应设计成保温屋顶。为了提高屋顶的热阻，需要在屋顶中增加保温层。

### 1. 保温材料

保温材料应具有吸水率低、导热系数较小并具有一定的强度等性能。

屋面保温材料一般为轻质多孔材料，分为以下三种类型。

(1) 松散保温材料：堆积密度应小于 300 $kg/m^3$，导热系数应小于 0.14 W/m · K，常用的有膨胀蛭石(粒径 3～15 mm)、膨胀珍珠岩、矿棉、炉渣等。

(2) 整体保温材料：常用水泥或沥青等胶结材料与松散保温材料拌和，整体浇筑。例如，水泥炉渣、沥青膨胀珍珠岩、水泥膨胀蛭石等。

(3) 板状保温材料：如加气混凝土板、泡沫混凝土板、膨胀珍珠岩板、膨胀蛭石板、矿棉板、岩棉板、泡沫塑料板、木丝板、刨花板、甘蔗板等。

### 2. 屋顶保温层的位置

根据结构层、防水层和保温层所处的位置不同，有下面几种情况，如图 6-25 所示。

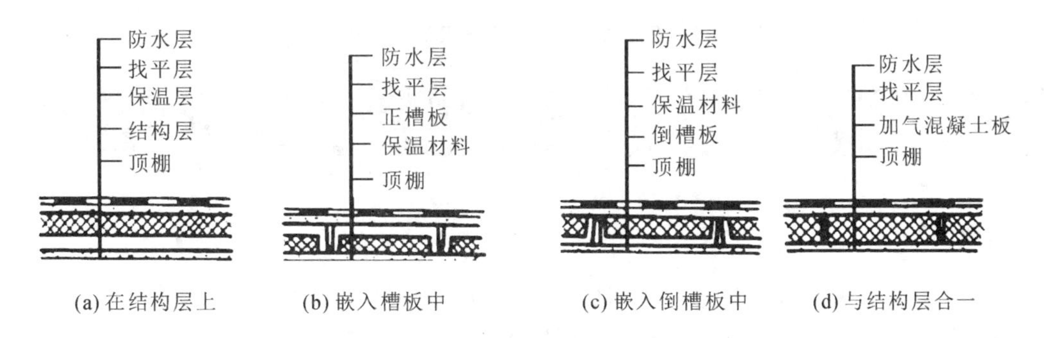


图 6-25 屋顶保温层位置

(1) 保温层位于防水层与结构层之间成为封闭的保温层，称为正铺法。此做法构造简单、施工方便，被广泛采用。

(2) 保温层与结构层组合成复合板材既是保温构件，又是结构构件。

① 槽形板内设置保温层。槽形板可正铺，则保温层在结构层下。其易产生凝结水，将降低保温效果。槽形板可倒铺，则保温层在结构层上。

② 保温材料与结构层融为一体。例如，加气的钢筋混凝土屋面板，既承重、又保温。但因板的承载力低，仅适用于不上人屋顶。

(3) 保温层设置在防水层上成为敞露的保温层，又称为倒置式。

### 3. 排气道

为了解决排除水蒸气的问题，需要在保温层中设排气道，排气道内用大粒径炉渣填塞，既可让水气在其中流动，又可保证防水层的基层坚实可靠。同时，找平层内也在相应位置留槽做排气道，并在其上干铺一层油毡条，用玛碲脂单边点贴覆盖。排气道在整个层面应纵横贯通，并应与大气连通的排气孔相通，如图6-26所示的是几种排气孔的做法示意。排气孔的数量应根据基层的潮湿程度确定，一般每36 m² 设置一个。

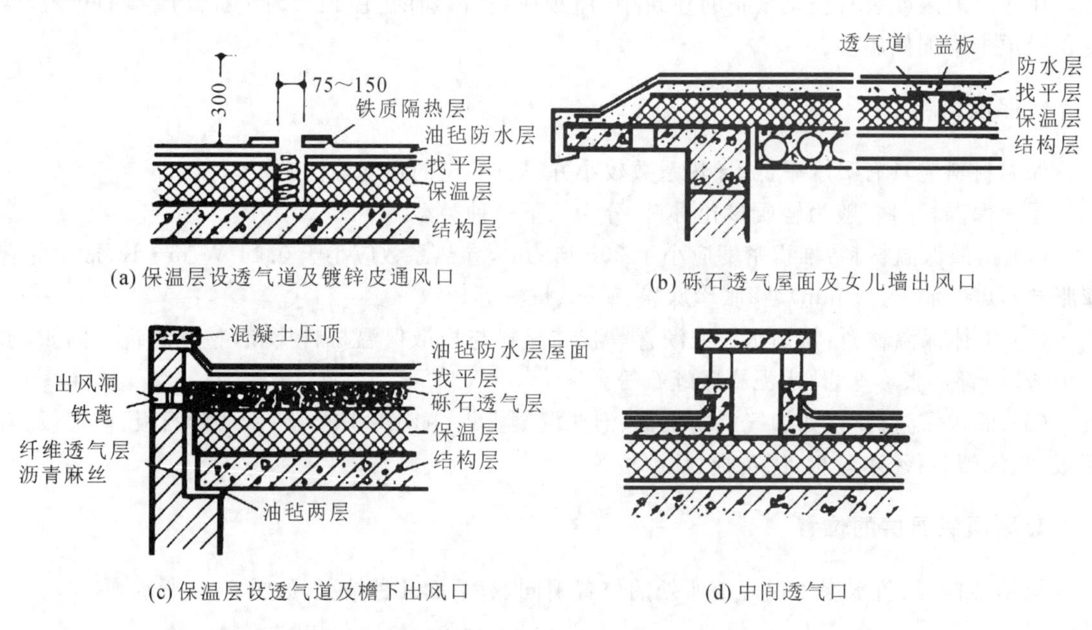


图6-26 保温层内设置透气道及通风口构造

## 二、平屋顶的隔热

### 1. 通风隔热

通风隔热就是在屋顶设置架空通风间层，使其上层表面遮挡阳光辐射，同时利用风压和热压作用使间层中的热空气被不断带走。通风间层的设置通常有两种方式：① 在屋面上做架空通风隔热间层；② 利用吊顶棚内的空间做通风间层。

架空通风隔热间层设于屋面防水层上，其隔热原理是：一方面利用架空的面层遮挡直射阳光；另一方面架空层内被加热的空气与室外冷空气产生对流，将层内的热量源源不断地排走。

架空通风层通常用砖、瓦、混凝土等材料及制品制作。

顶棚通风隔热，在设计中应注意满足下列要求：① 必须设置一定数量的通风孔，使顶棚内的空气能迅速对流；② 顶棚通风层应有足够的净空高度，应根据各综合因素所需高度加以确定，仅作通风隔热用的空间净高一般为500 mm左右；③ 通风孔须考虑防止雨水飘进；④ 应注意解决好屋面防水层的保护问题。

**2. 屋顶蓄水隔热**

蓄水屋面与普通平屋顶防水屋面的不同之处是增加了一壁三孔。所谓一壁是指蓄水池的仓壁，三孔是指溢水孔、泄水孔、过水孔。

**3. 种植隔热屋面**

种植隔热屋面的原理是：在平屋顶上种植植物，借助栽培介质隔热及植物吸收阳光进行光合作用和遮挡阳光的双重功效来达到降温隔热的目的。一般种植隔热屋面是在屋面防水层上直接铺填种植介质，栽培植物，如图6-27所示。

(a)

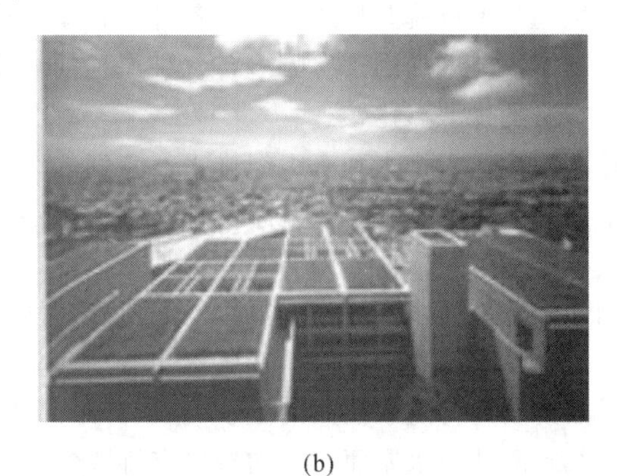

(b)

**图6-27　种植隔热屋面**

**4. 蓄水种植隔热屋面**

蓄水种植隔热屋面一般是将种植屋面与蓄水屋面结合起来，如图6-28所示。

(a)

(b)

**图6-28　蓄水种植隔热屋面**

## 项目小结

本项目介绍了屋顶的类型，尤其是介绍了常见屋顶的类型，了解屋顶设计任务、屋面排水、屋面防水及屋面保温隔热设计的主要内容，影响屋面坡度的因素及屋面的坡度范围，以及坡屋顶的组成、承重结构、屋面盖料和檐口构造。

## 习　题

1.屋顶的外形有哪些形式？注意各种形式屋顶的特点及适用范围。

2.影响屋顶坡度的因素有哪些？各种屋顶的坡度值是多少？屋顶坡度的形成方法有哪些？注意各种方法的优缺点比较。

3.什么叫无组织排水和有组织排水？它们的优缺点和适用范围是什么？

4.常见的有组织排水方案有哪几种？各适用于何种条件？

5.屋顶排水组织设计的内容和要求是什么？

6.如何确定屋面排水坡面的数目？如何确定雨水管和雨水口的数量及尺寸规划？

7.绘图说明卷材防水屋面构造层次。

8.绘图说明卷材防水屋面的泛水、檐口等细部构造的要点是什么？

9.什么是刚性防水屋面？其构造层有哪些？为什么要设置隔离层？

10.刚性防水屋面什么容易开裂？可以采取哪些措施预防开裂？

11.什么是分仓缝？为什么要设分仓缝？应设置在哪些部位？

12.什么是涂膜防水屋面？

13.瓦屋面的承重结构系统有哪几种？注意根据不同的屋顶形式来进行承重结构的布置，注意屋架和檩的经济跨度值。

14.什么是坡屋顶？坡屋顶的承重结构系统有哪些？

15.平屋顶隔热、降温构造有哪几种？每种做法有何优缺点？

## 技能实训

### 屋顶构造设计

一、目的要求

通过本设计了解和掌握民用建筑屋顶构造设计的程序、内容和深度，使学生对屋顶设计施工图的性质和内容有较完整的了解。通过学习，具备设计和绘制小型民用建筑的屋顶施工图的能力。

二、设计条件

根据墙体构造设计任务书中的某中学教学楼平、立、剖面图完成该教学楼屋顶平面的构造设计。本次设计中要求教学楼中的两个楼梯间都上屋顶，女儿墙高500。

三、设计内容及深度

本设计用2#图纸一张，应完成以下内容。

1.屋顶平面图(1∶100)

(1) 进行屋顶平面环境布置(需要考虑屋面种植或蓄水)、标注上人屋面室内外标高、建筑层数等，标注三道尺寸(即总尺寸、轴线尺寸、平面布置尺寸)。

(2) 设计屋面排水系统，标注各部位标高。

(3) 将局部屋面分层揭开，逐层表示构造层次，标注材料及做法。若采用刚性防水屋面，还需要画出屋面分格缝。

(4) 标注屋顶各部位的尺度、做法(可引自当地的标准图集)。

(5) 在屋顶相关位置引出屋面详图出处。

2.屋面详图2～3个(1∶10～1∶20)

详图可选择泛水构造、雨水口构造、屋面出入口构造以及与蓄水或种植屋面相关的构造节点。

学习情境 7

# 门与窗

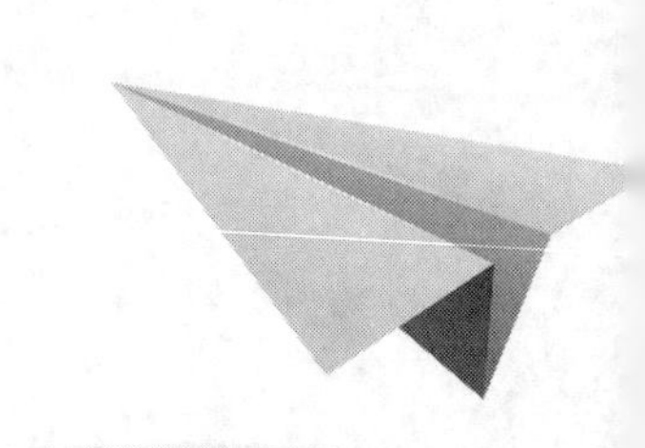

## 教学目标

(1) 了解门与窗的类型、特点和构造。

(2) 理解门与窗的构造理论及正确选用与识读标准图的方法，掌握门窗与墙体的连接构造。

# 任务1 门窗概述

### 1. 采光及通风要求

门窗应选择适当的形式与面积来保障采光及通风要求。其中，长方形窗构造简单，采光数值和采光均匀性方面最佳。

采光面积为窗户面积与地板面积之比，见表7-1。

表7-1　常用建筑的采光面积

| 类别 | 房间类型 | 采光面积 |
| --- | --- | --- |
| 一般居住建筑 | 起居室 | 1/7 |
| | 卧室 | |
| 公共建筑 | 学校 | 1/5 |
| | 医院手术室 | 1/2～1/3 |
| | 辅助房间 | 1/12 |

### 2. 密闭性能和热工性能方面的要求

采用合适的门窗材料及改进门窗的构造方式。

### 3. 使用和交通安全方面的要求

门窗的数量、大小、位置、开启方向均会涉及到建筑的使用安全。

### 4. 在建筑视觉效果方面的要求

可以根据不同风格和尺寸进行建筑门窗制作，使其在视觉效果上更加具有装饰效果。

### 5. 常用门窗材料

● 木质门：多用于室内，易于加工，感官效果好。

● 金属门窗：钢门窗、铝合金门窗。

● 塑料门窗：以聚氯乙烯、改性聚氯乙烯或其他树脂为主要原料，以轻质碳酸钙为填料，添加适量助剂和改性剂，经挤压机制成各种空腹截面后拼装而成。

# 任务 2 门窗的组成

## 一、门窗框

门窗框是门窗与建筑墙体、柱、梁等构件连接的部分，起固定作用，还能控制门窗扇启闭的角度，见图 7-1。

- 大门：(60～70) mm×(140～150) mm(毛料)。
- 内门：(50～70) mm×(100～120) mm。
- 有纱门的用料宽度不宜小于 150 mm。
- 窗框用料一般为 60 mm～100 mm，装纱窗时为 60 mm～120 mm。

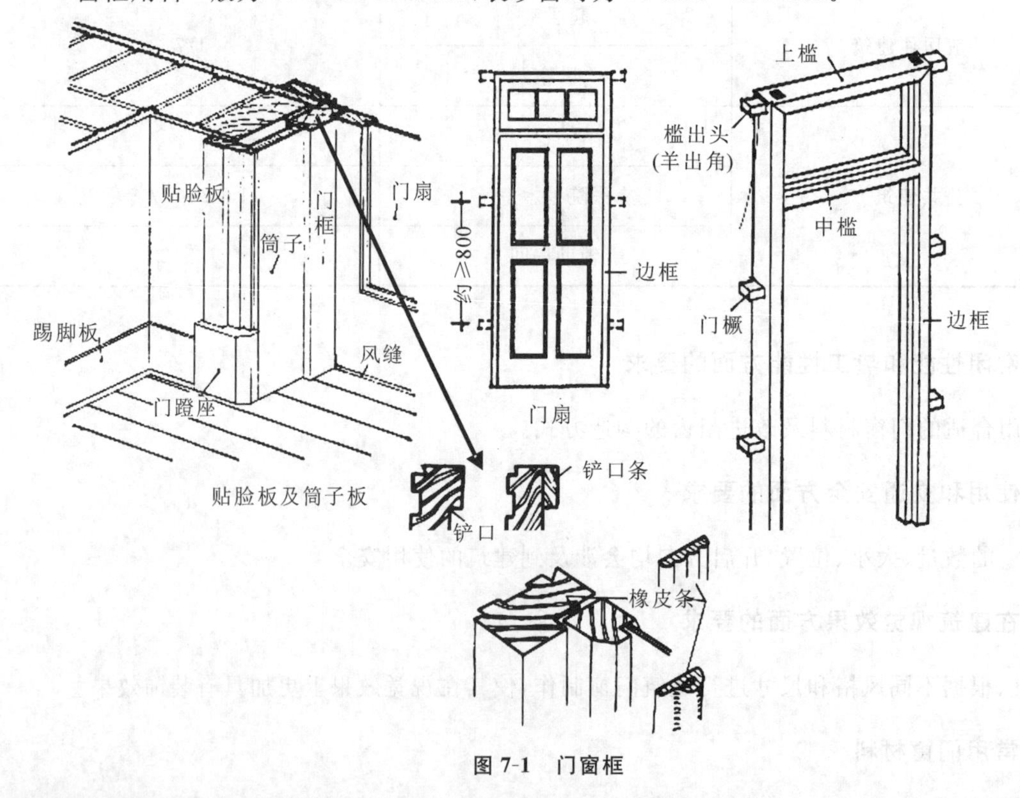


图 7-1 门窗框

## 二、门窗扇——门窗可供开启的部分

### 1. 门扇

门扇类型包括镶板门、夹板门、百叶门、无框玻璃门等。

(1) 夹板门:用料省、自重轻、外形简洁,适用于房屋内门。边框用料 35 mm×(50～70) mm,内芯用料 33 mm×(25～35) mm,中距 100～300 mm,如图 7-2 所示。

(2) 镶板门:镶板门以冒头、边框用全榫组成骨架,中镶木板(门板芯)或玻璃。厚度一般为 40～45 mm,纱门 30～35 mm。冒头尺寸(45～50) mm×(100～120) mm,中冒头、下冒头(45～50) mm×150 mm。边梃至少 50 mm×150 mm。

(3) 无框玻璃门:整块安全平板玻璃直接装成门窗。

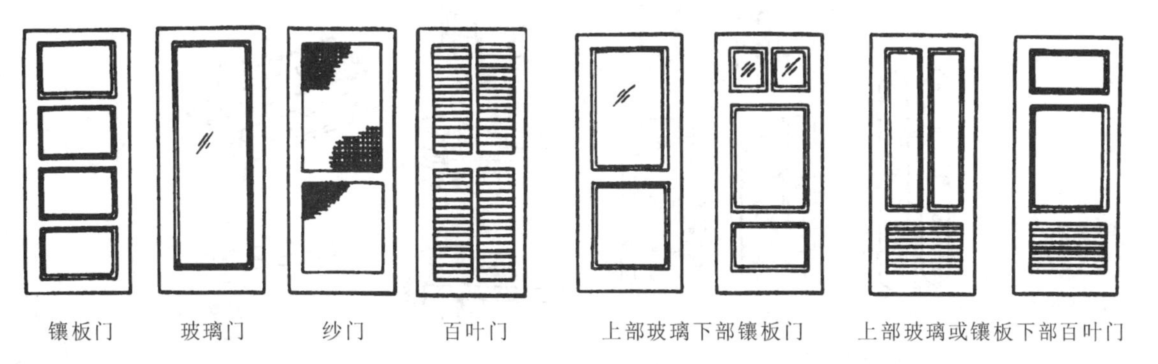


**图 7-2 各种门扇**

**2. 窗扇**

窗扇门主要包括镶玻璃、镶百叶、无框玻璃等,如图 7-3 和图 7-4 所示。

木窗窗扇冒头及边梃厚度一般为 35～42 mm,通常为 40 mm。

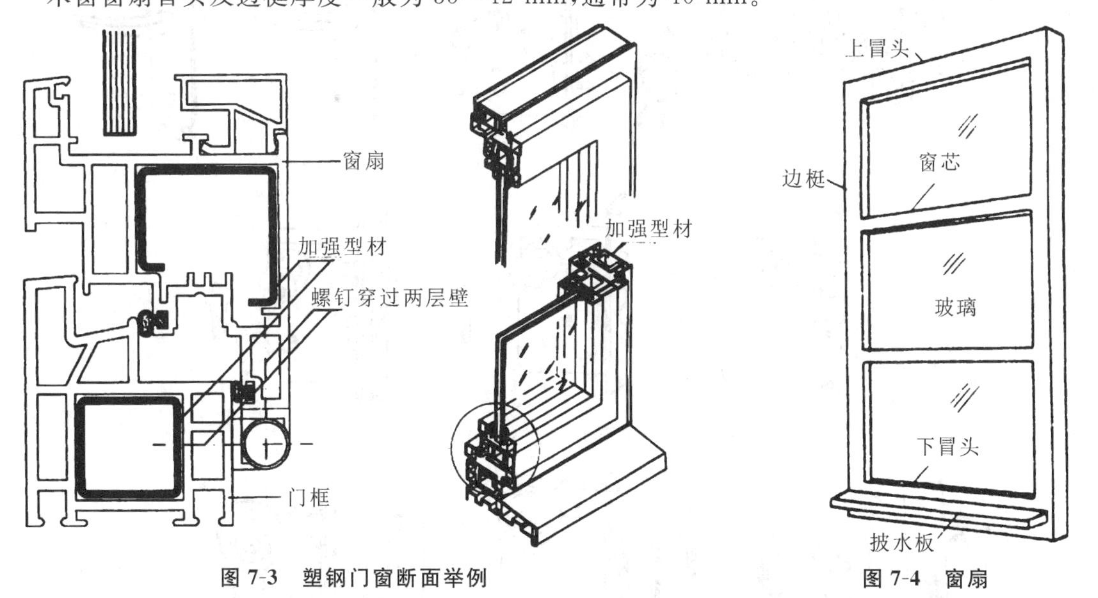


**图 7-3 塑钢门窗断面举例**　　**图 7-4 窗扇**

## 三、门窗五金

门窗五金在门窗各组成部件之间以及门窗与建筑主体之间起到连接、控制以及固定的作用,如图 7-5 至图 7-7 所示。

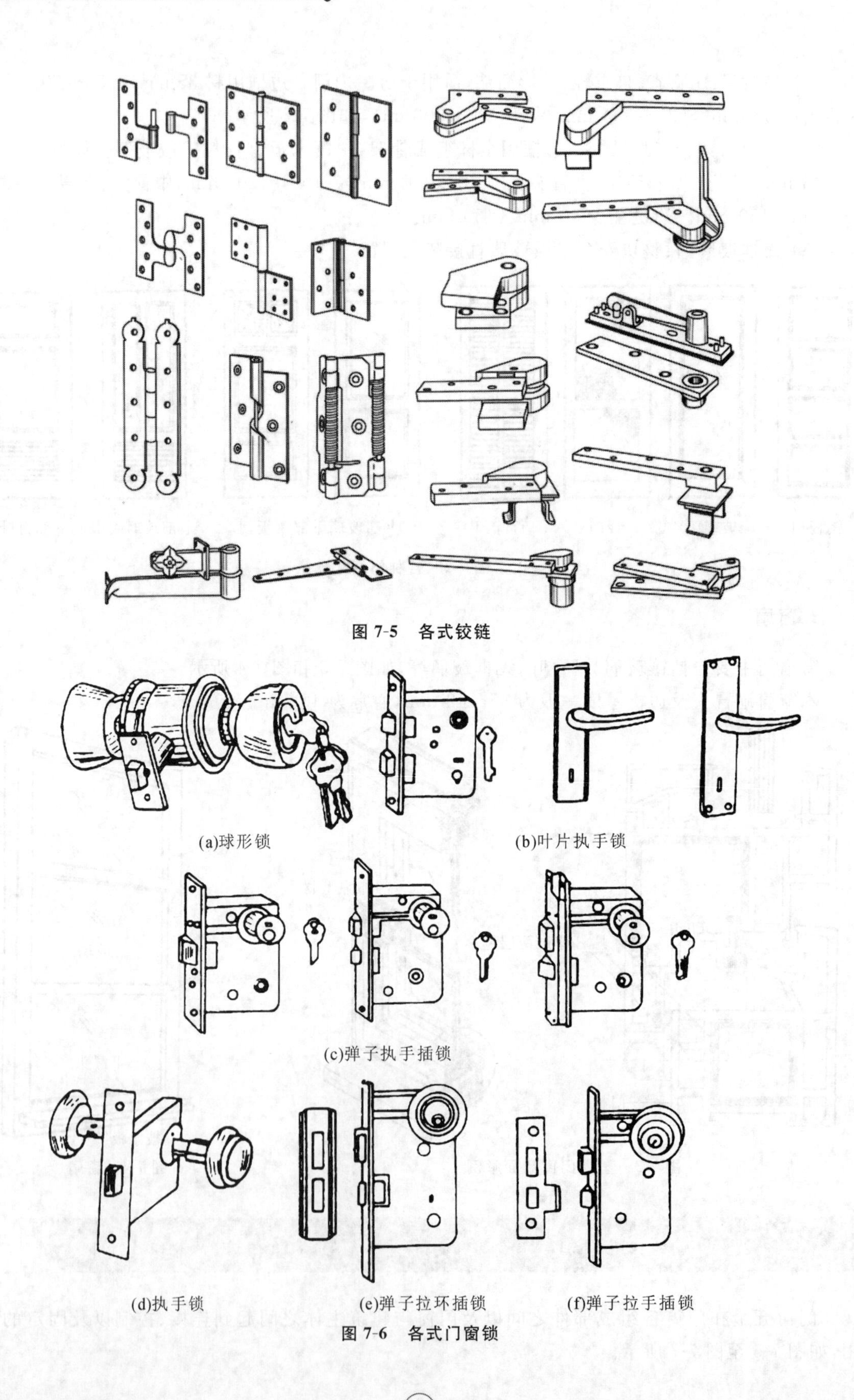


图 7-5　各式铰链

图 7-6　各式门窗锁

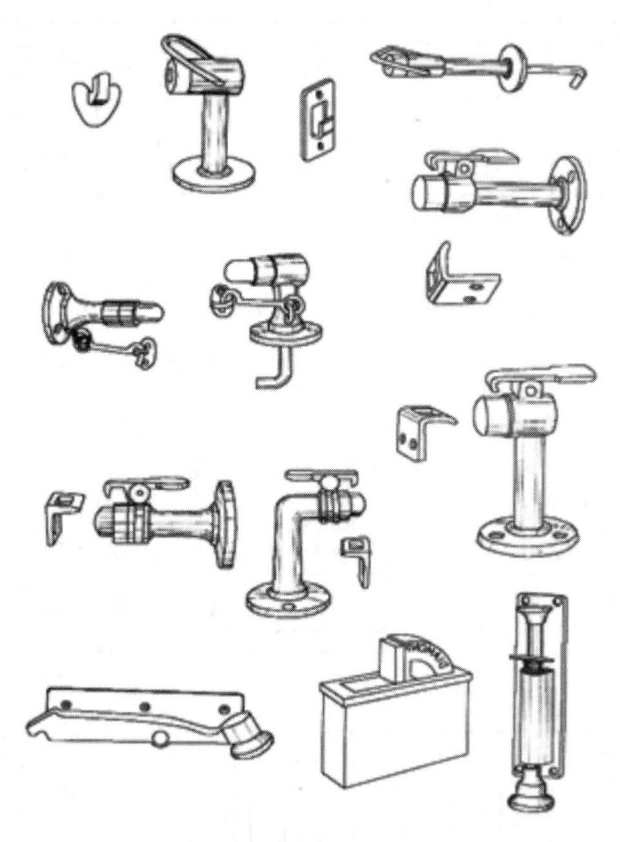

图 7-7　各式定门器

- 门的五金包括把手、门锁、铰链、闭门器和门挡等。
- 窗的五金包括铰链、风钩、插销、拉手以及导轨、转轴、滑轮等。

# 任务 3　门窗开启方式及门窗开启线

## 一、门的开启方式

门的开启方式包括单向平开、双向平开、推拉、折叠、旋转、升降、卷帘、上翻等，如图 7-8 所示。

## 二、窗的开启方式

窗的开启方式包括固定、平开、悬窗(上悬、中悬、下悬)、立转、推拉、折叠等，如图 7-9 所示。

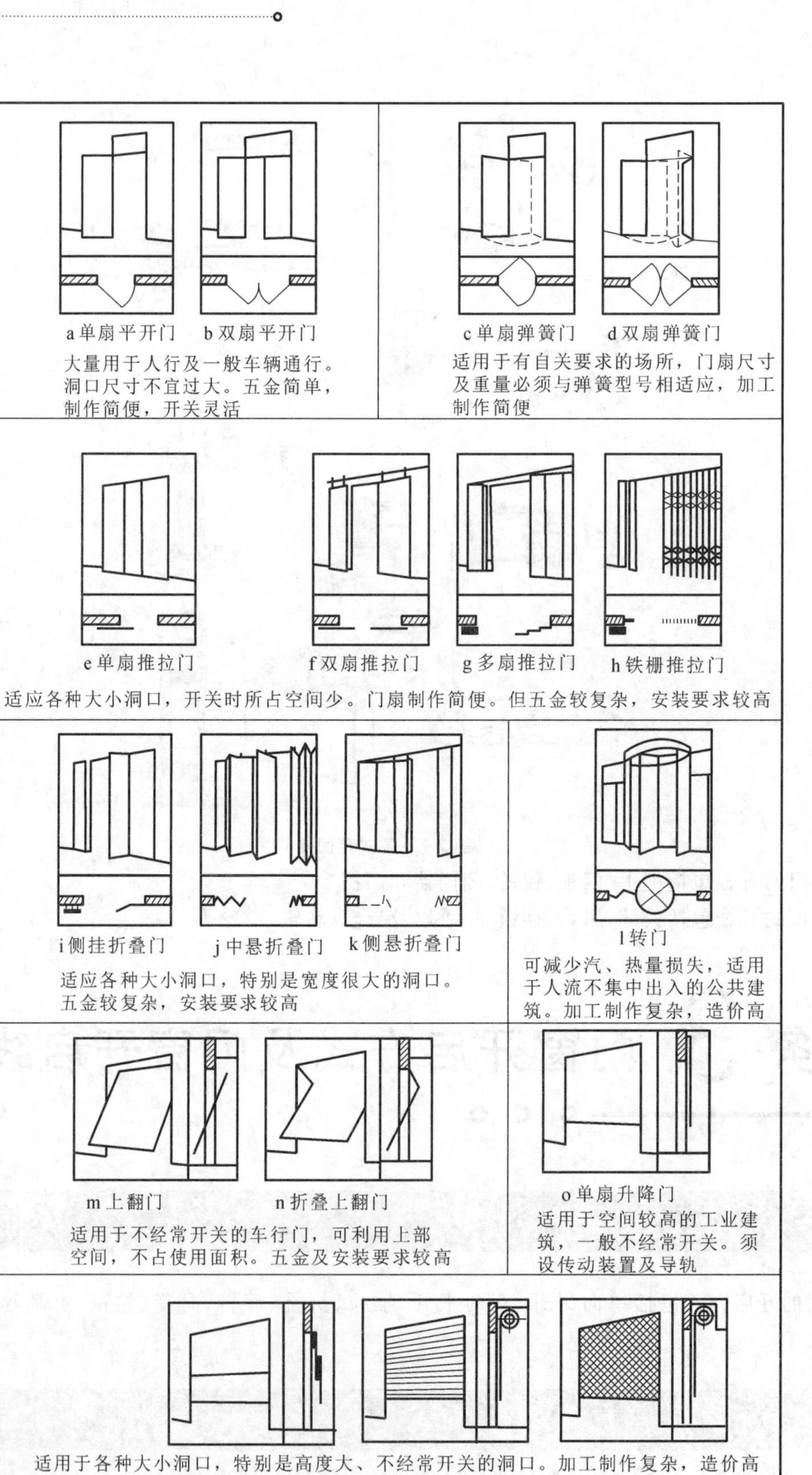
a 单扇平开门
b 双扇平开门
大量用于人行及一般车辆通行。洞口尺寸不宜过大。五金简单，制作简便，开关灵活
c 单扇弹簧门
d 双扇弹簧门
适用于有自关要求的场所，门扇尺寸及重量必须与弹簧型号相适应，加工制作简便
e 单扇推拉门
f 双扇推拉门
g 多扇推拉门
h 铁栅推拉门
适应各种大小洞口，开关时所占空间少。门扇制作简便。但五金较复杂，安装要求较高
i 侧挂折叠门
j 中悬折叠门
k 侧悬折叠门
适应各种大小洞口，特别是宽度很大的洞口。五金较复杂，安装要求较高
l 转门
可减少汽、热量损失，适用于人流不集中出入的公共建筑。加工制作复杂，造价高
m 上翻门
n 折叠上翻门
适用于不经常开关的车行门，可利用上部空间，不占使用面积。五金及安装要求较高
o 单扇升降门
适用于空间较高的工业建筑，一般不经常开关。须设传动装置及导轨
适用于各种大小洞口，特别是高度大、不经常开关的洞口。加工制作复杂，造价高

**图 7-8　门的开启方式**

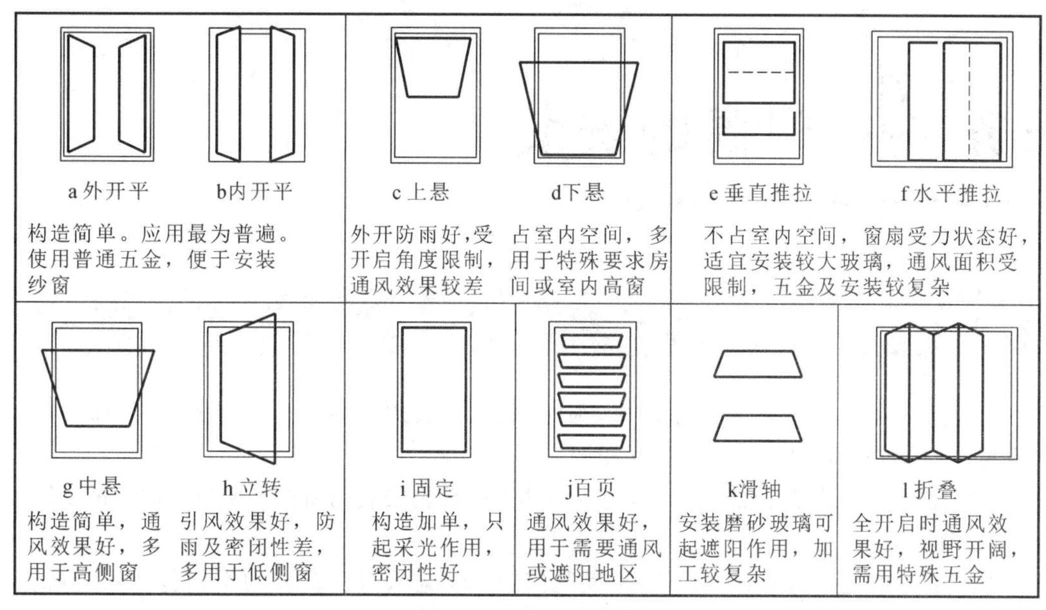


图7-9 窗的开启方式

## 三、门窗开启线

门的开启方向主要在建筑平面图中表达,一般用弧线或直线表示开启过程中门扇转动或平移的轨迹。

窗的开启方向一般只能在建筑立面图上表达。用细实线表示窗扇朝外开,用虚线表示其朝里开,线段交叉处是窗开启时旋转轴所在位置。门窗扇若平移,用箭头表示。门窗开启线如图7-10所示。

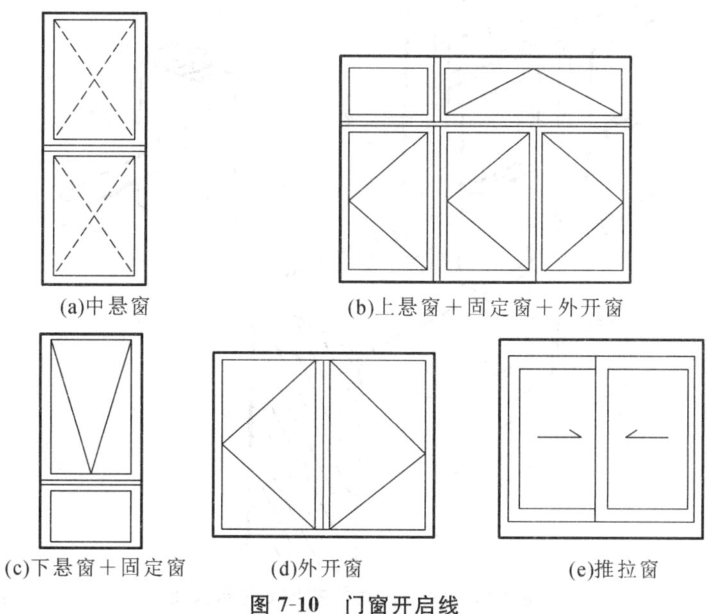


图7-10 门窗开启线

# 任务 4 门窗的安装

## 一、门窗框的安装

(1) 立樘(立口):先将门窗框立起来,临时固定,待其周边墙身全部完成后,再撤去临时支撑。立樘时门窗的实际尺寸与洞口尺寸相同。

(2) 塞樘(塞口):将门窗洞口留出,完成墙体施工后再安装门窗框。塞樘时门窗的实际尺寸要小于门窗的洞口尺寸。

门窗尺寸指的是门窗的洞口尺寸,也就是门窗的标志尺寸。门窗的类别包括木门窗、金属门窗和塑料窗等。木门窗立樘安装工艺如图 7-11 所示。空腹钢窗窗框安装工艺如图 7-12 所示。塞樘时木门窗框与墙身间的相对位置及缝隙处理如图 7-13 所示。

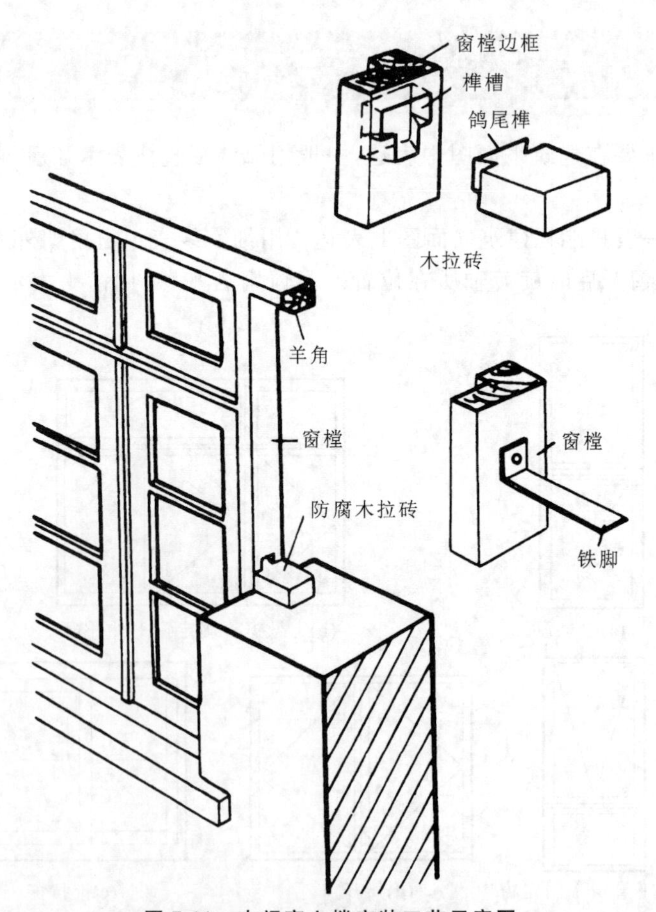


图 7-11 木门窗立樘安装工艺示意图

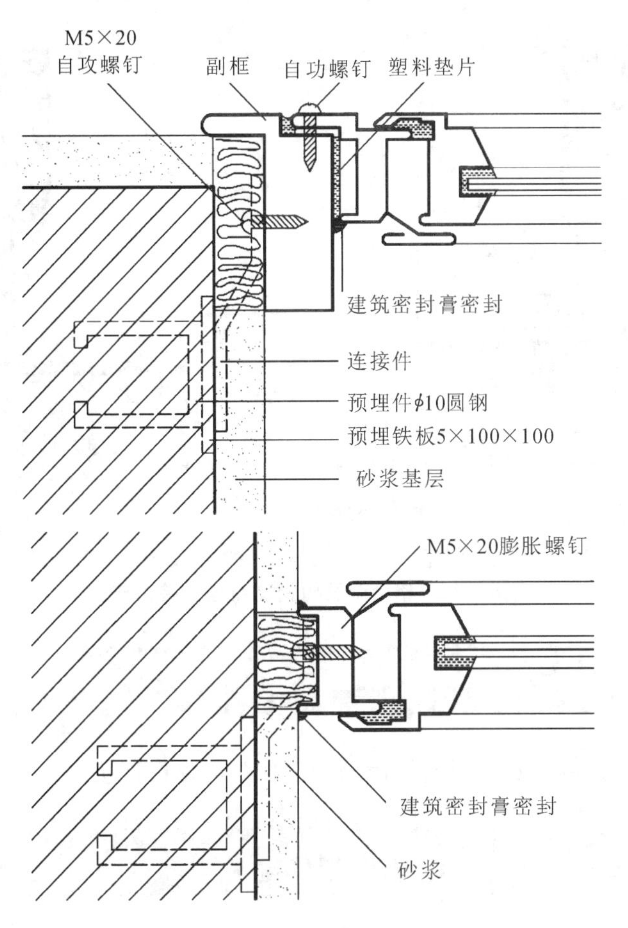


图 7-12　空腹钢窗窗框安装工艺

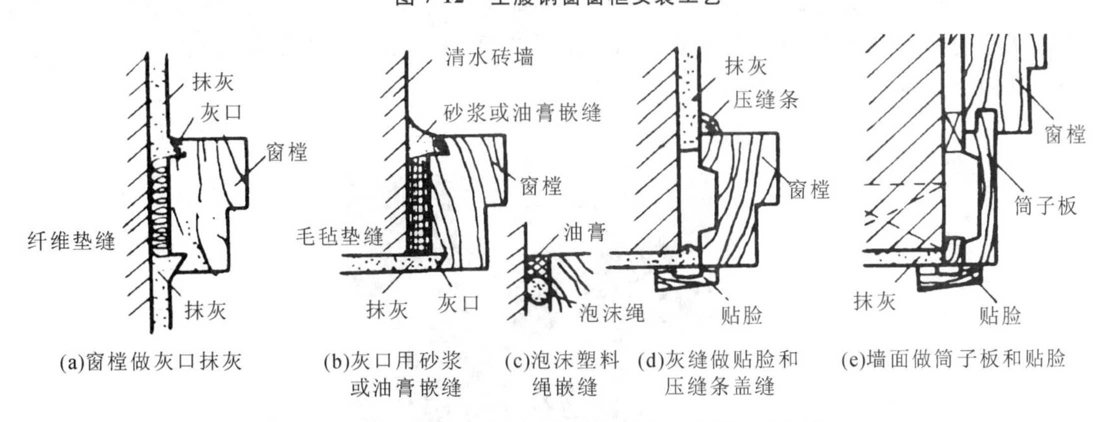


(a)窗樘做灰口抹灰　(b)灰口用砂浆或油膏嵌缝　(c)泡沫塑料绳嵌缝　(d)灰缝做贴脸和压缝条盖缝　(e)墙面做筒子板和贴脸

图 7-13　塞樘时木门窗框与墙身间的相对位置及缝隙处理

铝合金门窗和塑钢窗在门窗框与洞口的缝隙中不能嵌入砂浆等刚性材料，而是必须采用柔性材料填塞。常用的有矿棉毡条、玻璃棉条、泡沫塑料条、泡沫聚氨酯条等。外门窗应在安装缝两侧都用密封胶密封，如图 7-14 所示。

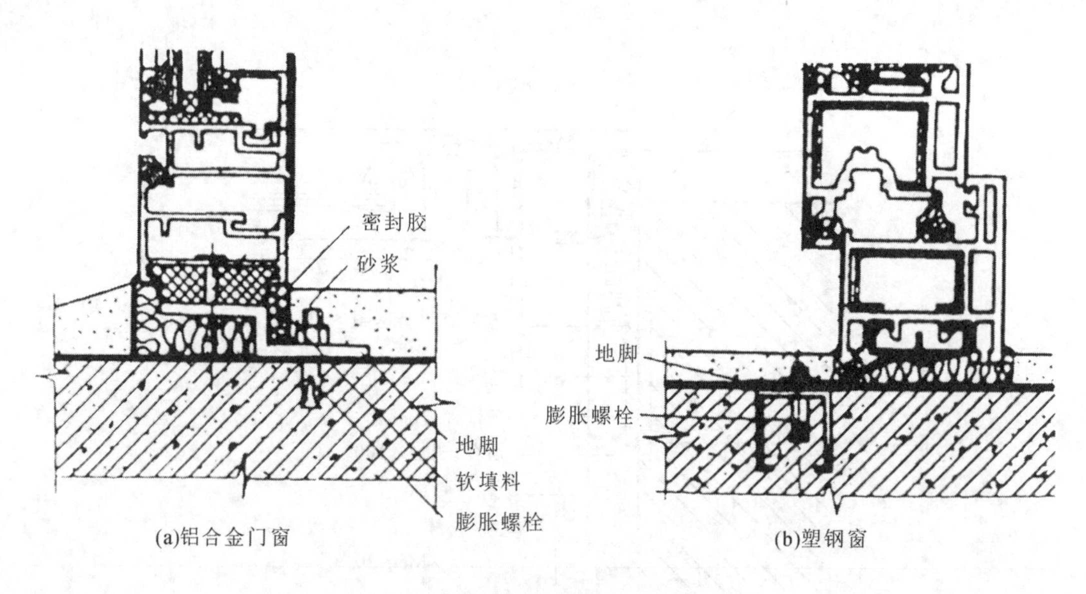


图 7-14　铝合金及塑钢窗窗框安装工艺

## 二、门窗扇的安装

按照开启方式通过各种铰链或插件、滑槽和滑杆与门窗框连接。

## 三、门窗玻璃的安装

木门窗用小钉子将玻璃卡住定位后在槽口四周嵌上油灰。金属和塑钢门窗先在门窗扇型材内侧凹槽内嵌入密封条，并在四周安放橡塑垫衬或垫底，等玻璃安放到位后，再将带密封条的嵌条将其固定压紧，如图 7-15 所示。

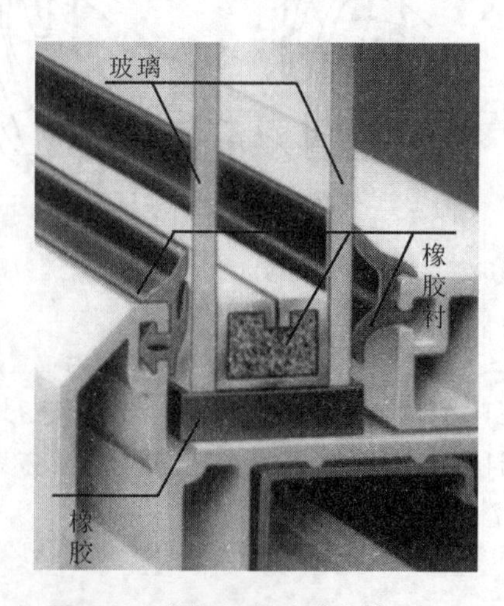


图 7-15　塑钢门窗玻璃安装

# 任务5 门窗的防水构造及热工性能控制

(1) 造成门窗缝渗漏的原因——毛细现象及风压、热压。

(2) 针对造成门窗缝渗漏的原因所采取的相应的构造措施。

① 空腔原理的应用。

将门窗开启缝靠室外的一边局部扩大，使室外较大风压到此处时突然降低，便不能将雨水压入室内，如图7-16所示。

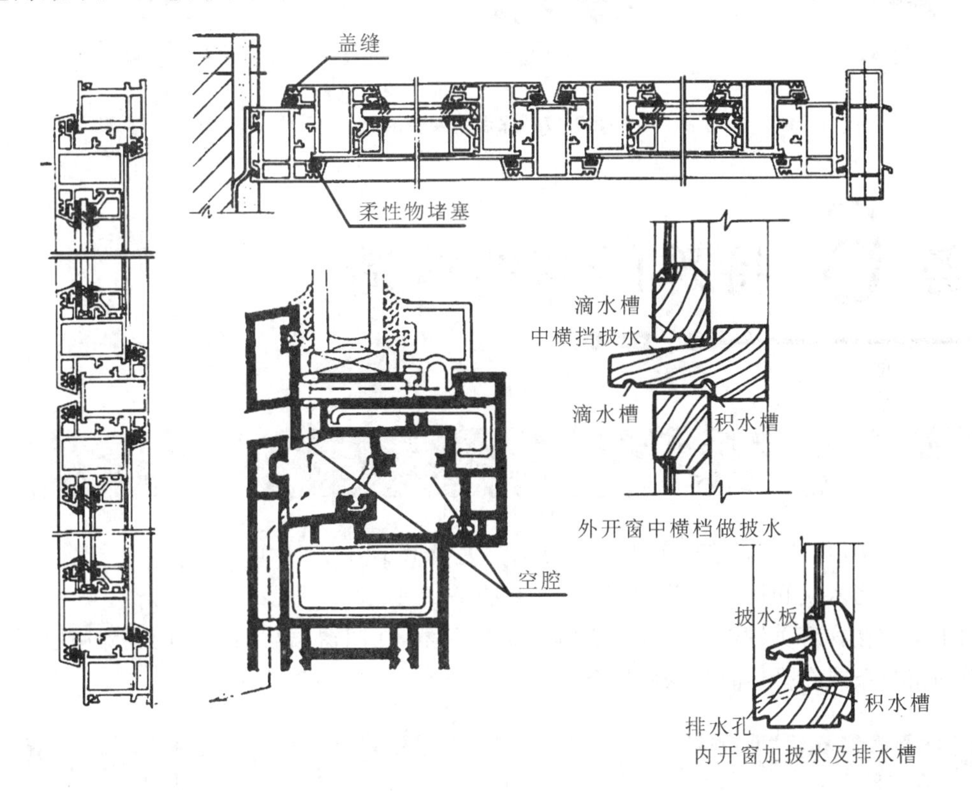


图7-16 门窗缝防水构造

木门窗一般在门窗框上铲除回风槽形成空腔。金属及塑钢门窗在型材截面设计时可以造成多道空腔。

② 加强门窗缝排水，设置排水口。

③ 加强盖缝处理以及用柔性材料堵塞。

(3) 改善门窗缝热工性能所采取的构造措施。

① 加强门窗的气密性。

② 选用具有良好热工性能的门窗材料及相应断热措施，如图7-17所示。

(a)闭合状态

(b)开启状态

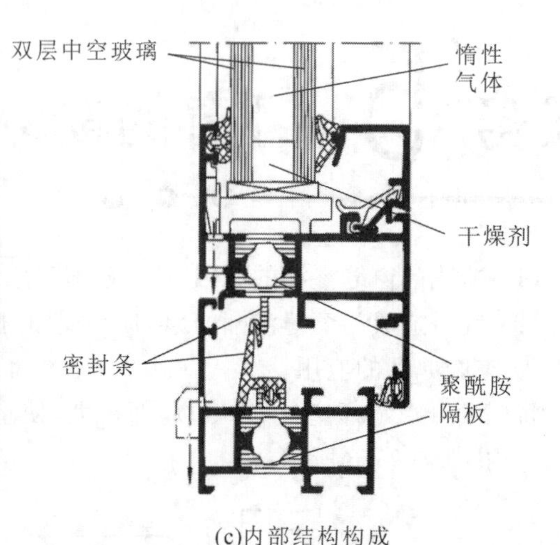


(c)内部结构构成

图 7-17　保温金属窗实例

# 任务 6　特殊门窗的构造

## 一、防火门窗构造

防火门分为甲、乙、丙三级，耐火极限分别应大于 1.5 h、1.0 h、0.5 h。

防火门分为木质和钢制两种，如图 7-18 和图 7-19 所示。

用于消防楼梯等关键部位的防火门应安装闭门器，在门窗框与门窗扇的缝隙中应嵌有防火材料做的密封条或在受热时膨胀的嵌条。

## 二、隔声门窗构造

隔声门多采用多层复合结构，如图 7-20 所示。

## 三、防射线门窗

放射室的内墙需装置 X 光线防护门，主要镶嵌铅板。

医院的 X 光治疗室和摄片室的观察窗，均需镶嵌铅玻璃，呈黄色或紫红色。

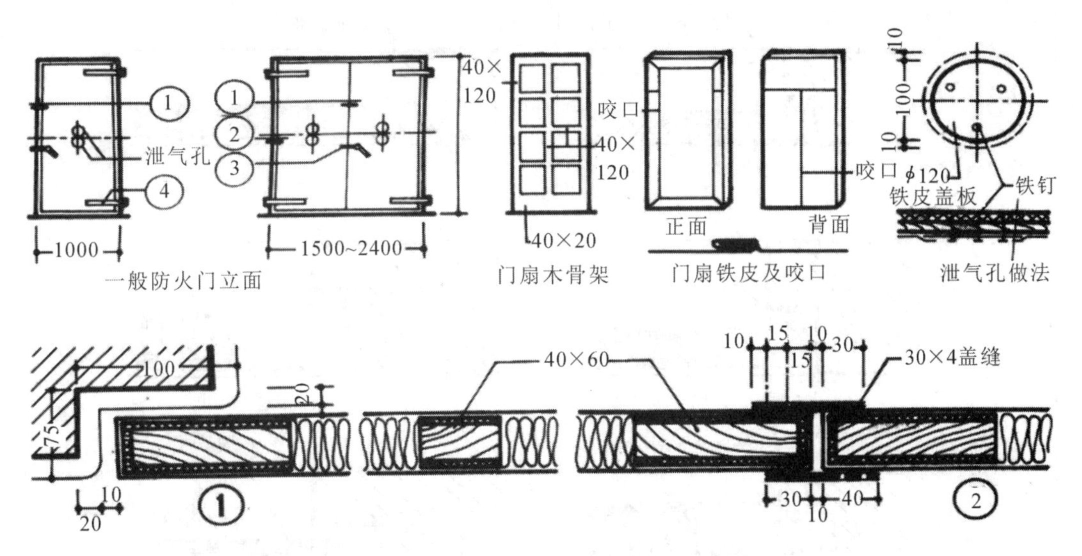


图 7-18　木质防火门

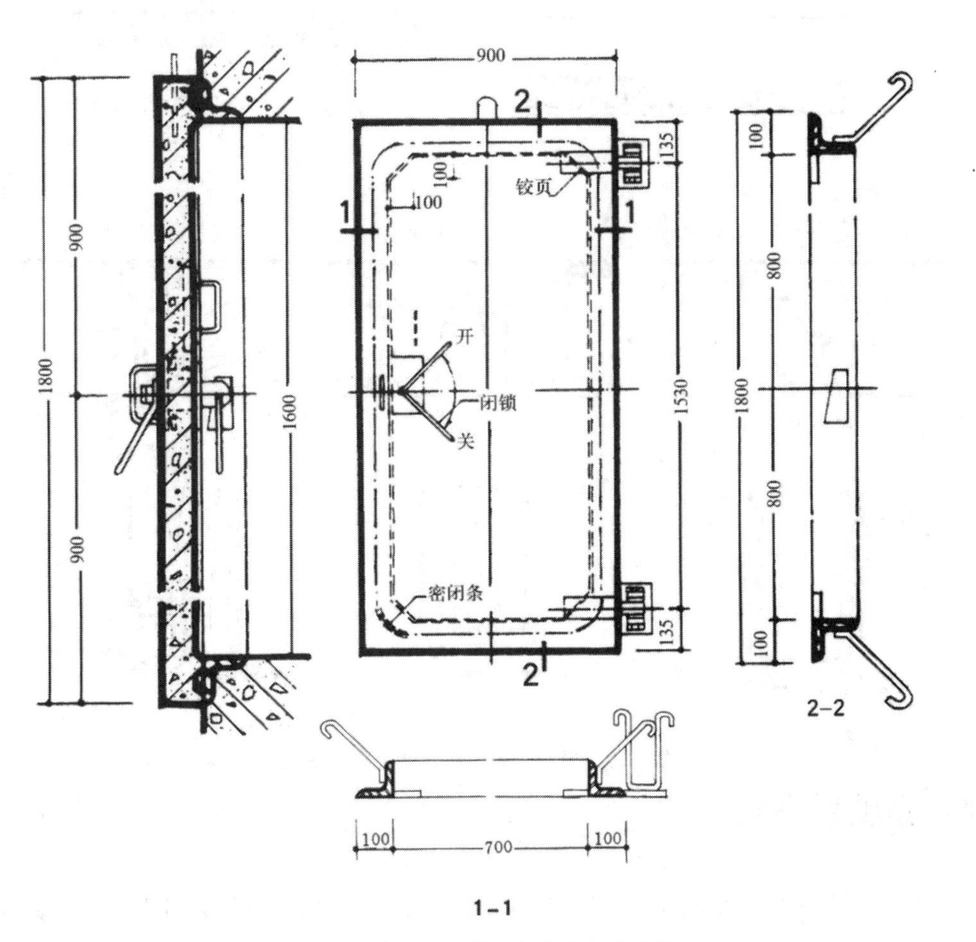


图 7-19　地下室钢筋混凝土密闭防火门

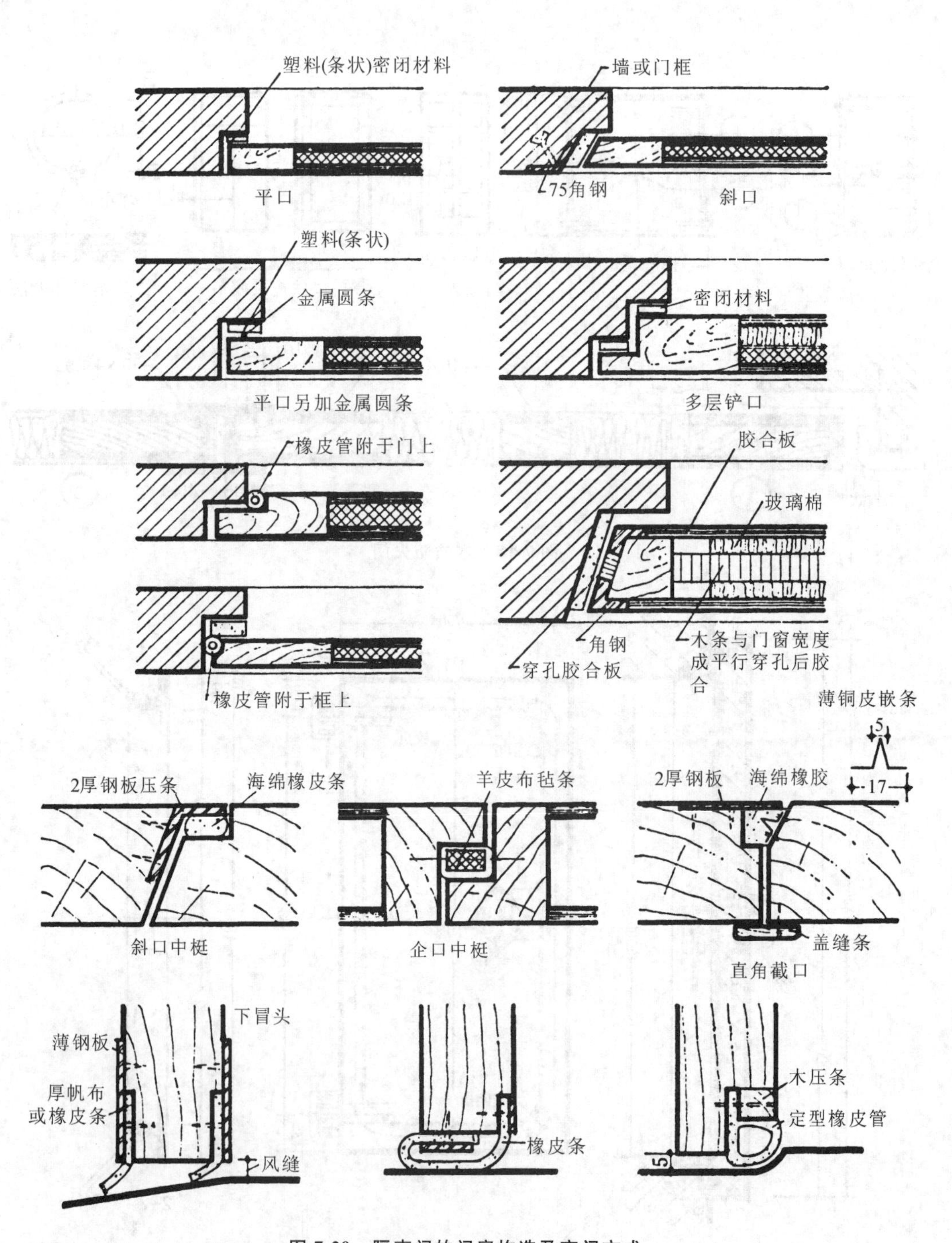


**图 7-20　隔声门的门扇构造及密闭方式**

## 项目小结

本章介绍了门窗的作用以及常用的门窗材料，介绍了门窗的组成、开启方式及门窗开启线、门窗的安装，门窗的防水构造及热工性能控制，同时也介绍了一些特殊门窗的构造。

## 习　题

1.门窗的作用和要求是什么?
2.门的形式有哪几种?各自的特点和适用范围是什么?
3.窗的形式有哪几种?各自的特点和适用范围是什么?
4.平开门的组成和门框的安装方式是什么?
5.平开窗的组成和门框的安装方式是什么?
6.铝合金门窗的特点是什么?各种铝合金门窗系列的称谓是如何确定的?
7.简述塑料门窗的特点。

# 学习情境 8

# 变形缝

**教学目标**

(1) 了解防震基本知识。
(2) 熟悉建筑物变形缝的作用及分类。
(3) 掌握伸缩缝、沉降缝、防震缝设置的条件。
(4) 掌握变形缝的构造。

# 任务1 变形缝的概念和类型

## 一、变形缝的概念

建筑物受到气温变化、地基不均匀沉降以及地震等因素的影响时，会使结构内部产生附加应力和变形，如果处理不当，将会造成建筑物的破坏。

解决的方法有以下两种：① 加强建筑物的整体性；② 预先将建筑结构中变形敏感的部位断开，留出一定的缝隙。

将建筑物垂直分割开来的预留缝隙称为变形缝。

## 二、变形缝的类型

根据外界破坏因素的不同，可将变形缝分为伸缩缝、沉降缝和防震缝三种。

# 任务2 变形缝的设缝要求

## 一、伸缩缝（温度缝）

### 1. 伸缩缝的概念和作用

沿建筑物长度方向每隔一定距离或结构变化较大处设置的预留缝隙，称为伸缩缝，也称温度缝。

设置伸缩缝是为了防止建筑物因热胀冷缩变形较大而产生裂缝。

### 2. 伸缩缝的设置

（1）断开部位：要求建筑物的墙体、楼板层、屋顶等地面以上构件全部断开，基础部分可不断开。

（2）缝宽：一般为 20～30 mm。

（3）最大间距：与结构类型和房屋的屋盖类型以及有无保温层和隔热层有关。

## 二、沉降缝

### 1. 沉降缝的概念和作用

沉降缝是在建筑物适当位置设置的垂直缝隙，将房屋划分为若干刚度较一致的单元，使相邻单元可以自由沉降，而不影响房屋整体。

设置沉降缝是为了预防建筑物各部分由于不均匀沉降而引起的破坏。

### 2. 沉降缝的设置

1）断开部位

将建筑物的基础、墙体、楼板层和屋顶等部分全部断开。

2）缝宽

沉降缝的宽度与地基的性质和建筑物的高度有关。

3）应设置沉降缝的情况

（1）同一建筑物相邻部分的高差较大或荷载大小相差悬殊、结构形式变化较大，易导致地基沉降不均匀时。

（2）建筑物体形比较复杂，连接部位又比较薄弱时。

（3）新建建筑物与原有建筑物毗邻时。

（4）当建筑物各部分相邻基础的形式、宽度及埋置深度相差较大，造成基础底部压力有较大差异，易形成不均匀沉降时。

（5）建筑物建造在不同地基上且难以保证均匀沉降时。

沉降缝一般与伸缩缝合并设置，兼起伸缩缝的作用，但伸缩缝不可以代替沉降缝。

## 三、防震缝

### 1. 防震缝的概念和作用

防震缝是将建筑物划分为若干形体简单，质量、刚度均匀的独立单元的缝隙。

设置防震缝是为了防止在地震时建筑的各部分相互拉伸、挤压或扭转，造成变形和破坏。

### 2. 防震缝的设置

1）应设防震缝的情况

（1）相邻建筑物的高差在 6 m 以上。

（2）建筑物有错层，且楼板错开距离较大时。

（3）建筑物相邻部分的结构刚度或荷载相差悬殊。

2）断开部位

应沿建筑物全高设置，一般情况下基础可不断开。但当建筑平面复杂时，应将基础分开。

3）缝宽

根据不同的结构类型和体系以及设计烈度确定，一般采用 50～90 mm。对于多层和高层钢筋混凝土结构房屋，应尽量选用合理的建筑结构方案，不设防震缝，当必须设置防震缝时，其最小宽度应符合下列要求。

（1）当高度不超过 15 m 时，可采用 70 mm。

（2）当高度超过 15 m 时，按设防烈度为 7 度、8 度、9 度相应的建筑物每增高 4 m、3 m、2 m 时，缝宽增加 20 mm。

## 四、变形缝比较

变形缝三大类型的比较见表 8-1。

**表 8-1　变形缝比较**

| 变形缝类型 | 对应的变形原因 | 设置依据 | 断开部位 | 缝宽 |
| --- | --- | --- | --- | --- |
| 伸缩缝 | 昼夜温差引起热胀冷缩 | 按建筑物的长度、结构类型与屋盖刚度 | 除基础外沿全高断开 | 20～30 |
| 沉降缝 | 建筑物相邻部分高低悬殊、结构形式变化大、基础埋深差别大、地基不均匀等引起的不均匀沉降 | 地基情况和建筑物的高度 | 从基础到屋顶沿全高断开 | 一般地基<br>建筑物高<5 m，缝宽 30<br>建筑物高 5～10 m，缝宽 50<br>建筑物高 10～15 m，缝宽 70<br>软弱地基<br>建筑物 2～3 层，缝宽 50～80<br>建筑物 4～5 层，缝宽 80～120<br>建筑物>6 层，缝宽>120 |
| 抗震缝 | 地震作用 | 设防烈度、结构类型和建筑物高度。<br>8 度、9 度设防烈度的房屋立面高差相差在 6 m 以上，或错层楼板高度相差 1/3 层高或者 1 m，毗邻部分各段刚度、质量、结构形式均不同时设缝 | 沿建筑物全高设缝，基础可不分开，也可分开 | 多层砌体建筑，缝宽 50～100<br>框架框剪<br>建筑物高≤15 m，缝宽 70<br>建筑物高>15 m，按不同设防烈度增加缝宽<br>6　5<br>7　4<br>度设防，建筑物每增高　m，缝宽增<br>8　3<br>9　2<br>大 20 |

# 任务 3 变形缝的构造

## 一、伸缩缝的构造

**1. 墙体伸缩缝构造**

墙体在伸缩缝处断开，伸缩缝可砌成平缝、错口缝、企口缝等截面形式，见图 8-1。

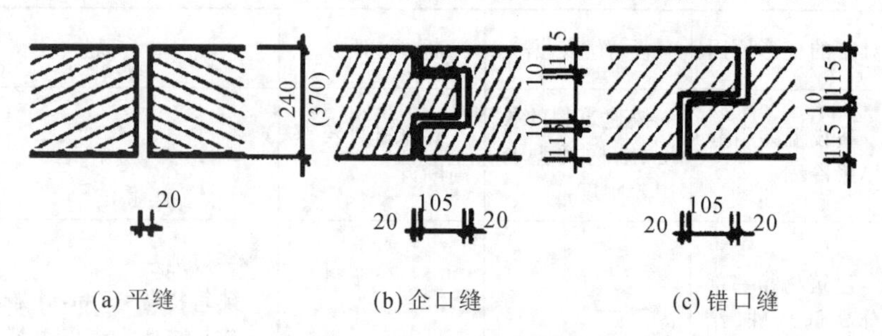


**图 8-1 平缝、企口缝、错口缝**

外墙上的伸缩缝，应保证缝两侧的构件在水平方向能自由伸缩，同时为了防止风雨侵入室内，应采用防水且不宜被挤出的弹性材料填塞缝隙，常用的材料有沥青麻丝、橡胶条、泡沫塑料等。外墙外侧缝口可钉金属或塑料盖缝片，见图 8-2。

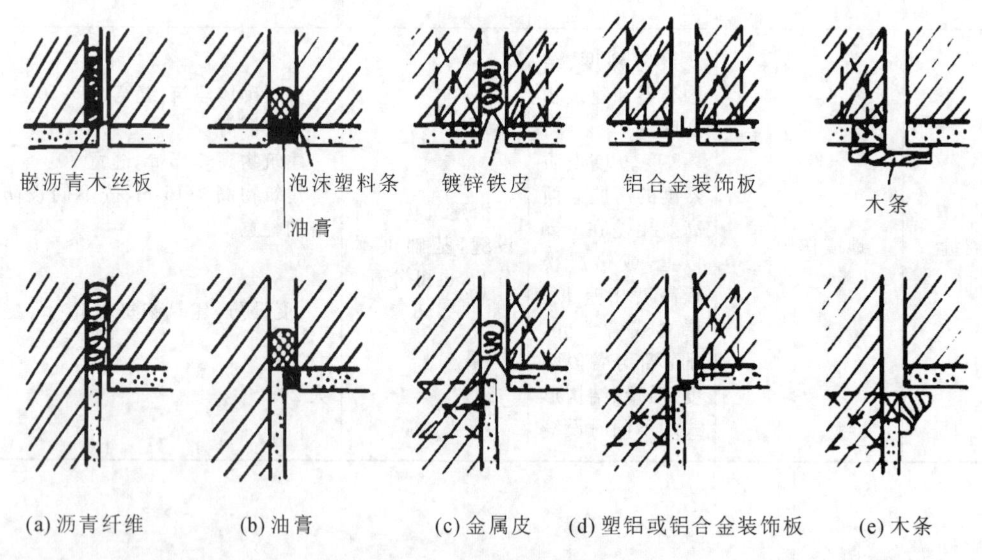


**图 8-2 墙体伸缩缝构造**

图 8-2 中，(a)、(b)、(c)为外墙伸缩缝构造，(d)、(e)为内墙伸缩缝构造。

外墙内侧缝口应结合室内装修做好盖缝处理，可以采用金属、塑料等盖缝片，也可以采用木质盖缝板或盖缝条。为了保证自由伸缩，只能将木质盖缝板的一端固定在缝边墙上。

**2. 楼地层伸缩缝构造**

楼地层伸缩缝的位置和缝宽尺寸，应与墙体、屋顶伸缩缝相一致。

为了室内美观及防止灰尘下落，伸缩缝内也要用弹性防水材料（如油膏、泡沫塑料、沥青麻丝、橡胶等）或 V 形金属调节片等做封缝处理，上铺活动盖板或橡、塑地板、钢板等材料覆盖。

在构造上应保证地面面层和顶棚美观，又应使缝两侧的构造能自由伸缩，见图 8-3。

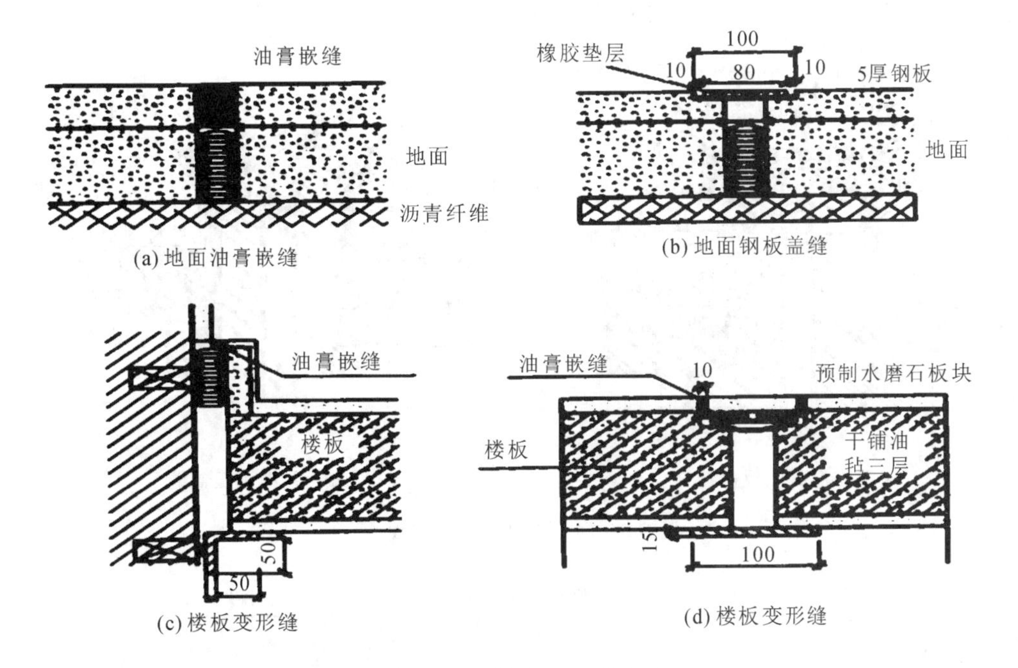


**图 8-3　楼地层伸缩缝构造**

**3. 屋顶伸缩缝构造**

屋顶伸缩缝的位置和宽度应与墙体、楼地层伸缩缝一致。在构造上应着重做好缝处的防水处理。

1）柔性防水屋顶伸缩缝

（1）同层等高上人屋面。为了便于人行走，缝两侧一般不砌小矮墙，应切实做好屋面防水，避免雨水渗漏，见图 8-4。

（2）同层等高不上人屋面。一般是在缝两侧各砌半砖厚矮墙，并做好屋面防水和泛水构造处理，矮墙顶部用镀锌薄钢板或钢筋混凝土盖板盖缝，见图 8-5。

（3）高低屋面的变形缝。应在低侧屋面板上砌半砖矮墙，与高侧墙之间留出变形缝隙，并做好屋面防水和泛水处理。矮墙之上可用从高侧墙上悬挑的钢筋混凝土板或镀锌薄钢板盖缝，见图 8-6。

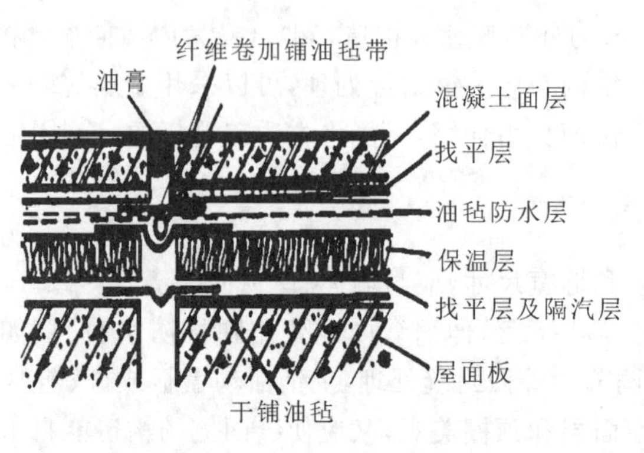


图 8-4 同层等高上人屋面

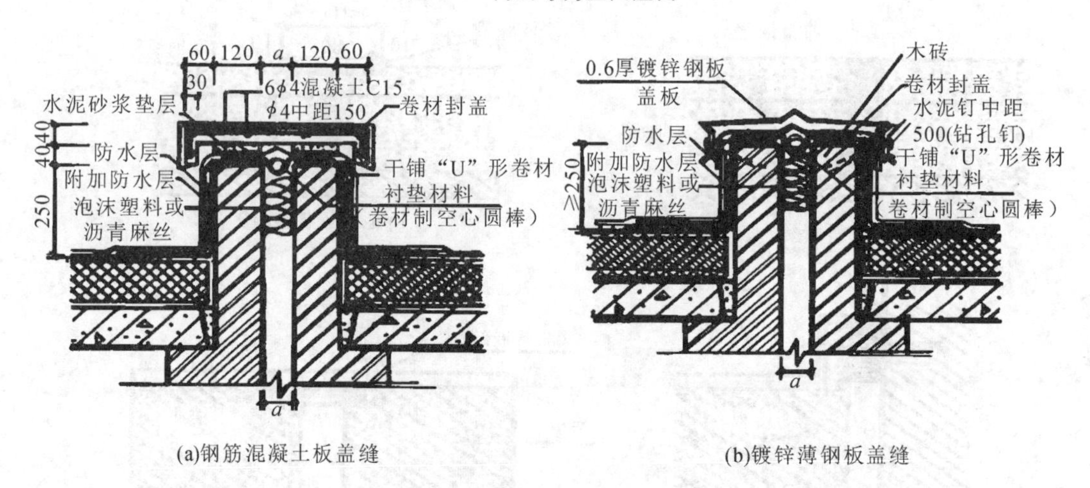


(a)钢筋混凝土板盖缝　(b)镀锌薄钢板盖缝

图 8-5 同层等高不上人屋面

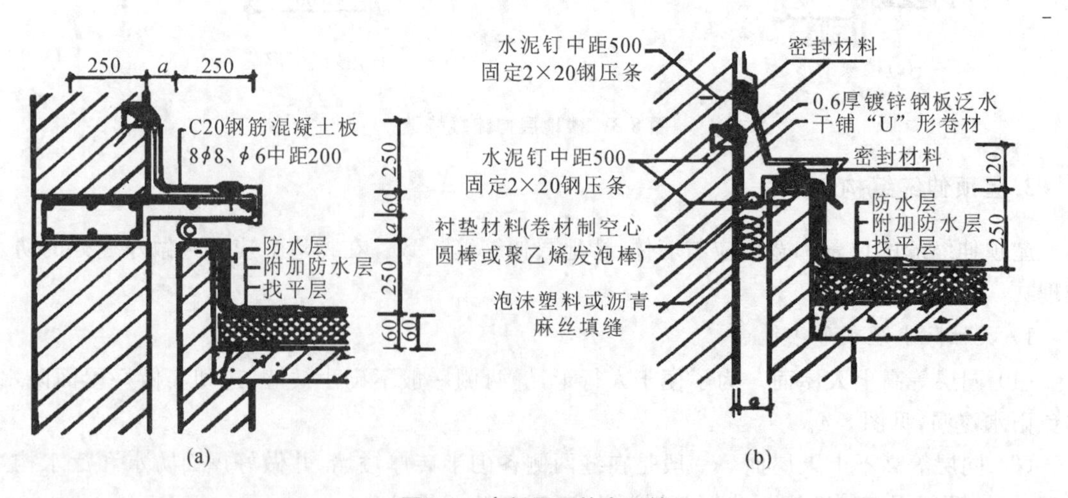


(a)　(b)

图 8-6 高低屋面的变形缝

2）刚性防水屋顶伸缩缝

刚性防水屋顶伸缩缝的构造与柔性防水屋顶的做法基本相同，只是防水材料不同而已，见图 8-7。

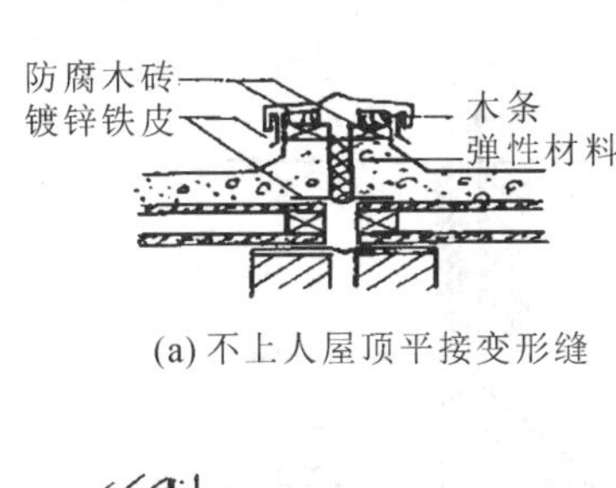


(a)不上人屋顶平接变形缝

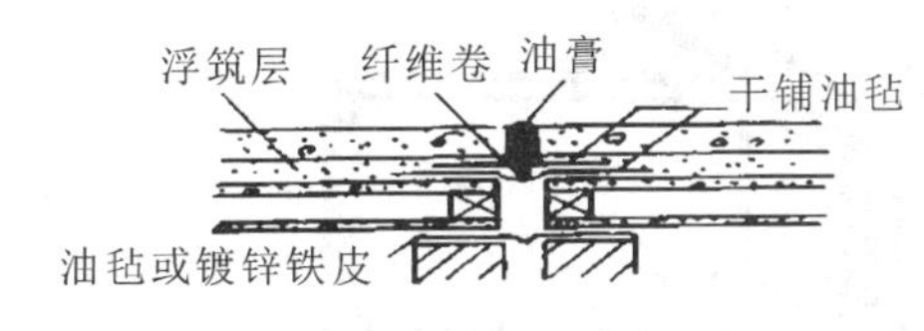


(b)上人屋顶平接变形缝

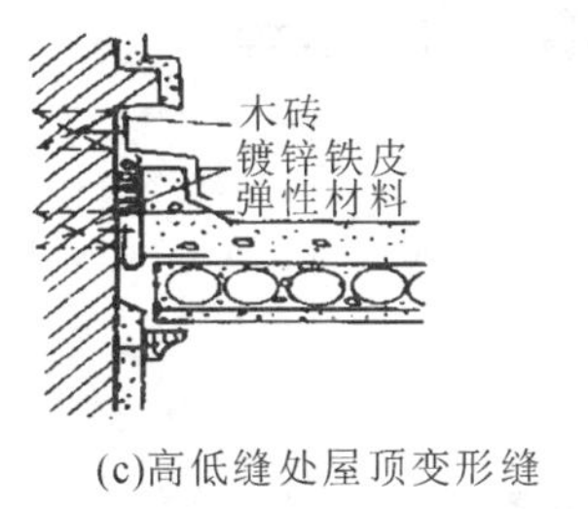


(c)高低缝处屋顶变形缝

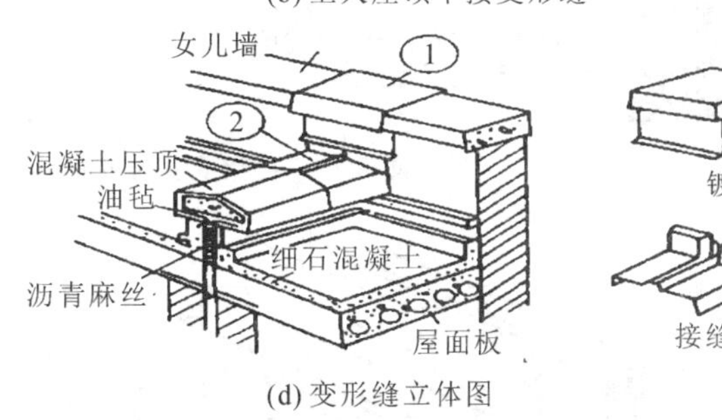


(d)变形缝立体图

图 8-7 刚性防水屋顶伸缩缝

## 二、沉降缝的构造

### 1. 基础沉降缝构造

1）双墙式

在沉降缝两侧设承重墙及墙下条形基础，可以保证每个独立沉降单元都有纵横墙封闭连接，使建筑物的整体刚度大，见图 8-8。当两承重墙间距较小时，将使基础偏心受压，见图 8-9。

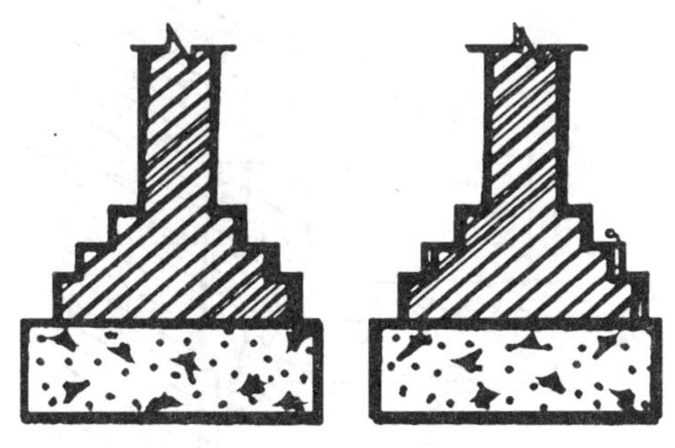

图 8-8 一般基础变形缝

图 8-9 偏心基础变形缝

2）挑梁式

为使沉降缝两侧的基础能自由沉降又互不影响，通常将沉降缝一侧的墙和基础按正常设置，另一侧的纵墙下可局部设挑梁基础。若需另设横墙，可以在挑梁端部设基础梁，将横墙支承其上，横墙尽量用轻质墙，见图 8-10。

3）交叉式

当沉降缝两侧均需设承重墙，而两墙间距又较小时，为了避免基础偏心受压，可设置两排交错布置的独立基础，其上各设一道基础梁来支撑墙体，见图 8-11。

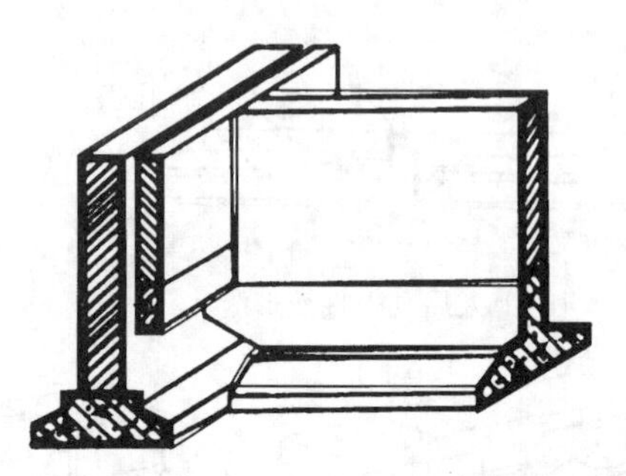
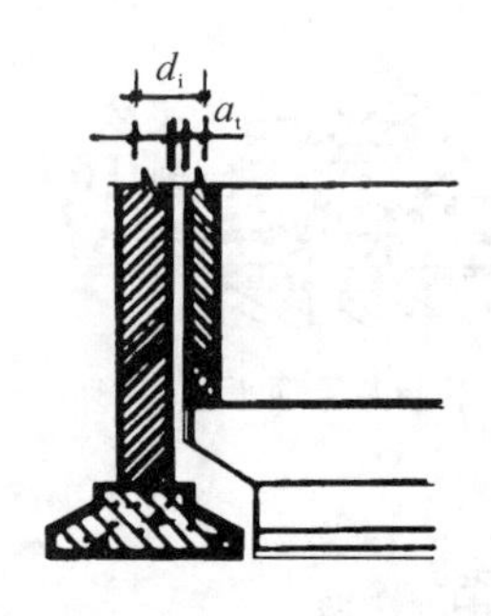

图 8-10　挑梁式基础变形缝

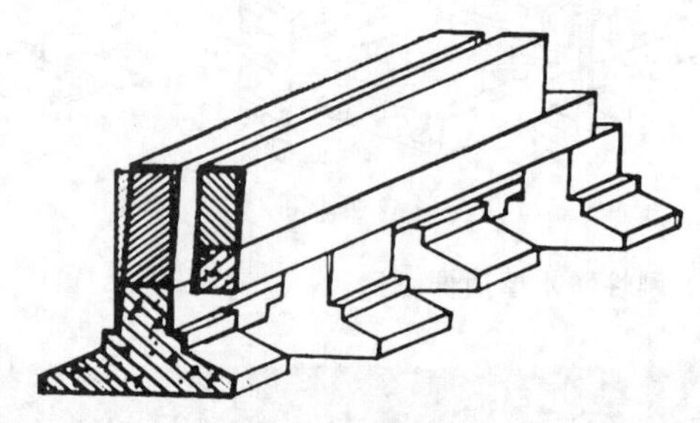
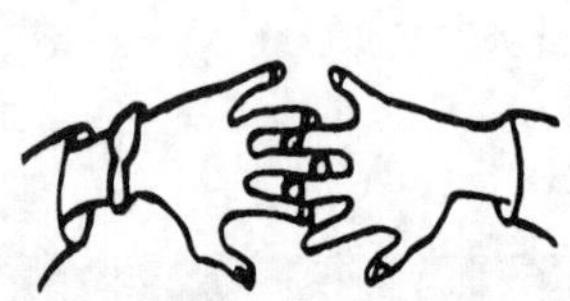

图 8-11　交叉式基础变形缝

**2. 墙体、楼地层、屋顶沉降缝构造**

墙体、楼地层、屋顶等部位的沉降缝构造一般兼起伸缩缝作用，其构造与伸缩缝基本相同，见图 8-12 和图 8-13。

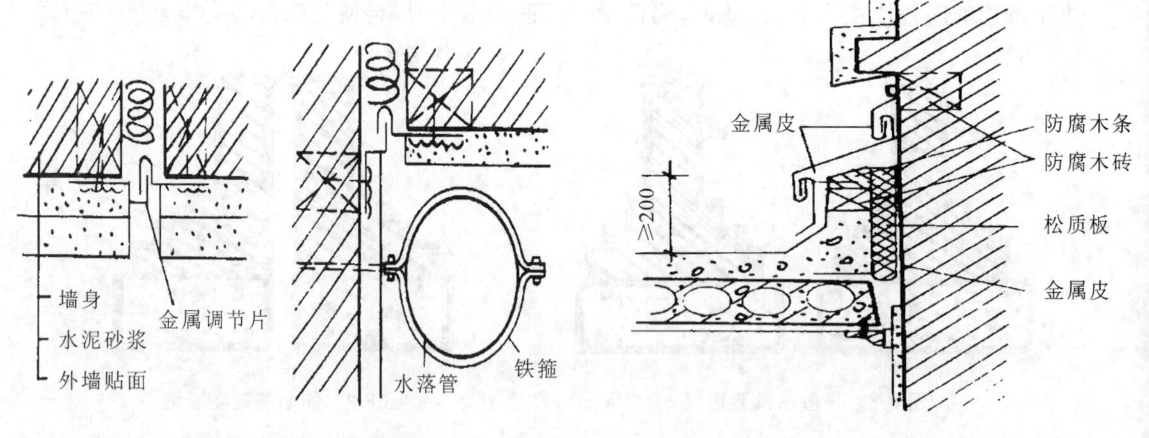


图 8-12　墙体沉降缝构造

图 8-13　屋顶沉降缝构造

由于沉降缝要保证缝两侧的墙体能自由沉降，所以盖缝的金属调节片必须保证在水平方向和垂直方向均能自由变形。例如，墙体伸缩缝中使用的 V 形金属盖缝片就不适用于沉降缝。

## 三、防震缝的构造

防震缝在墙体、楼地层、屋顶等部位的构造与伸缩缝、沉降缝构造基本相同，只是墙体不应做成高低缝和企口缝。同时，防震缝宽度较大，应充分考虑盖缝条的牢固性和适应变形的能力，并做好防水、防风处理。

一般情况下建筑物的地下室和基础可不设防震缝，若防震缝与沉降缝合并设置时，基础也应设缝断开。防震缝沿建筑物的全高设置，缝的两侧应布置墙或柱，形成双墙、双柱或一墙一柱，使各部分封闭以增加刚度。

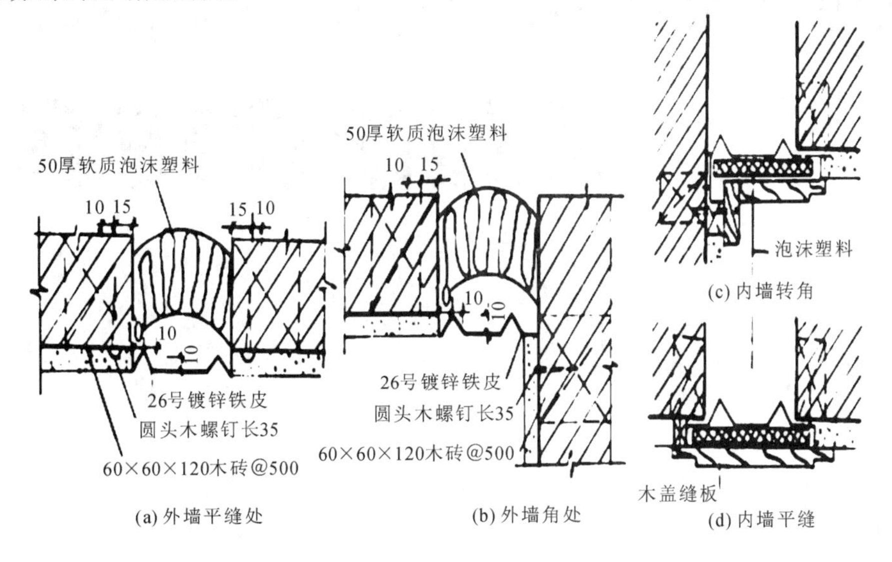


图 8-14　墙体防震缝构造

## 项目小结

本章介绍了变形缝的概念和类型，变形缝的设缝要求以及变形缝的细部构造。

## 习　题

1. 简述变形缝的作用及分类。
2. 分述伸缩缝、沉降缝、防震缝的设置条件及构造区别。
3. 绘图表达墙体、楼板、屋顶变形缝的构造做法。
4. 地震中烈度的含义是什么？
5. 建筑物的防震措施有哪些？

# 学习情境 9

# 工业建筑构造

## 教学目标

(1) 了解工业建筑的类型和组成。

(2) 了解单层厂房的结构类型与组成。

(3) 掌握厂房柱网尺寸和定位轴线的基本知识。

# 任务1 工业建筑概述

工业建筑是指为满足工业生产需要建造的各类不同用途的建筑物和构筑物的总称。随着生产力的发展,工业建筑的类型越来越多。

## 一、工业建筑类型

### 1. 按用途分类

工业建筑按用途可分为主要生产厂房、辅助生产厂房、动力厂房、储藏用房、运输工具用房以及其他用房。

1) 主要生产厂房

主要生产厂房是指进行产品加工的主要工序的厂房。例如:机械制造厂中的金属加工车间、装配车间等。

2) 辅助生产厂房

辅助生产厂房是指为主要生产车间服务的厂房。例如:机械制造厂中的机修车间、工具车间。

3) 动力厂房

动力厂房是指为全厂或部分车间提供能源的厂房。例如:锅炉房、变电所、氧气站等。

4) 储藏用房

储藏用房是指储存各种原料、半成品或成品的仓库。例如:油料库、金属材料库、半成品仓库、成品库等。

5) 运输工具用房

运输工具用房是指用于停放以及检修各种交通运输设备的房屋。例如:汽车库、电瓶车库、消防车库等。

6) 其他用房

其他用房是指不属于上述类型用途的建筑,例如:水泵房、污水处理站等。

### 2. 按车间内部生产状况分类

工业建筑按车间内部生产状况可分为冷加工车间、热加工车间、恒温恒湿车间、洁净车间以及有侵蚀性介质作用车间。

1) 冷加工车间

冷加工车间是指在正常温度、湿度下进行生产的车间。例如:机械加工车间、装配车间等。

2）热加工车间

热加工车间是指在高温、红热或材料熔化状态下进行生产的车间。在生产过程中伴随有烟雾、灰尘、有害气体。例如：铸工车间、炼钢车间等。

3）恒温恒湿车间

恒温恒湿车间是指要求在相对恒定的温度、湿度状态下进行生产的车间。例如：纺织车间、精密机械车间等。

4）洁净车间

洁净车间是指产品的生产对室内空气的洁净程度要求较高的车间。这类车间通常要求无尘、无菌、无污染。例如：集成电路车间、精密仪表加工及装配车间等。

5）有侵蚀性介质作用的车间

有侵蚀性介质作用的车间是指在含有酸、碱、盐等具有侵蚀性介质的生产环境中进行生产的车间。例如：化工厂的生产车间、冶金工厂的酸洗车间等。

**3. 按工业建筑层数分类**

工业建筑按照建筑层数可分为单层厂房、多层厂房、混合层数厂房等。

1）单层厂房

单层厂房主要用于具有大型设备及加工件、生产中有较大振动荷载的车间，如图 9-1 所示。常用于机械制造业、冶金工业和其他重工业等。

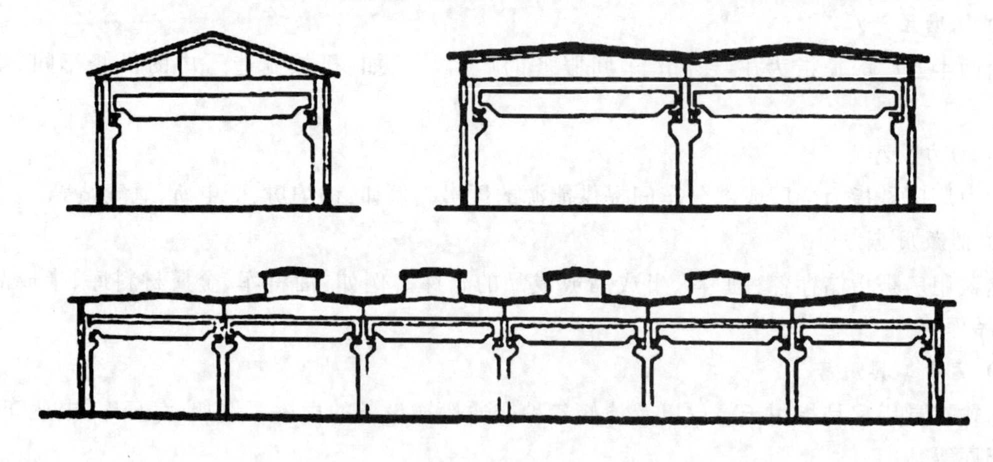

图 9-1　单层厂房

2）多层厂房

多层厂房主要用于设备及产品较轻，能进行垂直方向组织生产及工艺流程的车间，如图 9-2 所示。常用于食品工业、电子工业、轻工仪表工业等。

3）混合层数厂房

混合层数厂房是指同一厂房内既有单层又有多层的厂房，如图 9-3 所示。常用于化学工业、热电站等。

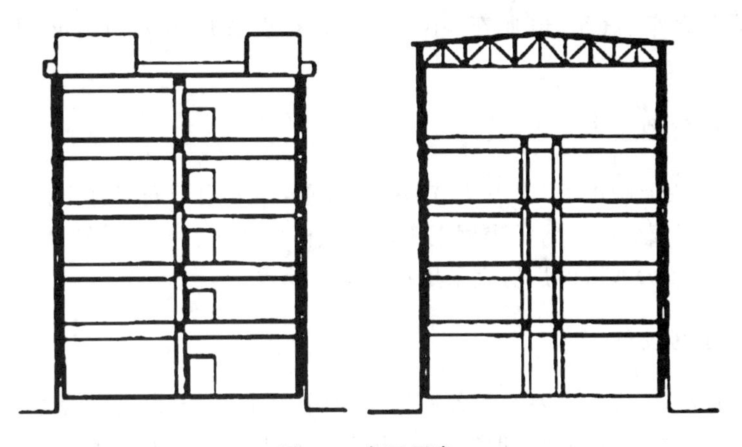

图 9-2　多层厂房

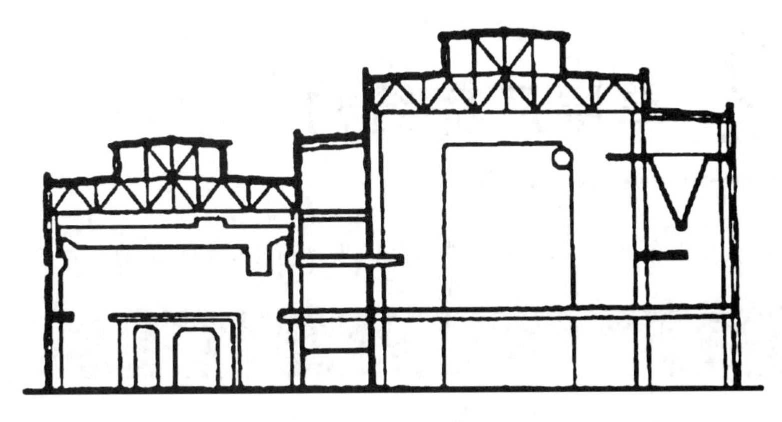

图 9-3　混合层次厂房

## 二、工业建筑的特点

工业建筑与民用建筑在设计原则、建筑用料和建筑技术等方面具有许多共同之处。但由于生产工艺对建筑提出较特殊的要求，所以工业建筑与民用建筑又有很大差别。

**1. 厂房必须满足生产工艺的要求**

厂房设计是根据工艺人员提供的工艺设计图去进行设计。在满足生产工艺要求的前提下，要为工人创造良好的生产环境。

**2. 厂房内部有较大的面积和空间**

由于工艺的要求，厂房可设计成连续多跨。厂房面积较大时，屋面上的排水量增大，需做好排水和防水构造。厂房跨度较大时，为满足采光、通风要求，屋顶上应设置天窗。

**3. 厂房内部须考虑运输工具的通行**

因生产中有大量的原料、半成品、废料等材料需要运输，必须在厂房内设置运输工具通行的

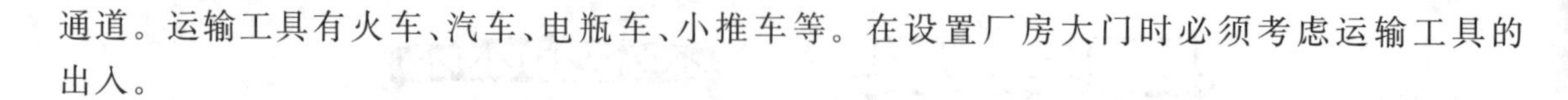

通道。运输工具有火车、汽车、电瓶车、小推车等。在设置厂房大门时必须考虑运输工具的出入。

**4. 厂房的结构类型较多**

在单层厂房中，由于跨度大，屋顶及吊车荷载较重，多采用钢筋混凝土排架结构承重。在多层厂房中，由于楼面荷载较大，广泛采用钢筋混凝土框架结构。对于特别高大的厂房、有重型吊车的厂房、地震烈度较大地区的厂房宜采用钢结构来承重。

**5. 厂房内部管网较多**

由于生产的需要，厂房内需要设置各种管网，如上下水管、电力供应管道、热力管道、压缩空气或煤气管道等。这些管网必须合理的组织，以避免管线交叉相互影响。

# 任务 2 单层厂房结构

当厂房具有大型设备及加工件、生产中有较大振动荷载的特点时宜采用单层厂房设计。

## 一、单层厂房的结构类型

结构是指支承各种荷载作用的构件所组成的骨架。单层厂房按结构支承方式可分为墙承重结构和骨架承重结构。

**1. 墙承重结构**

墙承重结构是由砖墙或砖壁柱与屋架组成。屋架可用钢筋混凝土屋架，也可用木屋架、钢屋架或钢木组合屋架。这种结构形式构造简单，但承载能力及抗震能力较差，适用于吊车荷载不超过 5 t、跨度不大于 15 m 的小型厂房。

**2. 骨架承重结构**

骨架承重结构是由柱基础、柱子、梁、屋架等构件来承受荷载，墙体只起围护和分隔作用。当厂房的跨度、高度、吊车荷载较大或地震烈度较高时，多采用骨架承重结构。骨架承重结构材料可分为钢筋混凝土骨架结构和钢结构。

如图 9-4 所示为装配式钢筋混凝土骨架组成的单层厂房。厂房的承重结构是由横向骨架和纵向连系构件组成。横向骨架包括基础、柱子、屋架(屋面大梁)，它承受屋顶、天窗、外墙以及吊车荷载。纵向连系构件包括大型屋面板、连系梁、吊车梁、基础梁，它们能保证横向骨架的稳定性，并将作用在山墙上的风力及吊车水平荷载传给柱子。

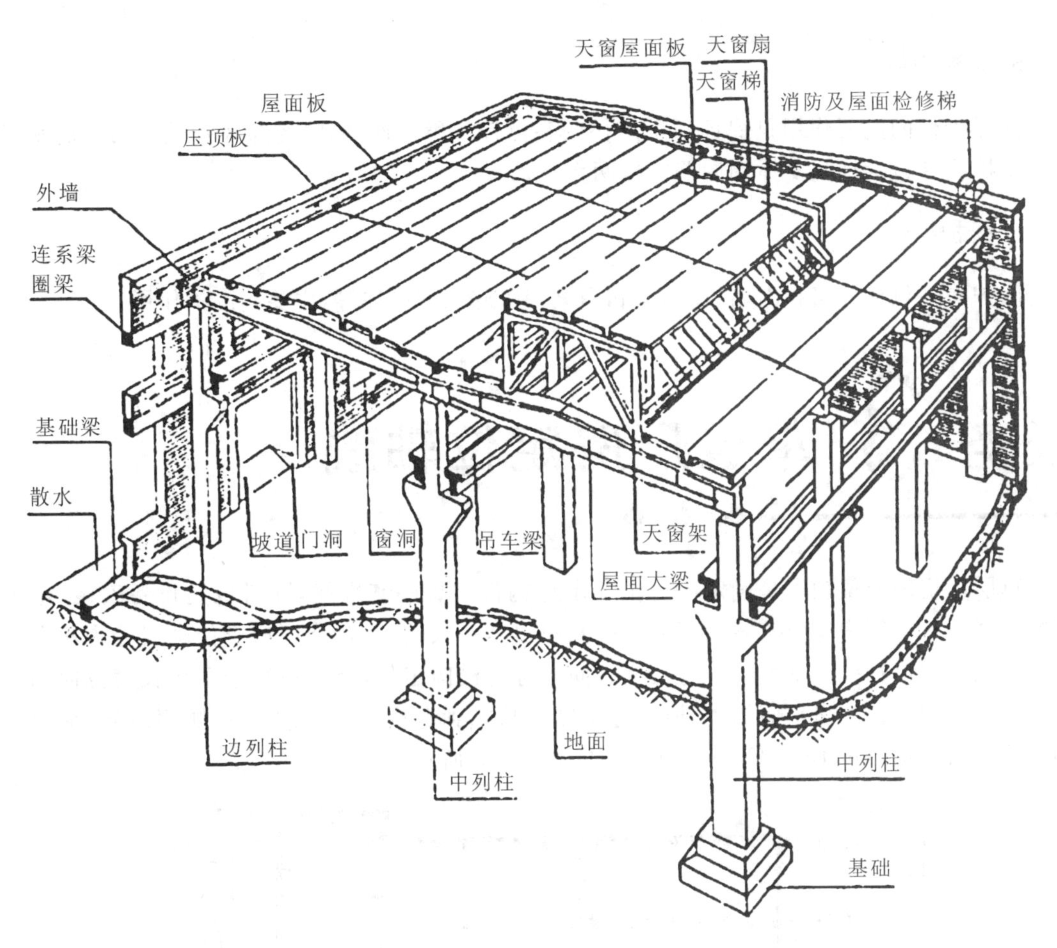


图 9-4　装配式钢筋混凝土结构的单层厂房

## 二、单层厂房结构的主要构件

### 1. 基础

基础是厂房最下面的承重构件，它承受柱和基础梁传来的荷载，再把荷载传递给地基。

### 2. 柱

柱承受屋架、吊车梁、外墙和支撑传来的荷载，再把荷载传递给基础。

### 3. 屋盖结构

屋盖结构包括屋面板、屋架、天窗架、托架等几个部分。屋盖结构具有承重和围护双重功能。

### 4. 吊车梁

吊车梁支承在柱子的牛腿上，承受吊车荷载，并且把力传递给柱子。

**5. 支撑构件**

支撑构件的主要作用是保证厂房结构的整体性和稳定性，同时传递风荷载和吊车的水平荷载。支撑构件包括柱间支撑和屋盖支撑两大类。

**6. 围护构件**

围护构件包括外墙和山墙、连系梁和圈梁、基础梁、抗风柱等，主要起围护作用。

# 任务 3 单层厂房定位轴线

单层厂房的定位轴线是确定厂房主要承重构件位置的基准线，同时也是设备安装、施工放线的依据。单层厂房定位轴线的划分与柱网布置是一致的，通常把厂房定位轴线分为横向定位轴线和纵向定位轴线。垂直于厂房长度方向的称为横向定位轴线，平行于厂房长度方向的称为纵向定位轴线。在厂房平面图中，横向定位轴线从左到右按①、②、③ ……顺序编号，纵向定位轴线从下而上按 AA、BB、CC……顺序编号，如图 9-5 所示。

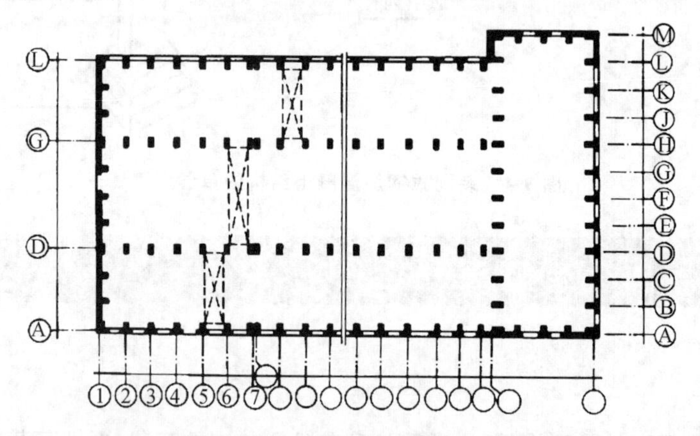


图 9-5 单层厂房平面柱网布置及定位轴线划分

## 一、横向定位轴线

横向定位轴线用来标注厂房纵向构件如屋面板、吊车梁、连系梁、纵向支撑等的标志尺寸长度。

**1. 中间柱与横向定位轴线的关系**

一般厂房中间柱的横向定位轴线与柱的中心线相重合，屋架的中心线也与横向定位轴线相重合，且横向定位轴线通过柱基础及各纵向连系构件的接缝中心。它标明了屋面板、吊车梁等的标志尺寸，如图 9-6 所示。

**2. 横向伸缩缝、防震缝与横向定位轴线的关系**

横向伸缩缝、防震缝应采用双柱及两条横向定位轴线划分的方法，柱的中心线应自定位轴线向两侧各移 600 mm。两条横向定位轴线间加插入距 $a_i$。$a_i$ 应等于伸缩缝或防震缝的宽度，它的取值应符合国家标准的规定，如图 9-7 所示。

这种横向双轴线定位的方法，将伸缩缝与防震缝处的定位轴线划分方法统一起来，无需利用标志尺寸和构造尺寸的差值来处理伸缩缝，使接缝处构造简单合理，便于构件统一尺寸。同时双柱间保证了一定的距离，使各柱有自己的基础杯口，便于柱的安装。

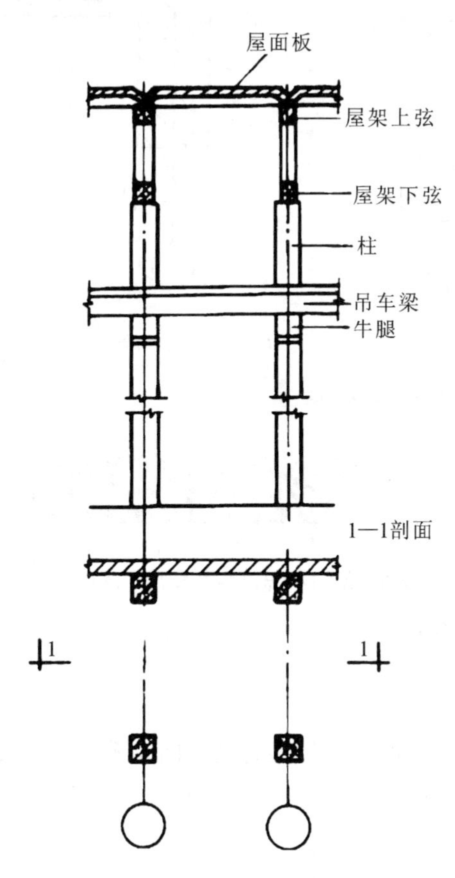


图 9-6 中间柱与横定位轴线的联系

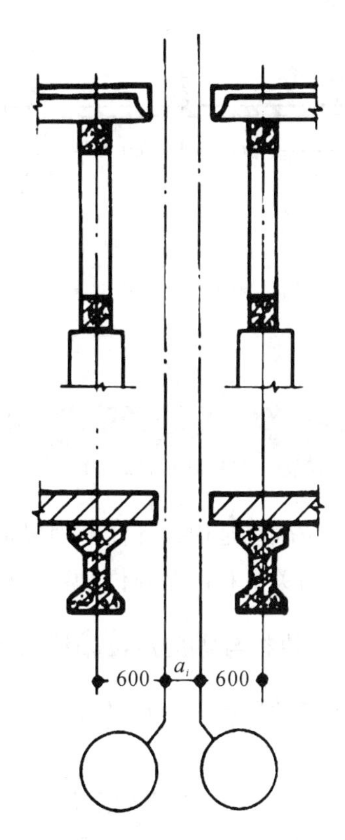


图 9-7 设缝处柱与横向定位轴线的联系

**3. 山墙与横向定位轴线的关系**

山墙与横向定位轴线的关系按山墙受力情况不同，分为如下两种定位方法。

1）山墙为非承重墙

山墙为非承重墙时，横向定位轴线与山墙内缘相重合，山墙边柱的中心线应自横向定位轴线向内移 600 mm。其主要目的是保证山墙抗风柱能通至屋架上弦，并与之相连接，使山墙传来的水平荷载传至屋面与排架柱；另外，与横向伸缩缝、抗震缝内移 600 mm 一致，这样构件可减少类型，互换通用。屋面板、吊车梁等构件采取悬挑处理。非承重山墙与横向定位轴线的关系如

图 9-8(a)所示。

2）山墙为砌体承重墙

山墙为砌体承重墙时，横向定位轴线应设在砌体块材中距墙内缘半块或半块的倍数以及墙厚一半的位置上，以保证伸入山墙内的屋面板与砌体之间有足够的搭接长度，如图 9-8(b)所示。

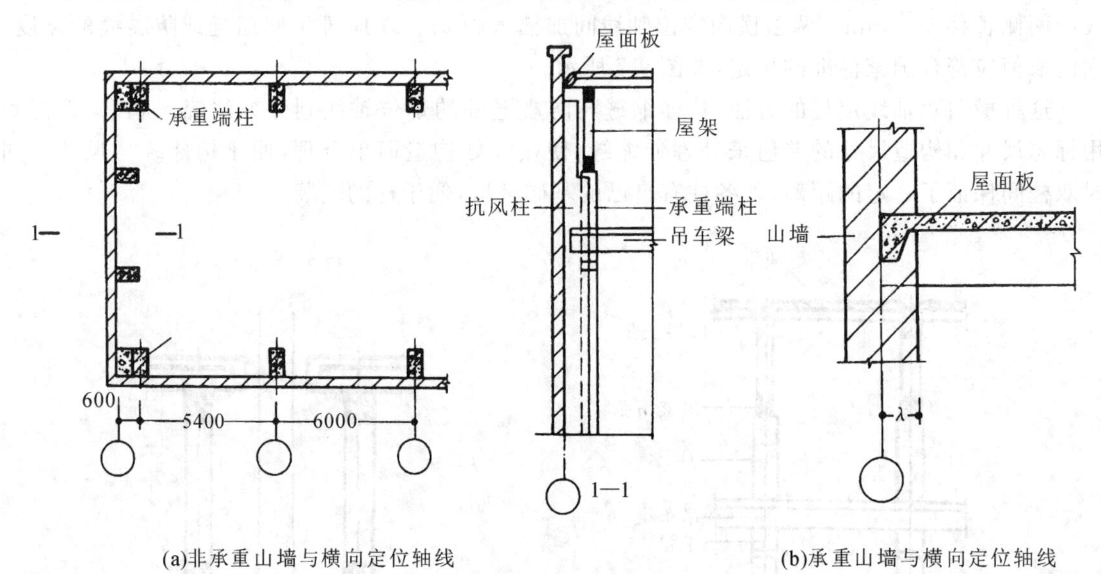


(a)非承重山墙与横向定位轴线

(b)承重山墙与横向定位轴线

**图 9-8 山墙与横向定位轴线的关系**

## 二、纵向定位轴线

纵向定位轴线是用来标注厂房横向构件如屋架或屋面梁的标志尺寸长度。纵向定位轴线与墙柱之间的关系和吊车吨位、型号、构造等因素有关。

### 1. 外墙、边柱与纵向定位轴线间的关系

在有吊车的厂房中，为了保证吊车的安全使用，吊车跨度与屋架跨度之间应满足以下关系：

$$L = L_K + 2e$$

式中：$L$——厂房跨度，即纵向定位轴线之间的距离；

$L_K$——吊车跨度，吊车两条轨道之间的距离，即吊车的轮距；

$e$——纵向定位轴线至吊车轨道中心线的距离，其值一般为 750 mm，当吊车为重级工作制而需设安全走道板，或者吊车起重量大于 50 t 时，其值采用 1000 mm。如图 9-9 所示，有：

$$e = B + K + h$$

式中：$B$——轨道中心线至吊车端头外缘的距离，可从吊车规格表中查到；

$K$——安全空隙。其值根据吊车吨位和安全要求来确定，当吊车起重量大于 75 t 时，$K$ 大于 100 mm；

$h$——上柱截面高度。

由于吊车型式、起重量、厂房跨度、高度、柱距等不同，以及是否设置安全走道板等条件，外

墙、边柱与纵向定位轴线的关系方式可出现下列两种情况：

(1) 封闭结合。

当定位轴线与柱外缘和墙内缘相重合、屋架和屋面板紧靠外墙内缘时，称为封闭结合，如图9-10所示。

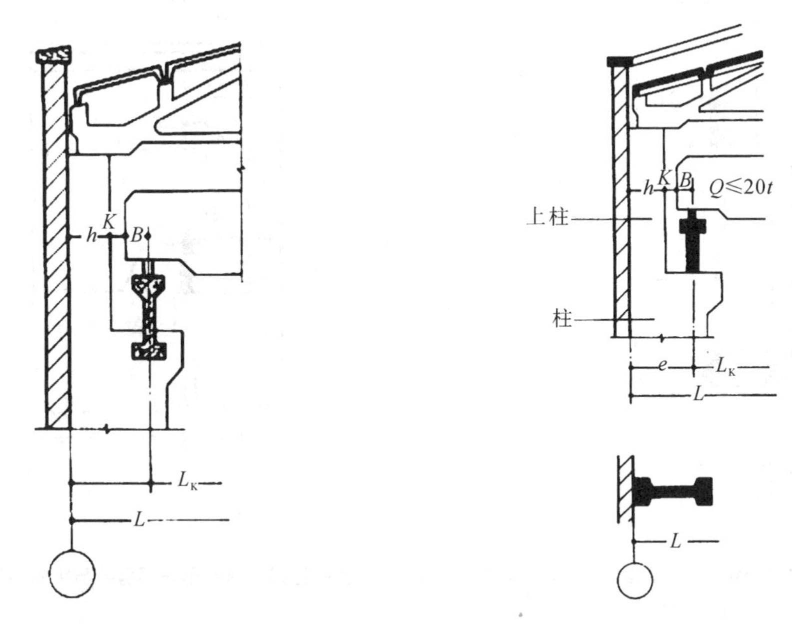


图9-9 吊车与纵向边柱定位辅线的关系　图9-10 外墙边柱与纵向定位轴线的联系(封闭结合)

它适用于无吊车或只设悬挂式吊车的厂房，以及柱距为6 m，吊车起重量$Q\leqslant20$ t的厂房。当吊车起重量$Q\leqslant20$ t时，查吊车规格表，得出相应参数$B\leqslant260$ mm，$K\geqslant80$ mm，上柱截面高度$h=400$ mm，$e=750$ mm。由下式验算安全空隙：

$$K=e-(h+B)=[750-(400+260)]\ \text{mm}=90\ \text{mm}$$

说明实际安全空隙大于必须安全空隙($K\geqslant80$ mm)，符合安全要求。

封闭结合具有构造简单，无附加构件，施工方便的特点。

(2) 非封闭结合。

非封闭结合是指纵向定位轴线与柱子外缘有一定的距离，因而，屋面板与墙内缘也有一段空隙，它适用于吊车起重量在30 t$\leqslant Q\leqslant$50 t的情况。

当吊车吨位$Q$为30/5t时，其参数$B=300$ mm，$h=400$ mm，$K\geqslant80$ mm，$e=750$ mm。若按封闭结合的情况考虑，$K=e-(h+B)=750-(400+300)=50$ mm，不满足安全空隙$K\geqslant80$ mm的要求，这时则需将边柱自定位轴线外移一个距离$D$，称为联系尺寸，如图9-11所示。在不设置走道板的厂房中，$D$值为50 mm时，安全空隙为(50+50) mm=100 mm，大于必需安全空隙80 mm。

在某些重级工作制吊车的厂房，在吊车运行中可能有工人在安全走道板上行走，为了保证工人经过柱时不被挤伤，应至少设置400 mm宽安全通行宽度。这样，从吊车轨道中心线至上柱外缘的距离$e=B+K+h=(300+100+400)$ mm=800 mm，超过了$e=750$ mm的一般规定，在这样情况下应将$e$值750 mm改为1000 mm，如图9-12所示。

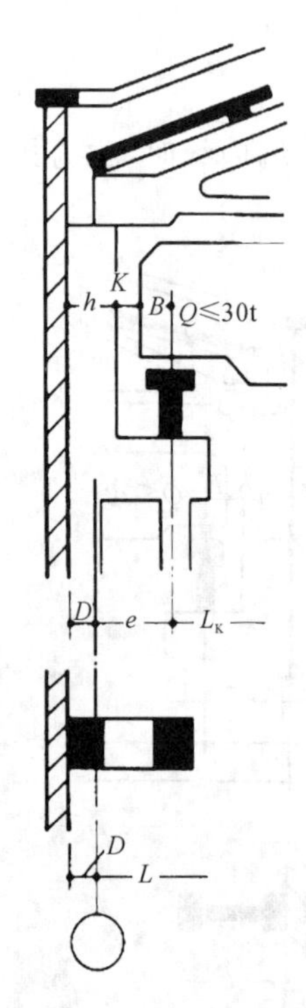


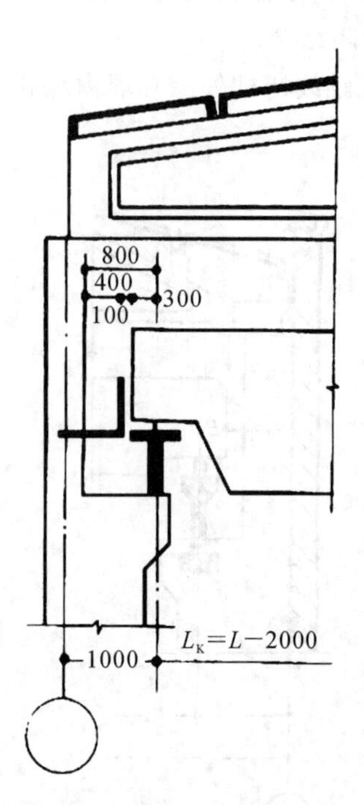


图 9-11 外墙边柱与纵向定位轴线的联系(非封闭结合)　图 9-12 某些重级工作制吊车厂房柱与纵向定位轴线的联系

**2. 中柱与纵向定位轴线的关系**

在多跨厂房中,中柱有平行等高跨和平行不等高跨两种形式,而且中柱有设变形缝的和不设变形缝的情况。下面介绍应用较广泛的不设变形缝的中柱和纵向定位轴线的关系。

1) 平行等高跨中柱

这种情况通常设置单柱和一条定位轴线,柱的中心线一般与纵向定位轴线相重合。上柱截面一般为 600 mm,以保证屋架结构的支承长度,如图 9-13(a)所示。

当等高跨中柱需采用非封闭结合时,即需要有插入距 $a_i$,可采用单柱双定位轴线的方法,插入距 $a_i$ 应符合 3 m。柱中心宜与插入距中心线相重合,如图 9-13(b)所示。

2) 平行不等高跨中柱

平行不等高跨中柱与纵向定位轴线的关系,根据吊车吨位、屋面结构、构造情况来决定,有以下几种类型。

(1) 单轴线封闭结合:当相邻两跨都采用封闭结合时,高跨上柱外缘、封墙内缘和低跨上屋架(屋面梁)标志尺寸端部与纵向定位轴线相重合,如图 9-14(a)所示。

(2) 双轴线封闭结合:当高低跨都是封闭结合,但低跨屋面板上表面与高跨柱顶之间的距离不能满足设置封墙的构造要求时,应设插入距 $a_i$,$a_i=t$,$t$ 为封墙厚度。此时,封墙设于低跨屋架端部与高跨上柱外缘之间,如图 9-14(b)所示。

(3) 双轴线非封闭结合:当高跨为非封闭结合时,该轴线与上柱外缘之间设联系尺寸 $a_c$,低跨处屋架定位轴线应设在屋架的端部,这样两轴线之间有插入距 $a_i$,此时 $a_i=a_c$,如图 9-14(c)所示。

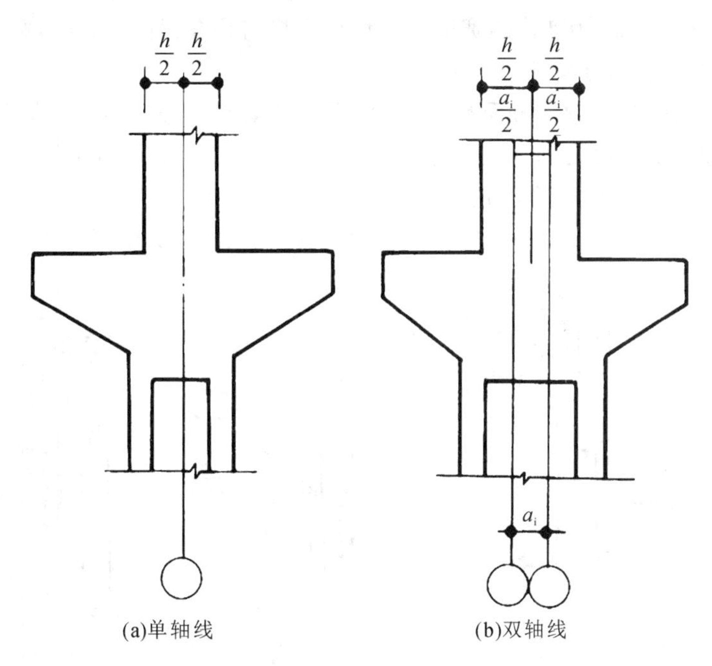


(a)单轴线　　(b)双轴线

**图 9-13　等高跨中柱与纵向定位轴线的联系**

当高跨上柱外缘与低跨屋架端部之间设有封墙时，则两条定位轴线之间的插入距 $a_i$ 应等于联系尺寸和墙厚之和，即 $a_i=a_c+t$，如图 9-14(d)所示。

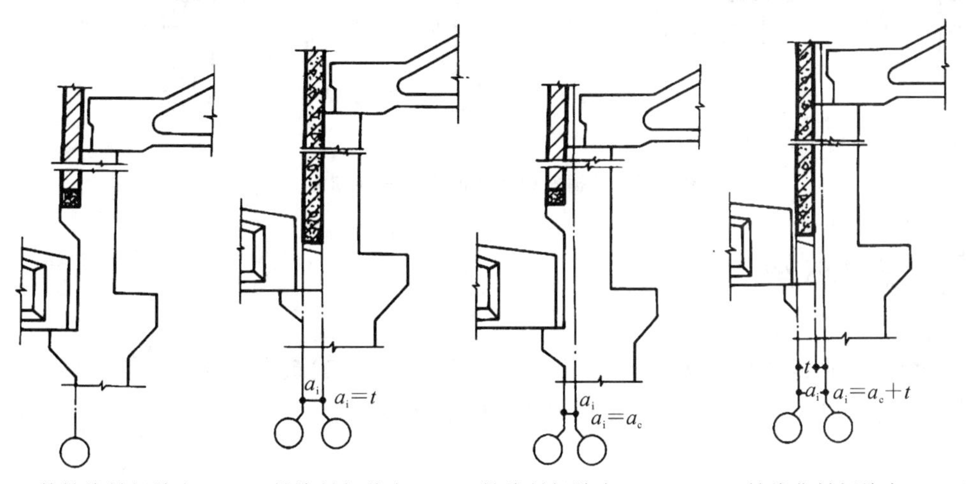


(a)单轴线封闭结合　(b)双轴线封闭结合　(c)双轴线封闭结合($a_i=a_c$)　(d)双轴线非封闭结合($a_i=a+t_c$)

**图 9-14　高低跨中柱与纵向定位轴线的联系**

### 3. 纵横跨连接处定位轴线的关系

厂房有纵横跨相交时，为了简化结构和构造通常将纵跨和横跨分开，各柱与定位轴线的关系遵循各自定位原则，然后再将纵横跨厂房组合在一起。此时，要考虑到二者之间设变形缝等问题。

当纵跨的山墙比横跨的侧墙低，长度小于或等于侧墙，且横跨为封闭结合时，可采用双柱单墙处理，如图 9-15(a)所示。单墙靠横跨的外牛腿支承不落地，成为悬墙。纵横跨相交处两定位

轴线的插入距 $a_i = a_e + t$，$a_e$ 为变形缝宽度，$t$ 为墙厚。横跨为非封闭结合时，则 $a_i = a_e + t + a_c$，$a_c$ 为非封闭结合的联系尺寸，如图 9-15(b)所示。

当纵跨的山墙比横跨的侧墙短而高时，应采用双柱双墙处理。当横跨为封闭结合时，插入距 $a_i = t + a_e + t$，即两墙厚度之和加变形缝宽度，如图 9-15(c)所示。如横跨为非封闭结合时，插入距 $a_i = t + a_e + t + a_c$，如图 9-15(d)所示。

单层厂房定位轴线的划分是一项非常具体而严谨的工作，设计时必须根据具体要求执行。

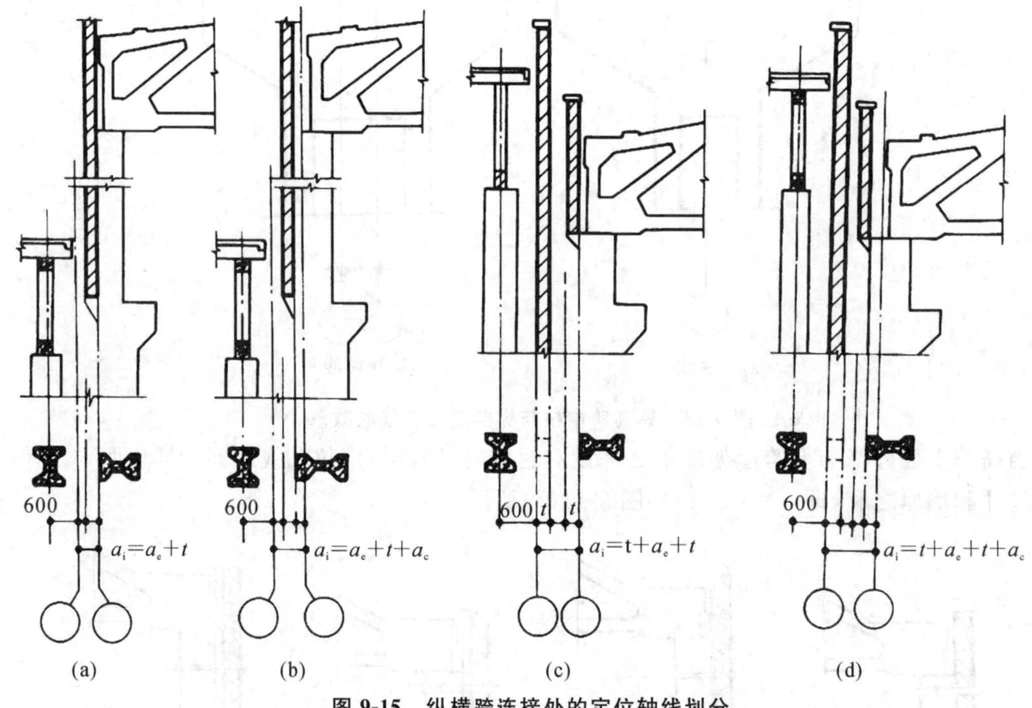


**图 9-15　纵横跨连接处的定位轴线划分**

## 项目小结

本章介绍了工业建筑的特点和分类，以及工业建筑与民用建筑的区别。重点介绍了单层工业厂房的结构类型以及单层工业厂房定位轴线的确定方法。

## 习　题

1. 工业建筑有哪些特点？
2. 工业建筑是如何进行分类的？
3. 单层工业厂房有哪些结构类型及各自的适用范围？
4. 单层工业厂房的主要构件有哪些？构件的作用是什么？
5. 简述横向定位轴线、纵向定位轴线的作用。
6. 何谓封闭结合？何谓非封闭结合？各自有何特点？